BestMasters

Mit „BestMasters" zeichnet Springer die besten Masterarbeiten aus, die an renommierten Hochschulen in Deutschland, Österreich und der Schweiz entstanden sind. Die mit Höchstnote ausgezeichneten Arbeiten wurden durch Gutachter zur Veröffentlichung empfohlen und behandeln aktuelle Themen aus unterschiedlichen Fachgebieten der Naturwissenschaften, Psychologie, Technik und Wirtschaftswissenschaften.

Die Reihe wendet sich an Praktiker und Wissenschaftler gleichermaßen und soll insbesondere auch Nachwuchswissenschaftlern Orientierung geben.

Sebastian Goderbauer

Mathematische Optimierung der Wahlkreiseinteilung für die Deutsche Bundestagswahl

Modelle und Algorithmen für eine bessere Beachtung der gesetzlichen Vorgaben

Mit einem Geleitwort von Prof. (em.) Dr. Friedrich Pukelsheim

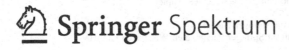 Springer Spektrum

Sebastian Goderbauer
Aachen, Deutschland

BestMasters
ISBN 978-3-658-15048-8   ISBN 978-3-658-15049-5 (eBook)
DOI 10.1007/978-3-658-15049-5

Die Deutsche Nationalbibliothek verzeichnet diese Publikation in der Deutschen National-
bibliografie; detaillierte bibliografische Daten sind im Internet über http://dnb.d-nb.de abrufbar.

Springer Spektrum
© Springer Fachmedien Wiesbaden 2016

Gedruckt auf säurefreiem und chlorfrei gebleichtem Papier

Springer Spektrum ist Teil von Springer Nature
Die eingetragene Gesellschaft ist Springer Fachmedien Wiesbaden GmbH

Geleitwort

Wahlen bilden das Fundament zeitgemäßer Demokratien. Wahlen geben den Bürgerinnen und Bürgern die Gelegenheit, mit ihren Stimmen zu entscheiden, wer ihre Interessen im Parlament vertreten wird. Wie der Übergang von den vielen Wählern zu den wenigen Volksvertretern zu bewerkstelligen ist, bleibt eine Herausforderung, der sich jede demokratische Gesellschaft zu stellen hat. Es gibt nicht das *eine* Wahlsystem, das dauerhaft für jedes Land und alle Zeiten das einzig beste wäre. Die Ausgestaltung und Fortentwicklung des Wahlsystems bleibt eine fortwährende Herausforderung. Sebastian Goderbauer entwickelt in seiner Arbeit computergestützte Methoden, die für den Entwurf und die Verfeinerung von Wahlsystemen erfolgversprechend eingesetzt werden können.

Dass alle mündigen Staatsbürger wählen dürfen, ist eine politische Errungenschaft der Neuzeit. Die Vielfalt von Wahlsystemen, die in den Jahrhunderten bis heute praktiziert wurden, ist überwältigend und kaum noch zu überschauen. Selbst wenn wir den Blick nur auf die deutsche Geschichte richten, werden ganz unterschiedliche Gewichtungen sichtbar.

Im Kaiserreich wurden die Mitglieder des Reichstags in erster Linie als Persönlichkeiten wahrgenommen, deren vordringliche Aufgabe es war, ihr jeweiliges Wahlgebiet zu repräsentieren. Dagegen spielte die Zugehörigkeit zu politischen Parteien kaum eine Rolle. Dies schon aus dem simplen Grund, dass es anfangs keine politikleitenden Parteien gab, sondern diese sich erst später herausbildeten. Je mehr dann die parlamentarische Arbeit von politischen Parteien bestimmt wurde, desto unbefriedigender erschien den Zeitgenossen das primär auf personalisierte und regionalisierte Repräsentation ausgerichtete System der Wahl in Einerwahlkreisen. Eine Reform des Wahlsystems wurde von vielen als überfällig angemahnt, aber der Zusammenbruch des Kaiserreiches kam dem zuvor.

Die Weimarer Republik schwenkte um in das andere Extrem einer reinen Verhältniswahl. Ein Reichstagsmitglied erschien nun primär als Repräsentant der Partei, über deren Bewerberliste es gewählt wurde. Statt einer personalisierten Repräsentation regionaler Interessen rückte die parteiengetragene Repräsentation politischer Strömungen in den Vordergrund. Die Stimmen der Wähler galten den Parteien, nicht einzelnen Bewerbern. Die Bewerberlisten der Parteien waren starr und dem Einfluss der Wählerschaft entzogen. Die Entpersonalisierung des Wahlsystems wurde bald als gravierender Mangel empfunden. Eine Reform des Wahlsystems wurde von vielen als überfällig angemahnt, aber der Zusammenbruch der Republik kam dem zuvor.

Der Deutsche Bundestag

Vor dem Hintergrund der deutschen Geschichte ist das Wahlsystem für den Bundestag als Versuch zu sehen, eine auf Wahlkreisen basierende personalisierte Repräsentation zu verbinden mit einer auf Institutionen ausgerichteten parteilichen Repräsentation. Mittlerweile darf der Versuch als überaus geglückt gewertet werden, auch international hat er viel Anerkennung erfahren und Vorbildfunktion entwickelt. Das Bundeswahlgesetz beschreibt das System als eine "mit der Personenwahl verbundene Verhältniswahl".

Neben den beiden Komponenten der Personenwahl und der Verhältniswahl kommt eine weitere, dritte Dimension hinzu, die Berücksichtigung der föderalen Gliederung der Bundesrepublik in sechzehn Länder. Bei der Verhältniswahl macht sich die Untergliederung bemerkbar, indem eine Partei ihre Kandidaten und Kandidatinnen nicht auf einer Bundesliste nominiert, sondern auf sechzehn Landeslisten, eine für jedes Bundesland. Auch die Personenwahl enthält eine föderale Komponente, weil nämlich die 299 Wahlkreise zunächst auf die Länder verteilt werden. Erst danach werden die Wahlkreise innerhalb eines jeden Landes so zugeschnitten, dass sie bevölkerungsmäßig annähernd gleich groß sind.

Der Wahlkreiszuschnitt ist der Punkt, an dem Sebastian Goderbauer ansetzt und zu dem er mit seiner Masterarbeit einen innovativen Beitrag liefert. Es gibt viele Anforderungen, die es zu berücksichtigen gilt. Dass die Wahlkreise mit ihrem Zuschnitt dem Grundsatz der gleichen Wahl zu genügen haben, hat Verfassungsrang. Dass sie die Ländergrenzen einhalten müssen und die kommunalen Grenzen einhalten sollen, fordert das Bundeswahlgesetz. Und natürlich können die geographischen Gegebenheiten auch nicht außer Acht gelassen werden.

Die Goderbauersche Masterarbeit überführt diese Anforderungen in ein Optimierungsproblem, das per Computer gelöst werden kann und dessen Lösungen sich am Bildschirm visualisieren lassen. Wenn der Computeransatz weiter verfeinert und mit einer attraktiven Benutzerführung versehen wird, sollte am Ende eine Planungshilfe zustande kommen, die den Entscheidungsträgern ihre Arbeit ganz wesentlich erleichtert. Es macht Freude, in der flüssig geschriebenen Arbeit zu blättern und zu lesen.

Augsburg, im Januar 2016   *Friedrich Pukelsheim*

Vorwort

Dass Mathematik nahezu überall wichtige Anwendung findet, wurde mir während des Mathematikstudiums in Aachen schnell deutlich. Dass jedoch die Verbindung von Politik und Mathematik, die spontan in einer Vorlesung von Prof. Dr. Marco Lübbecke aufkam, so spannend, ergiebig und wichtig ist, war auch für mich neu.

Das vorliegende Buch enthält meine im März 2014 an der RWTH Aachen University abgeschlossene Masterarbeit [30] in Mathematik. Diese Arbeit habe ich auf der *International Conference on Operations Research 2014* präsentiert und Teile wurden bereits in den Proceedings der Konferenz veröffentlicht [31].

Ich bedanke mich bei *Prof. Dr. Marco Lübbecke* und *Prof. Dr. Arie Koster* für die Betreuung meiner Masterarbeit und freue mich über die weitere Zusammenarbeit. Ich bedanke mich herzlich bei *Prof. (em.) Dr. Friedrich Pukelsheim* und bin stolz, dass er ein Geleitwort für diese Buchveröffentlichung verfasst hat.

Zusammenfassung der Arbeit

Wahlkreise sind bei der Deutschen Bundestagswahl von erheblicher Bedeutung. In jedem Wahlkreis entscheiden die Wahlberechtigten über die Besetzung eines Bundestagsmandates. So ist sichergestellt, dass jeder Teilraum des Wahlgebietes im Parlament vertreten ist. Die Einteilung der Wahlkreise ist aufgrund von Bevölkerungsentwicklungen regelmäßig anzupassen und unterliegt gesetzlich verankerten Kriterien. In der Arbeit wird das Problem der Wahlkreiseinteilung als multikriterielles Optimierungsproblem modelliert, bei dem ein knotengewichteter Graph in eine gegebene Anzahl an zusammenhängenden, gewichtsbeschränkten Teilraphen zu partitionieren ist. Neben einer detaillierten Komplexitätsanalyse wird eine optimierungsbasierte Heuristik vorgestellt und auf neusten Bevölkerungsdaten erfolgreich angewendet. Die Ergebnisse zeigen, dass mit dem Lösungsalgorithmus gesetzeskonforme Wahlkreise eingeteilt werden, die die im Wahlgesetz genannten Ziele zumeist im größeren Umfang verkörpern als die gegenwärtige Einteilung.

Aachen, im Januar 2016   *Sebastian Goderbauer*

Inhaltsverzeichnis

Abbildungsverzeichnis

Tabellenverzeichnis

Kapitel 1
Einleitung und Überblick

Bei der grundsätzlich alle vier Jahre stattfindenden Deutschen Bundestagswahl sind Wahlkreise von erheblicher Bedeutung. In jedem Wahlkreis entscheiden die Wahlberechtigten mit ihren Erststimmen über die konkrete Besetzung eines Sitzes im Parlament der Bundesrepublik Deutschland. Über die Wahlkreise werden so in der Theorie die Hälfte der Bundestagsmandate vergeben.

Die Einteilung der Wahlkreise ist aufgrund von Bevölkerungsentwicklungen regelmäßig anzupassen und unterliegt gesetzlich verankerten Kriterien. Die Wahlkreiseinteilung der Bundestagswahl 2013 ist Abbildung 1.1 zu entnehmen. Der wesentliche Grundsatz der Wahlgleichheit erfordert im Idealfall, dass alle Wahlkreise die gleiche Anzahl von deutschen Einwohnern enthalten. Da dies in der Praxis nicht umsetzbar ist, wurde das Ziel formuliert, die Bevölkerungsunterschiede zwischen den Wahlkreisen möglichst gering zu halten. Außerdem wird aus organisatorischen Gründen gefordert, dass sich die Wahlkreise vorzugsweise an bestehenden Verwaltungseinheiten wie z. B. der Städte, Kreise und Bundesländer orientieren sollen. Darüber hinaus soll jeder Wahlkreis ein zusammenhängendes Gebiet bilden.

Das Einteilen von Wahlkreisen lässt sich als mathematisches Optimierungsproblem auffassen, dessen Lösung einer optimalen Wahlkreiseinteilung entspricht. Motiviert durch aktuelle und auch länger bekannte Ereignisse und Begebenheiten wird in der vorliegenden Masterarbeit das Problem der Wahlkreiseinteilung aus mathematischer und algorithmischer Sicht behandelt. Im Zuge des Ziels dieser Arbeit wird eine Lösungsmethode entwickelt und implementiert, die eine anwendbare und unter gewissen Gesichtspunkten gute Wahlkreiseinteilung hervorbringt.

Anlässlich der gegenwärtigen und zahlreich kritisierten Wahlgesetzesänderung in Form der Einführung sogenannter Ausgleichsmandate wird über eine Änderung der momentan 299 entsprechenden Wahlkreisanzahl in Deutschland diskutiert. In der Arbeit wird die Frage verfolgt, welche Wahlkreisanzahl die optimale für Deutschland ist. Darüber hinaus werden neuste Bevölkerungsdaten der Volkszählung Zensus 2011 zahlreiche Änderungen der Wahlkreisgrenzen zur nächsten Bundestagswahl zur Folge haben. Dementsprechend ist das Problem der Wahlkreiseinteilung von aktueller Bedeutung. Dass durch gezieltes Anpassen der

Abb. 1.1 Karte der Wahlkreise für die Deutsche Bundestagswahl 2013

© Bundeswahlleiter, Statistisches Bundesamt, Wiesbaden 2012,
Wahlkreiskarte für die Wahl zum 18. Deutschen Bundestag
Grundlage der Geoinformationen © Geobasis-DE / BKG (2011)

Wahlkreisgeometrie Abstimmungen zugunsten einzelner Parteien oder Personen sowie zulasten von Minderheiten verzerrt werden können, ist seit dem frühen 19. Jahrhundert bekannt. Diese Möglichkeit der Wahlmanipulation kann womöglich durch eine transparente, mathematisch definierte Vorgehensweise, die lediglich numerische und geographische Bevölkerungsdaten zugrunde legt, minimiert werden.

Anknüpfend an eine genaue Analyse der gesetzlichen Vorgaben an eine Wahlkreiseinteilung, deren Interpretation und gegenwärtige Auslegung wird in der Arbeit das Problem der Wahlkreiseinteilung mathematisch definiert. Außerdem wird ein im Einzelnen detaillierter und chronologischer Einblick in die Literatur des Problems vermittelt sowie eine facettenreiche Komplexitätsanalyse erarbeitet. Auf sämtliche Vorarbeit aufbauend, wird folgend die Hauptintention der Arbeit verwirklicht. Es wird ein umsetzbarer Algorithmus entwickelt und implementiert, der den Vorgaben entsprechende Wahlkreise für die Deutsche Bundestagswahl einteilt und dabei eine ansehnliche Erfüllung der Optimierungsziele ermöglicht. Bei der Anwendung des konzipierten Algorithmus werden aktuelle Datensätze der deutschen Bevölkerung sowie detailreiche Geoinformationen Deutschlands verwendet.

Gliederung der Arbeit

Die Masterarbeit ist inhaltlich in drei Teile strukturiert. In Teil 1 wird in die Thematik der Deutschen Bundestagswahl eingeführt. Dabei wird in Kapitel 2 das zugrundeliegende Wahlrecht dargelegt. Kapitel 3 enthält die Erläuterung der Motivationsaspekte für das Anfertigen der Masterarbeit. Schließlich wird in Kapitel 4 das Problem der Wahlkreiseinteilung formal definiert.

Teil II enthält die theoretische Betrachtung des Problems der Wahlkreiseinteilung. Dabei wird in Kapitel 5 ein Einblick in die Literatur des Problems vermittelt und anschließend in Kapitel 6 die Komplexität des behandelten Problems und im Zuge dessen von verwandten Partitionsproblemen analysiert.

In Teil III ist die Anwendung dokumentiert. Zunächst wird in Kapitel 7 der Frage nachgegangen, welche Wahlkreisanzahl für Deutschland bestgewählt wäre. Im anschließenden Kapitel 8 wird auf die verwendeten Daten und deren Aufbereitung eingegangen, gefolgt von zahlreichen in Kapitel 9 dokumentierten Preprocessing-Schritten. In Kapitel 10 werden zwei Formulierungen des Problems der Wahlkreiseinteilung als ganzzahliges lineares Programm dargelegt und schließlich wird in Kapitel 11 das in dieser Arbeit entwickelte Lösungsverfahren konzipiert sowie Berechnungsergebnisse vorgestellt.

Software und Implementierung

Im Rahmen der Masterarbeit wurden zahlreiche Programme, Methoden und Algorithmen implementiert und ausgewertet. Außerdem wurde verschiedene Software verwendet. Nachfolgend wird ein Überblick über die benutzte Software und getätigten Implementierungen vermittelt.

Für die Anwendung des Sainte-Laguë-Verfahrens wurde in Kapitel 7 die Software BAZI (www.uni-augsburg.de/bazi), Version 2013.06 der Universität Augsburg eingesetzt. Für die Betrachtung und Verarbeitung von Shapefiles wurde in Kapitel 8 die Software QGIS (http://qgis.org), Version 1.8.0 sowie Version 2.0.1 verwendet. Darüber hinaus wurde über die gesamte Arbeit hinweg mit dem Modellierung- und Lösungssystem für Optimierungsprobleme GAMS (http://www.gams.com), Version 23.9 sowie in direkter Verbindung dazu mit der Lösungssoftware CPLEX, Version 12.4.0.1 gearbeitet. Außerdem wurde regelmäßig das skriptgesteuerte Grafikprogramm Gnuplot, das Tabellenkalkulationsprogramm Gnumeric, das Bildbearbeitungsprogramm GIMP und in sämtlichen Implementierungen die Programmiersprache python eingesetzt. Die Masterarbeit wurde unter TeXShop mit LATEX erstellt.

Die in Kapitel 8 dokumentierte Implementierung der Datenaufbereitung wurde, basierend auf der Vorarbeit aus dem vorangegangenen Seminar (s. u.), überarbeitet und erweitert. Sämtliche in Kapitel 9 vorgestellten Preprocessing-Schritte (bis auf Abschnitt 9.5) wurden implementiert. Außerdem wurde der in Kapitel 11 konzipierte Lösungsalgorithmus umgesetzt.

Die Masterarbeit sowie die Implementierungen und Berechnungen wurden auf einem Apple MacBook Air (Mid 2012, 1,8 GHz Intel Core i5, 4 GB DDR3) unter OS X 10.8.5 sowie unter ubuntu 12.04 LTS erstellt bzw. durchgeführt.

Seminar vor der Masterarbeit

Zusammen mit den Studierenden Andreas Brack und Markus Kruber erarbeitete ich im Sommersemester 2013 im Rahmen des Seminars „Optimierung und Operations Research" einen Vortrag mit dem Thema „Neue Wahlkreise durch Diskrete Optimierung". Das Seminar wurde von Prof. Dr. Marco Lübbecke, Dr. Christina Büsing und den wissenschaftlichen Mitarbeitern des Lehrstuhls für Operations Research der RWTH Aachen University durchgeführt. Die Prüfungsleistung bestand aus dem am 18. Juli 2013 gehaltenen Vortrag. Da die vorliegende Masterarbeit für diesen Vortrag Erarbeitetes verwendet, wird im Folgenden der Umfang der Seminarleistung erläutert, um so eine Abgrenzung der Masterarbeit zu ermöglichen.

Auf Grundlage von § 3 Abs. 1 des Bundeswahlgesetzes definierten wir das Wahlkreisproblem. Diese Definition stimmt im Wesentlichen mit Definition 4.1 des Problems der Wahlkreiseinteilung aus der vorliegenden Arbeit überein. Eine genauere Beleuchtung des Wahlrechts und der Interpretation der gesetzlichen Vorgaben wie in Kapitel 2 dieser Masterarbeit fand im Seminarvortrag nicht statt. Das Sainte-Laguë-Verfahren wurde im Vortrag anhand von Algorithmus 1 dieser Arbeit vorgestellt und wie in Tabelle 2.3 und Tabelle 2.4 dieser Arbeit angewendet. Darüber hinaus stellten wir im Vortrag drei Motivationspunkte heraus, die im Kern mit denen in Abschnitt 3.1, Abschnitt 3.3 sowie Abschnitt 3.4 vergleichbar sind. Die Motivationsaspekte wurden jedoch nicht so ausführlich wie in dieser Arbeit erläutert und im Vortrag mit weniger Quellen untermauert. Der in dem Vortrag geführte Komplexitätsbeweis stimmt nicht mit der Beweisführung in Abschnitt 6.1 überein. Die in dieser Arbeit zugrundegelegte Dissertation von Altman [3] studierte ich erst im Rahmen der Masterarbeit. In unserem Seminarvortrag stellten wir die ebenso in der Masterarbeit in Abschnitt 5.5 zitierte Publikation von Mehrotra et al. [48] vor. Dabei wurde im Seminarvortrag ein Fokus darauf gelegt, den Seminarteilnehmern die Methodik der Spaltengenerierung zu erklären.

Die Datenaufbereitung sowie die Zusammenführung der Bevölkerungsdaten und der Geoinformationen wurde für die Masterarbeit im Wesentlichen übernommen. Jedoch fand im Seminar nicht die notwendige Betrachtung der Gewässerflächen, gemeindefreien Gebiete und Gemeinden ohne Nachbar statt, wie sie für diese Arbeit implementiert und in Abschnitt 8.2.1 dokumentiert ist. Die Ideen der Preprocessing-Schritte aus den Abschnitten 9.1, 9.3, 9.4, 9.5 der Masterarbeit wurden während des Seminars entwickelt. Jedoch wurden von uns die zugehörigen Algorithmen weder detailliert konzipiert, noch umgesetzt.

Die in Abschnitt 5.2 und Abschnitt 10.1 der Masterarbeit vorgestellten, nicht zufriedenstellenden Berechnungsergebnisse basieren auf Implementierungen für den Seminarvortrag. Wir setzten ein selbst entwickeltes, angepasstes Facility Location Modell, welches mit Hess et al. [33] vergleichbar ist, sowie das ebenfalls während des Seminars selbst konzipierte Aufspannender Wald Modell, vorgestellt in Abschnitt 10.1, mithilfe von GAMS, der GAMS BCH Facility sowie der Sprache C++ und der Optimierungssoftware SCIP (http://scip.zib.de) um. Darüber hinaus entwarfen wir für den Seminarvortrag eine Heuristik unter Verwendung von Voronoi Mengen, diese lieferte für das Saarland annehmbare Ergebnisse. Die Vorgehensweise der Heuristik basiert auf der Publikation von Ricca et al. [59] und wird in der Masterarbeit nicht aufgegriffen.

Alle im Zusammenhang mit dem Seminarvortrag nicht genannten Kapitel und Abschnitte der Arbeit wurden im Rahmen der Masterarbeit erarbeitet.

Teil I
Thematische Einführung

Kapitel 2
Die Deutsche Bundestagswahl:
Wahlrecht, Wahlsystem, Wahlkreise

Die Bundestagswahlen in der Bundesrepublik Deutschland sind durch das *Bundeswahlgesetz BWG* gemäß Art. 38 Abs. 3 des Grundgesetzes geregelt. Die letzte tiefgreifende Änderung erfolgte durch das *22. Gesetz zur Änderung des Bundeswahlgesetzes*[1,2] vom 3. Mai 2013. Etwa ein Jahr zuvor hatte das Bundesverfassungsgericht das bisherige Wahlsystem für verfassungswidrig erklärt.[3] Deutschland hatte somit bis wenige Monate vor der letzten Bundestagswahl im September 2013 kein verfassungskonformes und anwendbares Wahlrecht – ein bisher einmaliger Missstand.

Die Richter entschieden, dass Überhangmandate (s. Abschnitt 2.1) in einem solchen Maße auftreten könnten, sodass der Grundcharakter der Bundestagswahl als Verhältniswahl aufgehoben werden würde. Durch zu vielen Überhangmandate würde das Wahlergebnis verfälscht werden, da die durch das Zweitstimmenergebnis (s. Abschnitt 2.1) festgelegte Aufteilung der Sitze im Bundestag auf die Parteien nicht mehr eingehalten werden würde.

Die Bundestagsfraktionen CDU/CSU, SPD, FDP und Bündnis 90/Die Grünen einigten sich bis Mai 2013 darauf, auftretende Überhangmandate durch zusätzliche Mandate, sogenannte Ausgleichsmandate (s. Abschnitt 2.2), zu neutralisieren, sodass die Sitzverteilung erneut mit dem Zweitstimmenergebnis übereinstimmt. Die Fraktion Die Linke scheiterte mit einem eigenen Gegenentwurf.

Das neue Wahlrecht samt Ausgleichsmandaten wurde erstmals bei der Bundestagswahl im September 2013 angewendet (s. Abbildung 2.1). Demnach setzt sich der 18. Deutsche Bundestag aus 299 über die Erststimmen errungenen Wahlkreismandaten und 332 Listenmandaten zusammen. Letztere stehen in Abhängigkeit

---

[1] Bundestag-Drucksache 17/12417: `http://goo.gl/gvv9Pl`, [letzter Zugriff am 9.3.2014].

[2] Doku.- und Info.system für Parlamentarische Vorgänge DIP: `http://goo.gl/0GlolV`, [9.3.2014].

[3] Urteil des Bundesverfassungsgerichts vom 25. Juli 2012: `http://goo.gl/1YYvU`, [9.3.2014].

Abb. 2.1 Wahlsystem bei der Wahl zum Deutschen Bundestag[6]

mit dem Zweitstimmenergebnis und enthalten 4 Überhang- sowie 29 Ausgleichsmandate.[4,5]

In den zwei nachfolgenden Abschnitte wird der für diese Arbeit relevante Teil des Wahlsystems der Deutschen Bundestagswahl erläutert. In Abschnitt 2.1 werden dabei die zwei Stimmen eines jeden Wahlberechtigten und die Thematik der Überhangmandate behandelt. In Abschnitt 2.2 folgt die genaue Erklärung der Wahlgesetzesänderung in Form von Ausgleichsmandaten.

In Abschnitt 2.3 werden die gesetzlichen Vorgaben an eine Wahlkreiseinteilung behandelt. Anschließend wird in Abschnitt 2.4 die Wahlkreiskommission vorgestellt. Dieses Kapitel schließt mit dem Abschnitt 2.5, in dem das gesetzlich vorgeschriebene Verfahren zur Verteilung der Wahlkreise auf die Bundesländer präsentiert wird. Alle Abschnitte dieses Kapitels basieren auf den angegebenen Gesetzestexten und Quellen sowie dem Internetauftritt der Bundeszentrale für politische Bildung http://bpb.de und eigenem Wissen.

---

[4] Warum der neue Bundestag 631 Abgeordnete zählt, 11.10.2013, Dokumente, Deutscher Bundestag: http://goo.gl/Bol8Pa, [9.3.2014].

[5] Berechnungsverfahren und Verteilung der Abgeordnetensitze nach § 6 Bundeswahlgesetz (BWG) bei der Bundestagswahl 2013, Bundeswahlleiter: http://goo.gl/0gT4iZ, [9.3.2014].

[6] Foto Bundesadler: gemeinfrei (Public Domain) von pixabay.com

2.1 Erststimme, Zweitstimme und Überhangmandate

Jeder Wahlberechtigte hat bei der Deutschen Bundestagswahl zwei Stimmen. Insgesamt wird der Bundestag *„nach den Grundsätzen einer mit der Personenwahl verbundenen Verhältniswahl"* (§ 1 BWG) gewählt. Die Personenwahl findet durch die Erststimme statt. Mit ihr wird ein Direktkandidat des jeweiligen Wahlkreises gewählt, dadurch wird jede Region des Bundesgebiets im Parlament vertreten. Es zieht in den Bundestag ein, wer in einem Wahlkreis die meisten Stimmen auf sich vereint. D. h. unter den Bewerbern eines Wahlkreises gilt das Mehrheitswahlrecht. Derzeit ist Deutschland in 299 Wahlkreise eingeteilt, folglich werden 299 Bundestagsmandate über die Erststimme vergeben.

Über die Zeitstimme votiert der Wähler für die Landesliste einer Partei. Diese Stimmen entscheiden nach dem Prinzip der Verhältniswahl über die Sitzverteilung der Parteien im Bundestag und damit über die Fraktionsstärke. Ist die Zahl der durch Zweitstimmen gewonnenen Mandate einer Partei größer als die Zahl ihrer direkt gewählten Wahlkreiskandidaten, so erhalten die Bewerber auf den Landeslisten der Partei Bundestagsmandate. In der Theorie werden so weitere 299 Sitze über Listenmandate vergeben. In der Praxis sind es zumeist mehr – der Grund ist folgender:

Hat eine Partei durch die direkt gewählten Wahlkreisabgeordneten in einem Bundesland bereits eine größere Anzahl an Abgeordneten erreicht, als ihr nach dem Anteil an Zweitstimmen für dieses Bundesland zusteht, so bleiben ihr diese Mandate erhalten. Es entstehen Überhangmandate, wodurch sich die Gesamtzahl der Abgeordneten erhöht.

Bis zum angesprochenen Urteil des Bundesverfassungsgerichtes im Juli 2012 hatten Überhangmandate zur Folge, dass es auch bei knappen Wahlergebnissen möglich war, Mehrheiten auf Grundlage von diesen zusätzlichen Mandaten zu bilden.[7] Die rot-grüne Regierung von Kanzler Schröder verdankte im Jahre 2002 eine nicht allzu knappe Mehrheit von sechs Sitzen den vier Überhangmandaten. Ähnlich konnte bei der Wahl 1994 der damalige Kanzler Helmut Kohl den Vorsprung der christlich-liberalen Regierung von zwei auf zehn Sitze durch Überhangmandate ausbauen.

Das Entstehen von Überhangmandaten machte das sogenannte Stimmensplitting durch den Wähler zu einer beliebten Wahltaktik, da dadurch eine Wunschkoalition gestärkt werden kann. Die Erststimme wird dabei an die größere Partei und die Zweitstimme an die kleinere Partei vergeben. Traditionell erringen die

---

[7] Überhangmandate: Aus Minderheit kann Mehrheit werden, Focus Online, 26.09.2009: http://goo.gl/NUxZ7j, [9.3.2014].

größeren Parteien die Wahlkreismandate, sodass ein Überhang durch Stimmen-splitting verstärkt wird. Insgesamt erhält die Wunschkoalition mehr Parlamentssit-ze. In diesem Fall hat die Erststimme eine positive Wirkung auf die Sitzverteilung der großen Partei, während die Zweitstimme auch negativ wirken kann. Dieses Phänomen des negativen Stimmgewichtes wird an dieser Stelle nicht weiter erläu-tert, war jedoch bereits Gegenstand vorheriger Gerichtsurteile. Am 3. Juli 2008 erklärte das Bundesverfassungsgericht die zum negativen Stimmgewicht führen-den Regelungen des Bundeswahlgesetzes für verfassungswidrig.[8]

Sämtliche Verzerrungen und Missstände sollten von 2013 an durch eine Wahl-gesetzesänderung verhindert werden. Das neue Wahlgesetz wird im nachfolgenden Abschnitt 2.2 erläutert.

2.2 Neues Wahlgesetz: Die Ausgleichsmandate

„Ein Wahlsystem, das [...] zulässt, dass ein Zuwachs an Stimmen zu Mandatsver-lusten führt oder dass für den Wahlvorschlag einer Partei insgesamt mehr Mandate erzielt werden, wenn auf ihn selbst weniger oder auf einen konkurrierenden Vor-schlag mehr Stimmen entfallen, führt zu willkürlichen Ergebnissen und lässt den demokratischen Wettbewerb um Zustimmung bei den Wahlberechtigten widersin-nig erscheinen."[9] – So die Begründung, mit der das Bundesverfassungsgericht am 25. Juli 2012 das Bundeswahlgesetz außer Kraft setzte. Daraufhin verabschiedete der Bundestag das Gesetz, welches seit der Bundestagswahl 2013 Überhangman-date mit zusätzlichen Sitzen für die anderen Parteien, mit sogenannten Ausgleichs-mandaten, neutralisiert. So kann die durch das Zweitstimmenergebnis vorgegebe-ne Sitzverteilung eingehalten werden.

Folgendes einfache Beispiel verdeutlicht, wie die Anzahl der Ausgleichsman-date berechnet wird.

Beispiel 2.1 Partei A habe bundesweit 200 Sitze nach Zweitstimmen errungen, Partei B 100 Sitze. Partei A hat demnach doppelt so viele Zweitstimmen wie Par-tei B bekommen. Würde nun Partei A 20 Überhangmandate erhalten, würde die Zahl der Sitze im Bundestag so lange erhöht werden, bis Partei B im Vergleich zu Partei A wieder halbsoviele Mandate hätte, damit das Größenverhältnis zwi-schen den Parteien gewahrt bliebe. Schlussendlich käme Partei A dann auf 220

---

[8] BVerfG, Aktenzeichen 2 BvC 1/07, 2 BvC 7/07: http://goo.gl/FOZlZf, [9.3.2014].
[9] Urteil des Bundesverfassungsgerichts vom 25. Juli 2012: http://goo.gl/1YYvU, [9.3.2014].

und Partei B auf 110 Sitze. Es würden somit neben den 20 Überhangmandaten noch 10 zusätzliche Sitze durch Ausgleichsmandate entstehen.

Es wird sofort deutlich, dass durch Ausgleichsmandate der Bundestag größer wird. Es gibt sogar mögliche Wahlausgänge, die die Bundestagsgröße extrem ansteigen lassen würden. Schon dem Gesetzentwurf[10] ist unter „*Finanzielle Auswirkungen*" zu entnehmen, dass mit „*Mehrkosten für die Amtsausstattung, Abgeordnetenentschädigung und Versorgungsansprüche weiterer Abgeordneten*" zu rechnen sei. Ein Ausmaß dieser Mehrkosten ist jedoch nicht angegeben. Diese sind auch schwer zu schätzen, da sie bei jeder Bundestagswahl aufs Neue von dem Wahlergebnis abhängen. Diese Problematik wird ausführlicher in Abschnitt 3.1 in Form eines Motivationspunktes für diese Arbeit aufgenommen.

Es wird abschließend die Anwendbarkeit der im vorherigen Abschnitt 2.1 angesprochenen Wahltaktik des Stimmensplittings mit dem neuen Wahlgesetz in Verbindung gebracht. Der Anreiz zu dieser Form des taktischen Wählens verschwindet, denn die Möglichkeit einer gewünschten Koalition durch Überhangmandate einen Vorteil zu verschaffen, fällt durch die Ausgleichsmandate weg.

Diese Änderung hatte womöglich schon einschneidende Folgen:[11] Nach der Wahl 2013 ist die FDP nach 64 Jahren Zugehörigkeit das erste Mal nicht mehr im Deutschen Bundestag vertreten. Der bisherige Koalitionspartner CDU/CSU warb im Wahlkampf um beide Stimmen und ließ sich auf eine Zweitstimmenkampagne der FDP nicht ein – wohlwissend, dass von nun an allein die Zweitstimmen die Stärken der Fraktionen im Bundestag bestimmen, eben weil Überhangmandate nach dem neuen Wahlrecht ausgeglichen werden. Ein Stimmensplitting, bei dem wie üblich der größeren Partei, hier CDU/CSU, die Erststimme und der kleineren Partei, der FDP, die Zeitstimme zugekommen wäre, hätte der Union demnach Sitze kosten können. Folglich ließ sie die FDP im Kampf um den Einzug in den Bundestag allein. Am Ende scheiterten die Liberalen mit fehlenden 103.000 Zweitstimmen an der Fünfprozenthürde.

---

[10] Bundestag-Drucksache 17/11819: http://goo.gl/FU1WwN, [9.3.2014].
[11] Neues Wahlrecht: Mächtige CDU verhindert Riesen-Bundestag, Spiegel Online, 23.09.2013: http://goo.gl/rOX2FU, [9.3.2014].

2.3 Gesetzliche Vorgaben bei der Wahlkreiseinteilung

Wahlkreise sind ein wichtiger Bestandteil einer Bundestagswahl, ihre Einteilung ist gesetzlich geregelt. Das Bundeswahlgesetz enthält unter § 3 Abs. 1 eine Reihe von Vorgaben, die jede Wahlkreiseinteilung zu erfüllen hat.

In diesem Abschnitt werden der für diese Arbeit wichtige Gesetzestext abgesetzt zitiert und einige Erläuterungen sowie Ergänzungen hinzugefügt.

> Bei der Wahlkreiseinteilung sind folgende Grundsätze zu beachten:
>
> 1. Die Ländergrenzen sind einzuhalten.
> 2. Die Zahl der Wahlkreise in den einzelnen Ländern muss deren Bevölkerungsanteil soweit wie möglich entsprechen. Sie wird mit demselben Berechnungsverfahren ermittelt, das nach § 6 Abs. 2 Satz 2 bis 7 für die Verteilung der Sitze auf die Landeslisten angewandt wird.

§ 3 Abs. 1 BWG

Die Einhaltung der Ländergrenzen folgt aus dem verfassungsrechtlich verankerten Bundesstaatsprinzip.[12] Der zweite Grundsatz geht im Zweistimmenwahlsystem mit den Prinzipien der Wahlgleichheit der Bürger und der Chancengleichheit der Wahlbewerber sowie politischen Parteien einher.[13]

Durch diese ersten beiden Punkte lässt sich das Problem der Wahlkreiseinteilung für ganz Deutschland auf eine Einteilung für die einzelnen Bundesländer herunterbrechen. Das angesprochene Berechnungsverfahren ist das *Sainte-Laguë/Schepers-Verfahren* und wird in Abschnitt 2.5 erläutert. Dort sind auch Berechnungsbeispiele, die Wahlkreisanzahlen der einzelnen Bundesländer zur letzten Bundestagswahl 2013 sowie die vorraussichtlichen Wahlkreisverteilung zur nächsten Bundestagswahl angegeben.

> 3. Die Bevölkerungszahl eines Wahlkreises soll von der durchschnittlichen Bevölkerungszahl der Wahlkreise nicht um mehr als 15 vom Hundert nach oben oder unten abweichen; beträgt die Abweichung mehr als 25 vom Hundert, ist eine Neuabgrenzung vorzunehmen.

§ 3 Abs. 1 BWG

---

[12] Art. 20 Abs. 1 GG.
[13] § 1 Abs. 1 BWG.

Der dritte Grundsatz konkretisiert die zulässigen Abweichungen von der durchschnittlichen Größe eines Wahlkreises. Der Begriff Wahlkreisgröße bezieht sich in dieser Arbeit nicht auf die flächenmäßige Ausdehnung des Wahlkreisgebietes, sondern auf die numerische Anzahl der deutschen Wahlkreisbevölkerung. Die möglichst gleiche Wahlkreisgröße ist Bedingung für die Wahlgleichheit bei der Direktwahl eines Abgeordneten in einem Wahlkreis. Anders als bei amerikanischen Wahldistrikten, deren Einteilungsproblematik vorrangig in der Literatur (s. Kapitel 5) untersucht wird, gibt es in Deutschland Spielräume für Bevölkerungsabweichungen unter den Wahlkreisen.

Es ist zu beachten, dass der unter Punkt 3 genannte Abschnitt des Gesetzestextes eine „weiche" Soll-Vorschrift ($\leq \pm 15\%$ Abweichung, *Toleranzgrenze*) sowie eine „harte" Muss-Vorschrift ($\leq \pm 25\%$ Abweichung, *absolute Höchstgrenze*) enthält.

Die zitierten Vorgaben bei der Wahlkreiseinteilung enthalten weitere Soll-Vorschriften. Um zu verstehen wie derartige Formulierungen aufzufassen, in welchem Ausmaß sowie in welchen Fällen einzuhalten sind, wird im Folgenden kurz auf den juristischen Bereich des Ermessens eingegangen.

In der Juristik ist zwischen Kann-, Soll-, und Muss-Vorschriften zu unterscheiden. Dabei ist der Begriff „soll" am schwierigsten zu fassen. Zu Soll-Vorschriften kommentieren Steckens et al. [65], dass für den Regelfall eine Bindung vorgesehen sei und daher kein Ermessen bestünde, wenn ein Gesetz die Wendung soll verwende.[14] Außerdem bemerkten Steckens et al. [65], dass in von der Norm abweichenden Fällen oder aus wichtigem Grund von der vom Gesetzgeber für den Normalfall vorgesehenen Rechtsfolge abgewichen werden könne.[14]

Die Wahlkreiskommission (s. Abschnitt 2.4) bringt in ihrem Bericht im Jahr 2011[15] auf den Punkt, was dies angewendet auf die Bevölkerungsabweichung der Wahlkreise bedeutet: *„Die 25 Prozent-Grenze [darf] nicht nach Belieben ausgeschöpft werden, sondern es müssen im Einzelfall besondere, sachlich fundierte Gründe vorliegen, um ein Abgehen von der 15 Prozent-Toleranzgrenze rechtfertigen zu können."* Somit fordert das Bundeswahlgesetz, dass Bevölkerungsabweichungen der Wahlkreise von echt mehr als $\pm 15\%$ die Ausnahme zu sein haben und bei einem Auftreten begründet zu sein haben.

---

[14] vgl. Steckens et al. [65]: VwVfG § 40 Ermessen, Randnummer 26.

[15] Bericht der Wahlkreiskommission für die 17. Wahlperiode des Deutschen Bundestages gemäß § 3 Bundeswahlgesetz, Bundestag-Drucksache 17/4642, 2011: http://goo.gl/YtrQce, [9.3.2014].

Nr.	Wahlkreisname	Bundesland	dt. Bev.	Abw.
18	Hamburg-Mitte	Hamburg	310.600	+24,9%
226	Weilheim	Bayern	309.100	+24,3%
217	Ingolstadt	Bayern	308.100	+23,9%
260	Böblingen	Baden-Württemberg	306.100	+23,1%
227	Deggendorf	Bayern	187.300	−24,7%
57	Uckermark-Barnim I	Brandenburg	187.600	−24,6%
238	Coburg	Bayern	187.900	−24,4%
116	Duisburg II	Nordrhein-Westfalen	189.000	−24,0%

Tabelle 2.1 Bevölkerungsreichsten, -ärmsten Wahlkreise der Bundestagswahl 2013

Den Strukturdaten für die Wahlkreise zum 18. Deutschen Bundestag,[16] bereitgestellt durch den Bundeswahlleiter, lassen sich die größten und kleinsten Bundestagswahlkreise zur Wahl 2013 entnehmen. Die Wahlkreise mit den extremsten Abweichungen sind in Tabelle 2.1 zusammengetragen.

Es ist offensichtlich, dass das Ausnutzen der vollen Breite zulässiger Abweichungen stattfindet: Die Spanne reicht von −24,7% bis +24,9%. Die bevölkerungsreichsten und -ärmsten Wahlkreise unterscheiden eine Bevölkerung von über 120.000 Menschen − das ist fast ein halber Wahlkreis! Das Direktmandat in Hamburg-Mitte vertritt 120.000 Menschen mehr als das im bayrischen Deggendorf. Ein Bewerber eines großen Wahlkreises hat übermäßig mehr Wähler von sich zu überzeugen, um einen gewissen Prozentsatz zu erreichen als in einem anderen, kleineren Wahlkreis.

Nach eigenen Berechnungen haben insgesamt 63 Wahlkreise eine Abweichung von über ±15%. Somit hält jeder fünfte Wahlkreis die Soll-Vorschrift, die nach Steckens et al. [65] „für den Regelfall eine Bindung" vorsieht, nicht ein. Von Ausnahmefällen kann hier nicht die Rede sein.

Um die gesetzlich verankerte Wahlgleichheit zu fördern, ist die Minimierung der Bevölkerungsabweichungen eine Optimierungsmöglichkeit bei der Wahlkreiseinteilung. Eine eingehendere Betrachtung hierzu befindet sich in Abschnitt 3.4.

4. Der Wahlkreis soll ein zusammenhängendes Gebiet bilden.

§ 3 Abs. 1 BWG

---

[16] Strukturdaten für die Wahlkreise zum 18. Deutschen Bundestag, Bundeswahlleiter: http://goo.gl/noHrIq, [9.3.2014].

Der vierte Grundsatz ist als eine weitere Soll-Vorschrift formuliert. Die Mehrzahl aller Wahlkreise sind zusammenhängend. Enthält ein Wahlkreis Nord- bzw. Ostseeinseln ist ein Nicht-Zusammenhang offensichtlich nicht vermeidbar. Keine deutsche Insel ist bevölkerungsstark genug um alleine einen Wahlkreis zu bilden. Außerdem können Grenzverläufe von Bundesländern, Gemeinden, Kreise oder gar Staatsgebieten zu nicht-zusammenhängenden Wahlkreisen führen. Gibt es weitere Gründe für einen Nicht-Zusammenhang?

Nach eigenen Recherchen bilden bei der Einteilung für die Bundestagswahl 2013 u. a. die im weiteren Verlauf genannten Wahlkreise kein zusammenhängendes Gebiet. Der vorliegende „atypische Fall" konnte nur z. T. herausgearbeitet werden.

Der Wahlkreis 46 (s. Abb. 2.2) liegt in Niedersachsen und umfasst den Landkreis Hameln-Pyrmont, den Landkreis Holzminden sowie die Gemeinden Bodenfelde und Uslar aus dem Landkreis Northeim. Dabei sind die beiden letztgenannten Gemeinden nicht mit dem Rest des Wahlkreises verbunden. Begründet wird dies anscheinend mit dem dazwischenliegenden unbewohnten Mittelgebirge Solling. Jedoch ist dieses gemeindefreie Gebiet bei der Einteilung dem Wahlkreis 52 zugeordnet.

Abb. 2.2 Wahlkreis 46[17]

Abbildung 2.3 Wahlkreis 188   **Abbildung 2.4** WK 272, 287

---

[17] Zu Abb. 2.2, 2.3, 2.4, 2.5:
© Bundeswahlleiter, Statistisches Bundesamt, Wiesbaden 2012,
Wahlkreiskarte für die Wahl zum 18. Deutschen Bundestag
Grundlage der Geoinformationen © Geobasis-DE / BKG (2011)

Das Bundesland Bremen ist in die Wahlkreis 54 und 55 aufgeteilt. Da Bremen aufgrund von dem an der Küste liegenden Bremerhaven bereits nicht zusammenhängend ist, bildet der Wahlkreis 54 ein nicht zusammenhängendes Gebiet. Die geographischen Grenzes des Bundeslandes lassen es nicht anders zu.

Der hessische Wahlkreis 188 (s. Abb. 2.3) und der baden-württembergische Wahlkreis 272 (s. Abb. 2.4) bestehen aus nicht-zusammenhängenden Gebieten. Dies kann durch die Verwaltungsgrenzen des Kreises Bergstraße bzw. Landkreises Karlsruhe begründet werden, bereits diese bilden jeweils kein zusammenhängendes Gebiet. Ähnliches ist beim bayrischen Wahlkreis 245 zu erkennen.

Der Nicht-Zusammenhang von Wahlkreis 287 (s. Abb. 2.4) ist in dem deutsch-schweizerischen Grenzverlauf begründet. Die Gemeinde Büsingen am Hochrhein ist gänzlich von Schweizer Staatsgebiet umgeben und bildet hierdurch eine Exklave. Sie gehört verwaltungstechnisch dem Landkreis Konstanz an, dessen Grenzen mit den Wahlkreisgrenzen übereinstimmen.

Der um die Bundeststadt Bonn liegende Wahlkreis 98 (s. Abb. 2.5) besteht aus südlichen Teilen des Rhein-Sieg-Kreises und bildet kein zusammenhängendes Gebiet. Aus geographischer Sicht und unter Betrachtung der Grenzverläufe ist keine Begründung für den Nicht-Zusammenhang erkennbar. Im späteren Verlauf dieser Arbeit wird festgestellt werden, dass es im Rhein-Sieg-Kreis sehr wohl möglich ist, zwei jeweils zusammenhängende Wahlkreise einzuteilen (s. Abschnitt 11.2.1).

Abb. 2.5 Wahlkreis 98

5. Die Grenzen der Gemeinden, Kreise und kreisfreien Städte sollen nach Möglichkeit eingehalten werden.

§ 3 Abs. 1 BWG

Wenn Wahlkreisgrenzen mit bekannten (Verwaltungs-) Grenzen übereinstimmen, entstehen keine neuen Grenzen und so ist die Wahlkreiseinteilung für die Wähler transparenter. Diese Forderung kann oft nicht eingehalten werden, da die Bevölkerungszahlen der Kreise stark variieren und so auf Wahlkreise aufgeteilt werden müssen und dementsprechend neue Grenzen entstehen.

Auch hier zeigt sich eine Optimierungsmöglichkeit: Es sollen möglichst viele der verwurzelten Grenzen bei der Wahlkreiseinteilung eingehalten werden. Weiteres dazu wird in Abschnitt 3.4 dargelegt.

> Bei Ermittlung der Bevölkerungszahlen bleiben Ausländer (§ 2 Abs. 1 des Aufenthaltsgesetzes) unberücksichtigt.

§ 3 Abs. 1 BWG

Dieser letzte Punkt ist besonders für die der Wahlkreiseinteilung zu Grunde liegenden Daten sehr wichtig: Es ist nur die Bevölkerung in Deutschland mit deutschem Pass zu betrachten. Auf die Datenbeschaffung sowie -aufbereitung wird näher in Kapitel 8 eingegangen.

Nicht-Deutsche werden bei der Berechnung der Wahlkreisgrößen nicht beachtet. Minderjährige, also nicht wahlberechtigte Deutsche, werden hingegen berücksichtigt. Eine Begründung dafür liefert das Grundgesetz.[18] Demnach sind die in den Wahlkreisen und über die Landeslisten zu wählenden Abgeordneten Vertreter des ganzen Volkes. Dies entspricht der Gesamtheit der im Wahlgebiet ansässigen Deutschen und somit einschließlich den Minderjährigen.

Insgesamt formuliert das Bundeswahlgesetz mehr oder weniger klare Grundsätze für die Wahlkreiseinteilung. Diese sind auch in einer mathematischen Modellierung zur Einteilung der Wahlkreise zu berücksichtigen (s. Kapitel 4). An einigen Stellen ermöglicht das Gesetz Spielraum, der in der Praxis auch ausgenutzt wird. Genau diese nicht strikt formulierten Vorgaben offerieren ein Optimierungspotential und somit eine Motivation für diese Arbeit (s. Abschnitt 3.4).

2.4 Die Wahlkreiskommission und deren Bericht

Die finale Entscheidung über die Wahlkreiseinteilung der jeweils nächsten Bundestagswahl trifft der Deutsche Bundestag. Die sogenannte Wahlkreiskommission leistet dazu maßgebliche Vorarbeit. In diesem Abschnitt wird die Zusammensetzung und Arbeit dieser Kommission beschrieben.

Das parteipolitisch unabhängige, weisungsfreie Sachverständigengremium hat laut § 3 Abs. 2 – 4 BWG die Aufgabe über Änderungen der Bevölkerungszahlen im Wahlgebiet zu berichten und darzulegen, ob und welche Anpassungen der Wahlkreiseinteilung sie im Hinblick darauf für erforderlich hält. Zum einen umfasst dies die Verteilung der Wahlkreise auf die Bundesländer durch das in Abschnitt 2.5 erläuterte Sainte-Laguë-Verfahren und zum anderen die konkrete Abgrenzung

---

[18] Art. 38 Abs. 1 GG.

der Wahlkreise innerhalb der Länder. Dabei sind die in Abschnitt 2.3 dargelegten Grundsätze einzuhalten. Die Wahlkreiskommission hat konkrete und detaillierte Änderungsvorschläge zu unterbreiten und diese zu begründen.

Der im Zuge dessen angefertigte Bericht der Wahlkreiskommission ist spätestens 15 Monate nach dem ersten Zusammentritt des Deutschen Bundestages, dem Beginn der Wahlperiode, dem Bundesministerium des Innern als dem zuständigen Bundesressort zuzuleiten. Nach Weiterleitung an den Deutschen Bundestag wird der Bericht im Bundesanzeiger, dem zentralen amtlichen Publizierungsorgan des Bundes, sowie vom Parlament in Form einer Bundesdrucksache veröffentlicht.

Auf die Gegenwart übertragen bedeutet dies, dass nach der konstituierenden Sitzung des 18. Deutschen Bundestages am 22. Oktober 2013 die Wahlkreiskommission ihren Bericht für die 18. Wahlperiode bis zum 22. Januar 2015 zu erstatten hat.

Die Wahlkreiskommission besteht aus dem Präsidenten des Statistischen Bundesamtes, einer Richterin oder einem Richter des Bundesverwaltungsgerichtes und fünf weiteren Mitgliedern, die vom Bundespräsidenten für die Dauer der Wahlperiode ernannt werden.

Der Bericht der Wahlkreiskommission ist als Entscheidungshilfe für den Bundestag bestimmt. Die Vorschläge der Wahlkreiskommission haben dabei keine bindende Wirkung. Der Deutsche Bundestag kann die Änderungsvorschläge der Kommission ganz oder teilweise übernehmen, ist hierzu jedoch nicht verpflichtet.

In dem Bericht der Wahlkreiskommission für die 17. Wahlperiode aus dem Januar 2011,[19] der folglich Anregungen für die Wahlkreiseinteilung zur Bundestagswahl 2013 enthält, wurde festgestellt, dass 58 der damals geltenden Wahlkreise der vorherigen Bundestagswahl 2009 eine Abweichung von über $\pm 15\%$ von der durchschnittlichen Wahlkreisgröße beinhalten. Der Bericht wurde auf Grundlage von Bevölkerungsdaten mit dem Stand 31. Dezember 2009 verfasst. Die Wahlkreiskommission erarbeitete Änderungen der Grenzen, sodass nur noch 35 Wahlkreise die Toleranzgrenze von 15% überschreiten. Insgesamt wurden nach eigenen Recherchen 64 Änderungen der Wahlkreisgrenzen vorgeschlagen. Der Großteil der Änderungen liegt in den Bevölkerungsentwicklungen in den Ländern beziehungsweise in den gegenwärtig eingeteilten Wahlkreisen begründet. Einige Vorschläge enthalten auch geringfügige Anpassungen der Wahlkreisgrenzen infolge vorausgegangener kommunaler Gebietsänderungen.

---

[19] Bericht der Wahlkreiskommission für die 17. Wahlperiode des Deutschen Bundestages gemäß § 3 Bundeswahlgesetz, Bundestag-Drucksache 17/4642, 2011: http://goo.gl/YtrQce, [9.3.2014].

Mit dem 20. Gesetze zur Änderung des Bundeswahlgesetzes[20] vom 12. April 2012 legte der Deutsche Bundestag die Wahlkreiseinteilung für die Bundestagswahl im September 2013 fest. Laut Bundeswahlleiter (s. auch Gisart [29]) hat der Gesetzgeber dabei gegenüber der bisherigen Wahlkreiseinteilung insgesamt 32 Wahlkreise neu abgegrenzt. Wie erwähnt hatte die Wahlkreiskommission zuvor 64 Änderungen vorgeschlagen. Welche Änderungsvorschläge der Wahlkreiskommission angenommen wurden oder inwieweit der Bundestag eigene Änderungen erarbeitet hat wäre im Einzelfall zu recherchieren.

Den Strukturdaten für die Wahlkreise zum 18. Deutschen Bundestag[21] mit Bevölkerungsstand vom 30.9.2012 lässt sich, wie im vorherigen Abschnitt 2.3 bereits erwähnt, entnehmen, dass ein Jahr vor der Bundestagswahl 2013 insgesamt 63 Wahlkreise eine Abweichung von über $\pm15\%$ besitzen. Das sind mehr als die Wahlkreiskommission in ihrem Bericht Anfang 2011 vor den Änderungsvorschlägen gezählt hatte. Ob diese Tatsache mit zu wenigen, nicht sehr effektiven Änderungen der Wahlkreisgrenzen durch den Gesetzgeber oder aber auch mit weiteren Bevölkerungsentwicklungen zusammenhängt, ist nicht unmittelbar zu folgern, wäre jedoch analysierbar.

Deutlich wird, dass der Gesetzgeber die Möglichkeit klar annimmt, den Bericht der Wahlkreiskommission nur als Entscheidungshilfe und nicht als bindend anzusehen. Die Wahlkreiskommission liefert lediglich einen Vorschlag für die Wahlkreiseinteilung der Deutschen Bundestagswahlen.

2.5 Wahlkreisanzahl pro Bundesland: Das Sainte-Laguë-Verfahren

Bei der Wahlkreiseinteilung sind die Bundesländergrenzen laut Wahlgesetz strikt einzuhalten, dementsprechend enthält der Bericht der Wahlkreiskommission zur Bundestagswahl 2013[22] neben der vorgeschlagenen Einteilung der Wahlkreise auch die Verteilung dergleichen auf die Bundesländer. Letzteres ist Tabelle 2.2 zu entnehmen.

---

[20] Bundestag-Drucksache 17/8350: http://goo.gl/BGUC2u, [10.3.2014].

[21] Strukturdaten für die Wahlkreise zum 18. Deutschen Bundestag, Bundeswahlleiter: http://goo.gl/noHrIq, [9.3.2014].

[22] Bericht der Wahlkreiskommission für die 17. Wahlperiode des Deutschen Bundestages gemäß § 3 Bundeswahlgesetz, Bundestag-Drucksache 17/4642, 2011: http://goo.gl/YtrQce, [9.3.2014].

Schleswig-Holstein	11
Hamburg	6
Niedersachsen	30
Bremen	2
Nordrhein-Westfalen	64
Hessen	22
Rheinland-Pfalz	15
Baden-Württemberg	38

Bayern	45
Saarland	4
Berlin	12
Brandenburg	10
Meckl.-Vorpommern	6
Sachsen	16
Sachsen-Anhalt	9
Thüringen	9

Tabelle 2.2 Verteilung der 299 Wahlkreise bei der Bundestagswahl 2013

Im Bundeswahlgesetz wird das genaue Verfahren beschrieben, wie die Wahlkreise auf die einzelnen Bundesländer aufzuteilen sind. Der Algorithmus wird im weiteren Verlauf vorgestellt und anschließend angewendet.

Es handelt sich das selbe Berechnungsverfahren, mit dem die Verteilung der Bundestagssitze auf die Landeslisten ermittelt wird. Dieser Algorithmus ist im Fließtext in § 6 Abs. 2 Satz 2 bis 7 des Bundeswahlgesetzes angegeben und wird im folgenden abgesetzt zitiert.

> Jede Landesliste erhält so viele Sitze, wie sich nach Teilung der Summe ihrer erhaltenen Zweitstimmen durch einen Zuteilungsdivisor ergeben. Zahlenbruchteile unter 0,5 werden auf die darunter liegende ganze Zahl abgerundet, solche über 0,5 werden auf die darüber liegende ganze Zahl aufgerundet. Zahlenbruchteile, die gleich 0,5 sind, werden so aufgerundet oder abgerundet, dass die Zahl der zu vergebenden Sitze eingehalten wird; ergeben sich dabei mehrere mögliche Sitzzuteilungen, so entscheidet das vom Bundeswahlleiter zu ziehende Los.
>
> § 6 Abs. 2 Satz 2 - 4 BWG

Die deutsche Bevölkerung eines Bundeslandes wird durch einen Zuteilungsdivisor geteilt, es wird wie angegeben gerundet und es ergibt sich eine mögliche Wahlkreisanzahl. Es ist klar, dass durch das Runden in der Summe mehr bzw. weniger Wahlkreise verteilt werden könnten, als eigentlich zu verteilen sind. Diese Problematik löst der folgende zweite Teil des Gesetzes, der ebenso die Definition des Zuteilungsdivisors enthält.

> Der Zuteilungsdivisor ist so zu bestimmen, dass insgesamt so viele Sitze auf die Landeslisten entfallen, wie Sitze zu vergeben sind. Dazu wird zunächst die Gesamtzahl der Zweitstimmen aller zu berücksichtigenden Landeslisten durch die Zahl der jeweils nach Absatz 1 Satz 3 verbleibenden Sitze geteilt. Entfallen danach mehr Sitze auf die Landeslisten, als Sitze zu vergeben sind, ist der Zuteilungsdivisor so heraufzusetzen, dass sich bei der Berechnung die zu vergebende Sitzzahl ergibt; entfallen zu wenig Sitze auf die Landeslisten, ist der Zuteilungsdivisor entsprechend herunterzusetzen.

§ 6 Abs. 2 Satz 5 - 7 BWG

Der Zuteilungsdivisor ist zunächst gleich dem Quotienten der deutschen Gesamtbevölkerung sowie der zu verteilenden Wahlkreisanzahl und entspricht somit der durchschnittlichen Wahlkreisgröße. Ggf. ist der Zuteilungsdivisor im Verlauf des Algorithmus zu erhöhen bzw. zu erniedrigen.

Algorithmus 1 fasst die Vorgehensweise, welche nach dem französischen Mathematiker André Sainte-Laguë und dem deutschen Physiker Hans Schepers benannt wurde, übersichtlich zusammen.

Algorithmus 1 : Sainte-Laguë/Schepers-Verfahren
Verteilung der Wahlkreise auf die Bundesländer

---

input : dt. Bevölkerung der Bundesländer, Wahlkreisgesamtanzahl #WK
output : Anzahl WK pro Bundesland b: WK$[b]$

1   Zuteilungsdivisor $\leftarrow \frac{\text{dt. Bevölkerung gesamt}}{\text{#WK}}$ **repeat**

2   **foreach** Bundesland b **do**

3   WK$[b] \leftarrow \frac{\text{dt. Bevölkerung von } b}{\text{Zuteilungsdivisor}}$ **if** WK$[b] - \lfloor$WK$[b]\rfloor \neq \frac{1}{2}$ **then**

4   runde WK$[b]$

5   ggf.: runde WK$[b] \notin \mathbb{N}$ bzw. Losentscheid s.d. $\sum_b$ WK$[b] = $#WK   **if**
      $\sum_b$ WK$[b] > WK^{\#}$ **then**

6   erhöhe Zuteilungsdivisor

7   **else if** $\sum_b$ WK$[b] < WK^{\#}$ **then**

8   verringere Zuteilungsdivisor

9   **until** $\sum_b$ WK$[b] = $#WK

Das Sainte-Laguë/Schepers-Verfahren ist eine sogenannte Methode der proportionalen Repräsentation, wie sie bei Wahlen mit dem Verteilungsprinzip Proporz (d. h. Proportionalität) benötigt werden, um Wählerstimmen in Abgeordnetenmandate umzurechnen oder auch Wahlkreise auf Bundesländer zu verteilen. Mit dem Verfahren nach d'Hondt und dem nach Hare/Niemeyer gibt es zwei weitere Methoden dieser Art. Diese werden zum Teil auf Landesebene in Deutschland eingesetzt.

Saint-Laguë [63] wies 1910 nach, dass das nach ihm benannte Verfahren eine optimale Erfüllung der sogenannten Erfolgswertgleichheit besitzt. D. h. das Verfahren minimiert die Summe der Abweichungsquadrate zwischen den realisierten Erfolgswerten und dem idealen Erfolgswert. Außerdem ist nach Balinski et al. [4] das Sainte-Laguë/Schepers-Verfahren – im Gegensatz zum Verfahren nach d'Hondt – unverzerrt. Dabei heißt eine Zuteilungsmethode laut Pukelsheim [56] *unverzerrt*, wenn keine Abweichungen zwischen Mandats- bzw. Wahlkreisverteilung und Stimmen- bzw. Bevölkerungsverteilung zu erwarten sind. Es wird somit das durchschnittliche Verhalten einer Methode betrachtet. Im Gegensatz dazu steht eine *verzerrte* Methode, für die bei wiederholtem Einsatz die Verteilungen nicht zufällig, sondern regelmäßig abweichen.

Für Weiterführendes zu allen genannten Verfahren und deren Analyse sei auf die Ausführungen von Pukelsheim [56], Balinski et al. [5] sowie den kompakten Überblick des Bundeswahlleiters [11] verwiesen.

Die Verteilung der 299 Wahlkreise bei der Bundestagswahl 2013 basierte auf den fortgeschriebenen Bevölkerungsdaten vom 31. Dezember 2009. Die Anwendung des Sainte-Laguë/Schepers-Verfahrens auf diesen Daten ist im Anhang in Tabelle A.1 dokumentiert und liefert als Ergebnis die bereits vorgestellte Tabelle 2.2 auf Seite 22.

Im Folgenden werden die neusten Bevölkerungsdaten aus der Volkszählung Zensus 2011 (s. Abschnitt 3.2 sowie Kapitel 8) verwendet, um Algorithmus 1 beispielhaft anzuwenden und die aktuellste Wahlkreisverteilung auf die Länder zu berechnen. Die neueren Bevölkerungsdaten haben Änderungen in der Wahlkreisverteilung auf die Länder zur Folge.

Bei einer Anzahl von 299 Wahlkreisen und einer deutschen Gesamtbevölkerung von 74.040.630 ergibt sich eine durchschnittliche Wahlkreisgröße von

$$\frac{74.040.630}{299} = 247.627,5251\ldots,$$

dies entspricht dem vorläufigem Zuteilungsdivisor. Es zeigt sich, dass der Divisor nicht mehr zu verändern ist, da die Summe der nach Runden entstandenen Wahlkreisanzahlen schon den zu verteilenden 299 entspricht. Somit terminiert der Algorithmus und liefert die Aufteilung der Wahlkreise. Zusätzlich ist zu jedem Bundesland dessen durchschnittliche Wahlkreisgröße und Abweichung vom Bundesdurchschnitt angegeben. Im Kapitel 7 wird auf diese Ergebnisse näher eingegangen und die Frage verfolgt, welche Wahlkreisanzahl für Deutschland zu den geringsten Abweichungen der Wahlkreisgröße in den Bundesländern führt.

dt. Bev. Zensus 2011	Anzahl WK: 299 ↳ Divisor: 247.628			
	ungerundet	gerundet	∅ Größe	∅ Abw.
Schleswig-Holstein 2.683.670	10,837527	11	243.970	-1,5 %
Hamburg 1.495.810	6,040564	6	249.302	+0,7 %
Niedersachsen 7.351.250	29,686724	30	245.042	-1,0 %
Bremen 580.340	2,343601	2	290.170	+17,2 %
Nordrhein-Westfalen 15.931.170	64,335215	64	248.925	+0,5 %
Hessen 5.311.720	21,450443	21	252.939	+2,1 %
Rheinland-Pfalz 3.718.250	15,015496	15	247.883	+0,1 %
Baden-Württemberg 9.353.030	37,770559	38	246.132	-0,6 %
Bayern 11.383.180	45,968961	46	247.460	-0,1 %
Saarland 933.360	3,769209	4	233.340	-5,8 %
Berlin 2.920.090	11,792267	12	243.341	-1,7 %
Brandenburg 2.413.580	9,746816	10	241.358	-2,5 %
Meckl.-Vorpommern 1.582.250	6,389637	6	263.708	+6,5 %
Sachsen 3.979.760	16,071557	16	248.735	+0,4 %
Sachsen Anhalt 2.247.810	9,077383	9	249.757	+0,9 %
Thüringen 2.155.360	8,704040	9	239.484	-3,3 %
Deutschland 74.040.630		299		

Tabelle 2.3 Verteilung 299 Wahlkreise mit Sainte Laguë/Schepers auf die Länder, anhand der deutschen Bevölkerung vom 9.5.2011 (Zensus 2011)

Im Vergleich zur Bundestagswahl 2013 (vgl. Tabelle 2.2 und Anhang Tabelle A.1) sind, bei Zugrundelegung der neusten Bevölkerungsdaten (vgl. Tabelle 2.3), zwei Bundesländer von Änderungen betroffen: Hessen verliert und Bayern erhält einen Wahlkreis. Wenn sich die offiziellen Bevölkerungsdaten nicht deutlich ändern, wird dies somit zur Folge haben, dass zur nächsten Bundestagswahl (planmäßig 2017) besonders in Hessen und Bayern die Wahlkreisgrenzen stark verändert werden müssen. Diese Begebenheit wird in Abschnitt 3.2 über die Motivation dieser Arbeit aufgenommen.

Abschließend wird in Tabelle 2.4 ein weiteres Berechnungsbeispiel des Sainte-Laguë/Schepers-Verfahrens dokumentiert. Dabei werden 220 Wahlkreise auf die Bundesländer verteilt. Anders als bei den vorherigen Beispielen ist dabei der Zuteilungsdivisor im Algorithmus anzupassen.

	dt. Bev. Zensus 2011	Anzahl WK: 220 ↳ Divisor: 336.548		→ Divisor: 340.000	
		ungerundet	gerundet	ungerundet	gerundet
Schleswig-Holstein	2.683.670	7,974100	8	7,893147	8
Hamburg	1.495.810	4,444562	4	4,399441	4
Niedersachsen	7.351.250	21,843075	22	21,621324	22
Bremen	580.340	1,724388	2	1,706882	2
Nordrhein-Westfalen	15.931.170	47,336947	47	46,856382	47
Hessen	5.311.720	15,782934	16	15,622706	16
Rheinland-Pfalz	3.718.250	11,048191	11	10,936029	11
Baden-Württemberg	9.353.030	27,791047	28	27,508912	28
Bayern	11.383.180	33,823316	34	33,479941	33
Saarland	933.360	2,773331	3	2,745176	3
Berlin	2.920.090	8,676585	9	8,588500	9
Brandenburg	2.413.580	7,171571	7	7,098765	7
Meckl.-Vorpommern	1.582.250	4,701405	5	4,653676	5
Sachsen	3.979.760	11,825226	12	11,705176	12
Sachsen-Anhalt	2.247.810	6,679011	7	6,611206	7
Thüringen	2.155.360	6,404311	6	6,339294	6
Deutschland	74.040.630		221		220

Tabelle 2.4 Verteilung 220 Wahlkreise mit Sainte-Laguë/Schepers auf die Länder, anhand der deutschen Bevölkerung vom 9.5.2011 (Zensus 2011)

Kapitel 3
Motivation für das Problem der Wahlkreiseinteilung

Zu jeder Bundestagswahl sind eine Vielzahl von Wahlkreisgrenzen anzupassen, sei es aufgrund von Bevölkerungsentwicklung auf Gemeinde- oder auch Bundesland-ebene. Zweitgenanntes kann dazu führen, dass ein Bundesland Wahlkreise verliert bzw. erhält und so die Grenzen der restlichen Wahlkreise neu gezogen werden müssen. Des Weiteren werden auch bei anderen Wahlen, wie z. B. den Landtags- oder Kommunalwahlen, Wahlkreise eingeteilt. Über Deutschlands Grenzen hinaus verwenden ebenfalls andere Länder Wahlkreise in ihren Wahlsystemen.

Für sich genommen sind diese Tatsachen schon Motivation genug, um sich ma-thematisch mit dem Thema der Wahlkreiseinteilung zu beschäftigen, mit dem Ziel eine Lösungsmethode zu entwickeln, die automatisiert eine unter gewissen Ge-sichtspunkten möglichst gute Wahlkreiseinteilung hervorbringt. Darüber hinaus werden in diesem Kapitel konkrete, weitere Motivationspunkte für das Problem der Wahlkreiseinteilung behandelt. Abbildung 3.1 liefert dazu einen ersten Über-blick.

1 Anpassung der Wahlkreisanzahl
    ↪ BdSt: Größerer Bundestag kostet 60 Mio mehr im Jahr
    ↪ Gerechtere Wahlkreisanzahl als 299

2 Neue Wahlkreiseinteilung nach Volkszählung
    ↪ Zensus 2011 löst bisherige Bevölkerungsfortschreibung ab

3 Manipulation durch Gerrymandering verhindern
    ↪ Ansonsten: „... the system is out of whack."

4 Optimierung statt nur Erfüllung
    ↪ Wahlgleichheit fördern, verwurzelte Grenzen verwenden

Abbildung 3.1 Motivation für das Problem der Wahlkreiseinteilung

3.1 Anpassung der Wahlkreisanzahl

In der konstituierenden Sitzung des 18. Bundestags am 22. Oktober 2013 wurde Norbert Lammert als Bundestagspräsident wiedergewählt. In seiner Ansprache[23] zur Amtsübernahme wies er die Abgeordneten darauf hin, *„noch einmal in Ruhe und gründlich auf das novellierte Wahlrecht zu schauen".* Er spricht hierbei von der Einführung der Ausgleichsmandate zur Neutralisation von Überhangmandaten (s. Abschnitt 2.1). Der Vorteil der Neuregelung ist, dass das Größenverhältnis der Fraktionen zueinander erhalten bleibt, auch wenn eine Partei viele Überhangmandate auf sich vereint. Nachteilig ist, dass das Parlament möglicherweise deutlich größer wird. Bei der Wahl 2013 hatten nur vier Überhangmandate – viel weniger als bei den früheren Legislaturperioden (s. Tabelle 3.1) – zu 29 Ausgleichsmandaten geführt. *„Dies lässt die Folgen ahnen, die sich bei einem anderen, knapperen Wahlausgang für die Größenordnung künftiger Parlamente ergeben könnten.",* mahnte Lammert.

Wahljahr	1987	1990	1994	1998	2002	2005	2009	2013
Überhangmandate	1	6	16	13	5	16	24	4

Tabelle 3.1 Anzahl Überhangmandate der letzten Bundestagswahlen[24]

Bereits als das neue Wahlgesetz im Februar 2013 verabschiedet wurde, wurde die Anwendung der Ausgleichsmandate von Experten und Politikern als eine eilige Entscheidung und als *„Übergangswahlrecht"*[25] betitelt. Von Anfang an wurde auf die Gefahr der Aufblähung des Bundestages hingewiesen, die nach der Wahl 2013 nicht in dem befürchteten Ausmaße aufgrund des starken Zweitstimmen-Ergebnisses der CDU eintrat.[26]

Der Bund der Steuerzahler Deutschland (BdSt) bezifferte die Mehrkosten bei einem knapperen Wahlausgang und so größeren Bundestag auf 60 Millionen

---

[23] Deutscher Bundestag, Plenarprotokoll 18/1: http://goo.gl/BA7fEa, [10.3.2014].

[24] Bundeswahlleiter, Glossar, Überhangmandate: http://goo.gl/YqBZtj, [10.3.2014].

[25] Interview mit Joachim Behnke, Wahlrechtsexperte und Politikwissenschaftler, Zeppelin-Universität Friedrichshafen, Deutschlandfunk, 22.2.2013: http://goo.gl/SCRj3R, [10.3.2014].

[26] Neues Wahlrecht: Mächtige CDU verhindert Riesen-Bundestag, Spiegel Online, 23.09.2013: http://goo.gl/r0X2FU, [9.3.2014].

Euro im Jahr.[27] Gründe für die Kosten seien neben den Fraktionszuschüssen die Abgeordnetendiäten sowie die Gehälter der Mitarbeiter der Parlamentarier und zusätzliche Pensionsansprüche. Hinzu kämen zahlreiche neue Bürogebäude für die Verwaltung des Deutschen Bundestages.[28]

Laut den genannten Quellen wird es demnach vernünftigerweise in der aktuellen Legislaturperiode eine erneute Wahlrechtsänderung geben. Wie diese Änderung aussehen wird, ist noch Teil der Diskussionen.

Innerhalb dieser Debatte wird u. a. auch eine Anpassung, meist Verringerung, der Wahlkreisanzahl vorgeschlagen. *„Statt 299 Wahlkreise vielleicht auf 240 runtergehen"*,[29] schlägt Joachim Behnke, Politikwissenschaftler an der Zeppelin-Universität in Friedrichshafen, vor. *„Die Zahl der Wahlkreise soll kleiner werden,"*[30] wird ein SPD-Modell in einem Artikel des Tagesspiegel zitiert. – Doch eine Verringerung der Wahlkreisanzahl allein wird nicht der Königsweg sein. Die Bundestagsgröße hängt bei dem aktuellen Wahlrecht zu sehr von dem Wahlergebnis ab. Eine Modifizierung der Wahlkreisanzahl ist jedoch erfolgsversprechend, wenn berücksichtigt wird, dass die Bevölkerungsanteile der Bundesländer möglichst gut von deren Anzahl an Wahlkreisen respektiert werden. Diese Überlegung wird in Kapitel 7 ausführlich analysiert. Nicht nur, dass bei Berücksichtung des Angesprochenen eine gerechtere Wahlkreisaufteilung möglich wäre, sondern eine den Bevölkerungsanteilen zutreffendere Verteilung der Wahlkreise auf die Länder würde auch dem Entstehen von Überhangmandaten entgegenwirken.[31]

Die Motivation für diese Arbeit liegt u. a. darin, dass eine mögliche Anpassung der Wahlkreisanzahl zu einer kompletten Neueinteilung der Wahlkreise in Deutschland führen würde. Diese Neueinteilung sollte unter gewissen Gesichtspunkten möglichst gut geschehen und deswegen unter Zuhilfenahme mathematischer Methoden durchgeführt werden.

---

[27] Handelsblatt, Steuerzahlerbund schätzt: Wahlrechtsreform kostet 60 Millionen Euro, 25.10.2012, http://goo.gl/pF98s0, [10.3.2014].

[28] Hans-Ulrich Jörges, Ein Verwaltungsmonster namens Bundestag, stern.de, 12.07.2013: http://goo.gl/MofykR, [10.3.2014].

[29] Interview mit Joachim Behnke, Deutschlandfunk, 22.2.2013: http://goo.gl/SCRj3R, [10.3.2014].

[30] Der Tagesspiegel, Wahlrecht in Deutschland: Was die Stimme wert ist, 07.01.2013: http://goo.gl/On2euo, [10.3.2014].

[31] wahlrecht.de, Ursachen von Überhangmandaten: http://goo.gl/ZQEGl1, [10.3.2014].

3.2 Neue Wahlkreiseinteilung nach Volkszählung: Zensus 2011

80,2 Millionen Menschen leben in Deutschland. Das sind rund 1,5 Millionen Einwohner weniger als bislang angenommen. – Dies berichtete Roderich Egeler, Präsident des Statistischen Bundesamtes, zur Vorstellung der Ergebnisse des Zensus 2011 am 31. Mai 2013.[32]

Seit dem Jahr 2011 schreibt die Europäische Union für alle Mitgliedstaaten die Durchführung von Volks-, Gebäude- und Wohnungszählungen im Abstand von zehn Jahren vor. Mit dem Stichtag 9. Mai 2011 setzte Deutschland den Zensus in Form einer registergestützten Methode um. Dabei wurden bereits vorhandene Verwaltungsregister als Datenquelle genutzt, die in einigen Bereichen durch eine Verknüpfung von Voll- und Stichprobenerhebungen ergänzt wurden.

Den Wahlkreiseinteilungen der letzten Bundestagswahlen, inklusive derjenigen im September 2013, liegen Bevölkerungszahlen zugrunde, die auf der Fortschreibung des Bevölkerungsstandes aus der Volkszählung 1987 in der Bundesrepublik sowie den Eintragungen im zentralen Einwohnerregister der ehemaligen DDR und Berlin-Ost von 1990 basieren. Doch das Verfahren der Bevölkerungsfortschreibung wird umso ungenauer, je länger die letzte Volkszählung zurückliegt. Um eine verlässliche Basis zu haben, sei es laut den Statistischen Ämtern des Bundes und der Länder wichtig, die Daten in regelmäßigen Abständen durch einen Zensus zu erneuern.[33]

„Die aus dem Zensus 2011 gewonnenen Erkenntnisse werden [...] zur Bundestagswahl 2017 zum Tragen kommen.“, heißt es in dem letzten Bericht der Wahlkreiskommission.[34] Wie bereits in Abschnitt 2.5 dargelegt, wird der Zensus 2011 einige Änderungen der Wahlkreisgrenzen zur Folge haben. Viele Vorschläge der Wahlkreiskommission zu der Wahlkreiseinteilung für die Bundestagswahl 2013 wurden von den Landesregierungen (u. a. Bayern und Rheinland-Pfalz) mit Verweis auf den Zensus abgelehnt. Es solle mit tiefgreifenden Änderungen gewartet werden, bis der Zensus 2011 verwendet werden könne. Dieser zöge zumindest im Detail möglicherweise nicht unerhebliche Verschiebungen der Wahlkreisgrenzen mit sich und man wolle der Bevölkerung *„grundlegende Veränderungen möglichst nicht zweimal zumuten“*, heißt es im Bericht der Kommission.

---

[32] Zensus 2011 – Fakten zur Bevölkerung in Deutschland, Pressekonferenz, 31.5.2013: http://goo.gl/KhSHw8, [10.3.2014].

[33] Zensus 2011, Zensusergebnisse mit großer Bedeutung - Teil 1: Der Bundestag: http://goo.gl/EzEQns, [10.3.2014].

[34] Bericht der Wahlkreiskommission für die 17. Wahlperiode des Deutschen Bundestages gemäß § 3 Bundeswahlgesetz, Bundestag-Drucksache 17/4642, 2011: http://goo.gl/YtrQce, [9.3.2014].

In dieser Arbeit wird der Zensus 2011 als Datengrundlage verwendet. Die genaue Beschaffenheit und Aufbereitung der Daten ist im Kapitel 8 beschrieben. Die Motivation für eine mathematische Untersuchung des Problems der Wahlkreiseinteilung liegt auch darin, dass die Ablösung der bisherigen Bevölkerungsdaten durch Ergebnisse des Zensus 2011 als Grundlage der Wahlkreiseinteilung eine Vielzahl von Modifikationen dieser Einteilung impliziert, damit die Wahlkreise den gesetzlichen Vorgaben genügen. Die Neuabgrenzung sollte unter gewissen Gesichtspunkten möglichst gut geschehen und deswegen unter Zuhilfenahme mathematischer Methoden durchgeführt werden.

3.3 Wahlmanipulation in Form von Gerrymandering verhindern

Im Vorspann der Online-Applikation „The Redistricting Game"[35] wird der Berater David Winston zitiert, der nach dem amerikanischen Zensus 1990 die Wahldistrikte für die Republikaner definierte. Winston berichtete, dass er als Einteiler mehr Einfluss auf eine Wahl haben könne als eine Wahlkampange und als ein Kandidate. Er fügte hinzu, dass wenn er als Einteiler sogar mehr Einfluss auf eine Wahl hätte als der Wähler, dann wäre das System aus den Fugen geraten („ ... out of whack").

Auf Grundlage vorheriger Wahlergebnisse und Daten über die Bevölkerungsstruktur, wie z. B. das Alter, die soziale Schicht, die Herkunft und die Bildung, lassen sich Wahlausgänge detailliert vorhersagen. Dieses Wissen kann genutzt werden, um Wahlkreise zum Vorteil einer Partei, eines Kandidaten oder zum Nachteil einer ethnischen Minderheit zuzuschneiden. Diese Unart der absichtlichen, dem Stimmgewinn dienenden Manipulation der Grenzen von Wahlkreisen bei einem Mehrheitswahlsystem wird in der Politik als Wahlkreisgeometrie bezeichnet. Als Synonym dafür wird auch der Neologismus *Gerrymandering* angesehen.[36],[37]

Der Begriff Gerrymandering geht auf den Amerikaner Elbridge Gerry zurück. Dieser war Anfang des 19. Jahrhunderts Gouverneur des US-Bundesstaats Massachusetts. Gerry unterzeichnete 1812 ein Gesetz mit unkonventionell geformten

---

[35] „The Redistricting Game": http://www.redistrictinggame.org, [10.3.2014].

[36] Süddeutsche, Der Sieg des Salamander, 17.5.2010: http://goo.gl/AYjRkp, [10.3.2014].

[37] wahlrecht.de, Wahlkreisgeometrie - Gerrymandering: http://goo.gl/trKQvM, [10.3.2014].

Wahlbezirken. Ein Karikaturist erkannte im Grenzverlauf der neuen Wahlkreise die Umrisse eines Salamanders.[38] Die Zusammensetzung des Namens **Gerry** und des Wortes Sala**mander** führte zu **Gerrymander** und wurde zum Sinnbild der Wahlkreisgeometrie. Am Ende errangen die Politiker des konkurrierenden, oppositionellen Lagers bei der Wahl 1812 knapp über die Hälfte aller Stimmen – jedoch konnten sie nur 11 der 40 Wahlkreise gewinnen. Elbridge Gerry wurde ein Jahr später der fünfte Vizepräsident der Vereinten Staaten von Amerika.

Wie die Anwendung von Gerrymandering aussehen kann, verdeutlicht das folgende Beispiel.

Beispiel 3.1 Vgl. Abbildung 3.2. Eine Region mit 64 geographisch angeordneten Wahlberechtigten (Punkte) sei in vier gleichgroße Wahlkreise einzuteilen. Die Färbung der Punkte, schwarz oder grau, zeige die Wahlabsicht an. Es existieren gleich viele schwarze wie graue Punkte, d.h. innerhalb dieser Region erhalten die Parteien gleich viele Stimmen. Nun können die Wahlkreise so eingeteilt werden, dass die schwarze Partei in jeweils drei Wahlkreisen mehr Stimmen erhält als die graue Partei (mittig). Die schwarze Partei gewänne somit drei und die graue Partei nur einen Wahlkreis. Analog dazu können die Grenzen auch so gezogen werden, dass die graue Partei Vorteile erhält (rechts).

Zwei Jahrhunderte nach dem Salamander-Wahlkreis von Gouverneur Gerry sollte davon auszugehen sein, dass Wahlmanipulation durch Gerrymandering mittlerweile beseitigt bzw. wenigstens eingedämmt wurde. Dem ist u. a. in den USA nicht so.

Gerrymandering ist auch heute noch in den USA Normalität.[39] Gerichtsurteile nach Neuzuschnitten von Wahldistrikten sind an der politischen Tagesordnung[40] und sprechen die Anwendung von Gerrymandering zum Teil sogar für legal, wenn

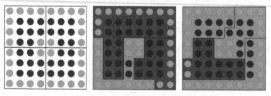

Abbildung 3.2 Anwendungsbeispiel der Wahlkreisgeometrie

---

[38] Erschienen am 26. März 1812 in der *Boston Gazette*.

[39] Telepolis, Gerrymandering - Wahlbezirke mit Tentakeln, 11.12.2003: http://goo.gl/5qtoBQ, [10.3.2014].

keine rassistische Motivation erkennbar ist. Regelmäßig kommt professionelle Software zum Einsatz, die die besten Wahlkreise aus Sicht eines politischen Lagers berechnet. Dabei verfolgt diese Art von Software einen komplett gegenteiligen Ansatz als die in dieser Masterarbeit entwickelten Algorithmen und Überlegungen. Gerrymandering erlaubt eine Vorbestimmung der Wahlergebnisse und das viel unauffälliger als die immer wieder angeprangerten Schummeleien bei Stimmenauszählungen oder elektronischen Wahlcomputern.

In dem Blogeintrag „*The Top Ten Most Gerrymandered Congressional Districts in the United States*"[41] werden u.a. die Wahldistrikte North Carolina-12 und Illinois-4 der 2009 stattgefunden Wahl zum 111. Kongress der USA besprochen. Diese Wahldistrikte verdeutlichen, dass Gerrymandering in Amerika weiterhin ein erhebliches und auch oft diskutiertes Problem darstellt. Der Wahldistrikt in North Carolina hat eine ähnlich langgezogene Form wie der erste Gerrymander von 1812. Den Spitznamen „Ohrenwärmer" trägt verständlicherweise der Wahldistrikt in Illinois.

Es kommt die Frage auf, wie die Situation im Hinblick auf Wahlkreisgeometrie in Deutschland ist. Gerrymandering kann hauptsächlich bei Mehrheitswahlsystemen effektiv eingesetzt werden. Ein reines Verhältniswahlsystem schließt Gerrymandering aus. Ein gemischtes System aus Mehrheits- und Verhältniswahl wie in Deutschland (s. Abschnitt 2.1) verringert den Effekt der Wahlkreisgeometrie.

Als im Jahre 2002 die Anzahl der Bundestagswahlkreise von 328 auf 299 verringert wurde, gab es Analysen,[42] die die neuen Wahlkreisgrenzen detailliert untersucht haben. Besonders bei dem Neuzuschnitt der Wahlkreise in Berlin kam der Vorwurf auf, West- und Ostbezirke so miteinander verknüpft zu haben, dass die Chancen der damaligen PDS (heute Die Linke) auf Direktmandate minimiert wurden.[43,44] Da die PDS an der Fünfprozenthürde zu scheitern drohte, musste sie sich darauf konzentrieren mindestens drei Direktmandate zu erringen, um den Fraktionsstatus im Bundestag nicht zu verlieren. Bei der vorherigen Wahl 1998 erhielt die PDS in Berlin noch vier Direktmandate. Vier Jahre später kam die Partei auf lediglich 4,0% und gewann bundesweit nur zwei Direktmandate in Berlin.

---

[41] The Top Ten Most Gerrymandered Congressional Districts in the United States: http://goo.gl/svZ9E, [10.3.2014].

[42] Stephan Eisel, Jutta Graf: Bundestagswahl 2002 – Die umstrittenen Wahlkreise, Konrad-Adenauer-Stiftung e.V., Januar 2002: http://goo.gl/uIUvxT, [10.3.2014].

[43] Berliner Zeitung, Wahlkreise: Neue Grenzen gefährden PDS, 09.02.2001: http://goo.gl/GjE3Zi, [10.3.2014].

[44] Stephan Eisel, Jutta Graf: Parteienmonitor – Die PDS und die Bundestagswahl 2002, Juni 2001: http://goo.gl/xJ3QTk, [10.3.2014].

Im Normalfall können durch Anwendung von Gerrymandering wohl nicht übermäßig Wahlen in Deutschland beeinflusst werden. Offensichtlich können jedoch einzelne Wahlkreisgrenzen z. B. zu Gunsten des Direktkandidaten oder auch zu Ungunsten einer gesellschaftlichen Schicht zugeschnitten werden.

Die Motivation für diese Masterarbeit liegt u. a. darin, mit mathematischen Methoden Wahlkreise transparent abzugrenzen, die in einem gewissen Sinne kompakt sind und nicht einem Salamander oder vergleichbarem ähneln. Außerdem sollen die Modelle und Lösungsansätze frei von politischen Daten, etwa Wahlergebnissen oder Informationen über die soziale Herkunft der Wahlberechtigten sein. Es sollen lediglich Zahlen der deutschen Bevölkerung sowie Verläufe der Grenzen von Gemeinden, Städten, Kreisen und Bundesländern zu der Wahlkreiseinteilung führen. Nur eine solche, klar definierte Vorgehensweise kann Manipulation in Form von Wahlkreisgeometrie ausschließen.

Nach einem Zitat[45] in der Los Angeles Times von 1972 warb Ronald Reagen, 40. Präsident der Vereinigten Staaten von Amerika und damaliger Gouverneur von Kalifornien, für eine solche Methode. Reagen sagte, es gäbe nur einen Weg Wahlkreise einzuteilen und zwar alle Daten, bis auf politische, dem Computer zu geben.

3.4 Optimierung statt nur Erfüllung

Es offenbaren sich zwei Optimierungsmöglichkeiten bei der Betrachtung der im Bundeswahlgesetz verankerten Grundsätze zur Wahlkreiseinteilung (s. Abschnitt 2.3). Dazu gehören zum Einen die Maximierung der Übereinstimmung von Wahlkreisgrenzen mit bekannten Verwaltungsgrenzen, wie z. B. der Gemeinden oder Kreise, (§ 3 Abs. 1 Nr. 5 BWG) und zum Anderen die Minimierung der Abweichung der Bevölkerungszahlen der Wahlkreise (§ 3 Abs. 1 Nr. 3 BWG).

Entsprechen Wahlkreisgrenzen zumeist historisch verwurzelten Grenzen, führt dies zu transparenteren Wahlkreisen für den Wahlberechtigten wie auch den Wahlkreisbewerber. Außerdem kann durch die Beachtung von bekannten Verwaltungsgrenzen die Bindung zwischen den Wählern und ihrem Wahlkreisabgeordneten gefördert werden.

Laut Bundeswahlgesetz soll bzw. darf die Wahlkreisgröße, gemessen an der im Wahlkreis wohnhaften deutschen Bevölkerung, nicht mehr als 15% bzw. 25% vom Bundesdurchschnitt abweichen. Wie aber schon in dieser Arbeit thematisiert, wird

---

[45] Zitat aus Altman [2], ursprünglich aus Tom Godd, Reinecke Denounces Court: Legislative Leaders Praise Action, Los Angeles Times, Januar 1972

dieser Spielraum in hohem Maße ausgenutzt. Der verfassungsrechtliche Grundsatz der Wahlgleichheit sowie der Chancengleichheit der politischen Parteien und ihren Bewerbern in den Wahlkreisen könnte ausgeprägter gefördert werden.

Nach der Bundestagswahl 2009 fertigte die Organisation für Sicherheit und Zusammenarbeit in Europa, kurz OSZE, und ihr Büro für demokratische Institutionen und Menschenrechte, kurz ODIHR,[46] einen Report über ihre Wahlbeobachtung in Deutschland an. In dem Bericht der OSZE/ODIHR-Wahlbewertungsmission[47] wird unter dem Abschnitt „Wahlkreise" vorgeschlagen, *„im Sinne der guten Wahlpraxis die Abweichungsgrenzwerte zu verringern"*. Außerdem spezifiziere das Bundeswahlgesetz nicht, welche Maßnahmen zu ergreifen seien, wenn eine Abweichung zwischen 15% und 25% liege. Die OSZE beruft sich hierbei auf die Europäische Kommission für Demokratie durch Recht des Europarats, auch bekannt als die Venedig-Kommission. Diese empfiehlt in ihrem Verhaltenskodex für Wahlen,[48] dass *„die zulässige Höchstabweichung zum Einteilungsschlüssel nicht 10% und auf keinen Fall 15% übersteigen sollte, außer bei besonderen Umständen (Schutz einer konzentrierten Minderheit, Verwaltungseinheit mit geringer Bevölkerungsdichte)"*.

Des Weiteren kritisiert die Wahlbewertungsmission der OSZE, dass trotz im Vorfeld der Bundestagswahl einiger neu gezogener Wahlkreisgrenzen eine große Anzahl an Wahlkreisen die 15%-Toleranzgrenze überschreiten und viele sogar einen Abweichungswert von 20% übertreffen. Dies war, wie in Abschnitt 2.3 sowie 2.4 dieser Arbeit aufgezeigt, nicht nur 2009, sondern ebenso bei der letzten Bundestagswahl 2013 der Fall. Die OSZE regt in ihrem Bericht an, *„die Übereinstimmung des Wahlkreisplans mit den Forderungen des Bundeswahlgesetzes, mit der Umsetzung des Prinzips der Gleichheit der Wahl [...] und mit den OSZE-Verpflichtungen zu verbessern"*.

In dem Abschlussbericht des OSZE/ODIHR-Wahlexpertenteams der letzten Bundestagswahl 2013[49] wird die dargelegte Thematik nicht erneut ausführlich aufgenommen. Es wird lediglich angemerkt, dass große Abweichungen der Wahlkreisgrößen *„der guten internationalen Praxis, vgl. [...] Kodex[es] für gute Wahlpraxis"*,[48] widersprechen.

---

[46] ODIHR = Office for Democratic Institutions and Human Rights.

[47] Bericht der OSZE/ODIHR-Wahlbewertungsmission (Election Assessment Mission), Bundestagswahlen am 27. September 2009, 14.12.2009: http://goo.gl/9HQlrl, [10.3.2014].

[48] Venedig-Kommission, Verhaltenskodex für Wahlen, 30.10.2002: http://goo.gl/LHCfBY, [10.3.2014].; französisches Original: http://goo.gl/YYWTKY, [10.3.2014].

[49] Abschlussbericht des OSZE/ODIHR-Wahlexpertenteams (Election Expert Team), Bundestagswahlen am 22. September 2013, 13. Dezember 2013: http://goo.gl/ff2mpm, [10.3.2014].

Die Motivation für diese Masterarbeit liegt u. a. darin, das Problem der Wahlkreiseinteilung als ein Optimierungsproblem anzusehen. Das jetzige Einteilen der Wahlkreise vermittelt den Eindruck auf möglichst wenige Änderungen der bisherigen Wahlkreisgrenzen abzuzielen. Dies impliziert, dass die Vorgaben zumeist lediglich erfüllt werden. Die beiden in diesem Abschnitt dargelegten Grundsätze enthalten großes Potential der Optimierung, die bessere, gerechtere, gesetzerfüllendere und transparentere Wahlkreise in Aussicht stellen.

Kapitel 4
Mathematisierung des Problems der Wahlkreiseinteilung

In diesem Kapitel werden zunächst in Abschnitt 4.1 die Erkenntnisse und Informationen aus dem Kapitel 2 über das System und die Gesetzte der Deutschen Bundestagswahl sowie dem Motivationskapitel 3 zu einer mathematischen Definition des Problems der Wahlkreiseinteilung zusammengeführt.

Anschließend werden in Abschnitt 4.2 einige Partitionsprobleme auf Graphen definiert, die in dem Problem der Wahlkreiseinteilung enthalten bzw. mit diesem verwandt sind.

4.1 Definition des Problems der Wahlkreiseinteilung

Das Problem der Wahlkreiseinteilung für die Deutsche Bundestagswahl kann wie folgt mathematisch definiert werden. Die Grundlage dieses Problems ist eine Karte von Deutschland, die etliche Informationen wie Verwaltungsgrenzen der Bundesländer, aller Gemeinden, Kreise sowie kreisfreier Städte und Bevölkerungszahlen sämtlicher Gebiete enthält. Damit kann ein sogenannter *Bevölkerungsgraph* erstellt werden. Der Bevölkerungsgraph ist ein ungerichteter Graph G_{Bev} mit Knotenmenge K und Kantenmenge N. Dieser Graph wird im Folgenden näher erläutert.

Die Knoten werden *Bevölkerungsknoten* genannt. Für die erste Vorstellung können die Bevölkerungsknoten als Gemeinden bzw. Städte angesehen werden. Doch es wird im weiteren Verlauf dieser Arbeit deutlich werden, dass Bevölkerungsknoten auch nur Teile einer Stadt oder möglicherweise mehrere Gemeinden und Städte repräsentieren werden. Dies hängt zum Einen damit zusammen, dass bevölkerungsreiche Städte auf mehrere Bevölkerungsknoten aufzuteilen sind, um zulässige Lösungen zu ermöglichen. Dann repräsentieren einige Bevölkerungsknoten Stadtteile und Stadtbezirke. Zum Anderen ist es in einigen Anwendungen hilfreich, bevölkerungsschwache Gemeinden mit benachbarten Gemeinden in einem Knoten zusammenzufassen, um die Größe des Problems der Wahlkreiseinteilung zu verkleinern. Dabei ist zu beachten, dass nur geringfügig und im angemessenen Rahmen ein Verlust an Genauigkeit in Kauf genommen wird. Darüberhinaus kann ein Bevölkerungsgraph auch auf Kreisebene definiert werden. Entsprechend stehen die Bevölkerungsknoten dann für Kreise und kreisfreie Städte.

Insgesamt repräsentiert ein Bevölkerungsknoten ein *zumeist* geographisch zusammenhängendes Gebiet innerhalb genau einem deutschen Bundesland. Die Beschreibung *zumeist* bedarf einer Erläuterung. In Abschnitt 2.3 wurden die aktuellen Wahlkreise in Deutschland analysiert. Dabei wurde festgestellt, dass das deutsche Staatsgebiet selbst nicht geographisch zusammenhängend ist, da z. B. Exklaven existieren. Weiter gibt es Städte und Gemeinden, die je kein zusammenhängendes Gebiet bilden. In diesem Sinne steht ein Bevölkerungsknoten mit wenigen in den Verwaltungsgrenzen begründeten Ausnahmen für ein geographisch zusammenhängendes Gebiet.

Die Kanten werden *Nachbarschaftskanten* genannt. Es existiert genau dann eine Kante $(i, j) \in N$, wenn die Gebiete der Bevölkerungsknoten i und j eine gemeinsame Grenze besitzen, sie also benachbart sind. Vereinzelt können zwei Bevölkerungsknoten mit einer Kante verbunden sein, obwohl ihre Gebiete nicht geographisch benachbart sind. Die deutschen Nord- bzw. Ostseeinseln sind hierfür Beispiele. Diese werden durch Kanten mit Bevölkerungsknoten des Festlandes verbunden sein.

Die Menge der 16 deutschen Bundesländer sei mit B bezeichnet. Gegeben seien außerdem die Gesamtanzahl der in Deutschland einzuteilenden Wahlkreisen wk und die Anzahl der in jedem Bundesland $b \in B$ einzuteilenden Wahlkreise $wk(b)$. Dabei gilt selbstverständlich $\sum_{b \in B} wk(b) = wk$. Die Werte $wk(b)$ werden laut Wahlgesetz mit dem in Abschnitt 2.5 beschriebenen Sainte-Laguë-Verfahren berechnet.

Für jeden Bevölkerungsknoten $i \in K$ ist die im repräsentierten Gebiet lebende deutsche Bevölkerung $p_i \in \mathbb{N}$ gegeben. Daraus lässt sich die durchschnittliche Wahlkreisgröße $\varnothing_p$, gemessen an der deutschen Bevölkerung berechnen. Für diese Größe gilt $\varnothing_p = \frac{\sum_{i \in K} p_i}{wk}$.

Eine Partition der Bevölkerungsknoten K in wk viele Teilmengen $W_k \subseteq K$, $k = 1, \ldots, wk$ erfüllt per Definition $\bigcup_{k=1,\ldots,wk} W_k = K$. Eine zulässige Lösung des Problems der Wahlkreiseinteilung ist eine solche Partition mit *Wahlkreisen* W_k für die zusätzlich folgend aufgeführte Bedingungen gelten.

Für jeden Wahlkreis W_k mit $k = 1, \ldots, wk$ wird gefordert, dass die Gebiete jeder Bevölkerungsknotenpaare $i, j \in W_k$ dieses Wahlkreises vollständig in dem selben Bundesland liegen. Jeder Wahlkreis gehört folglich genau einem Bundesland an.

In jedem Bundesland $b \in B$ sind genau $wk(b)$ Wahlkreise einzuteilen. Demzufolge wird $\left| \{W_k : W_k \text{ in Bundesland } b\} \right| = wk(b)$ für jedes $b \in B$ gefordert.

Das Wahlgesetz schreibt vor, dass Wahlkreise zusammenhängend zu sein haben, mit Ausnahme von begründeten Fällen. In der Definition des Wahlkreisproblems wird dieser Zusammenhang gefordert. Dies wird mit dem Wissen getan, dass die Ausnahmefälle – wie angedeutet – schon bei der Konstruktion des Bevölkerungsgraphen berücksichtigt werden können. Es wird für jeden Wahlkreis W_k mit $k = 1, \ldots, wk$ gefordert, dass der durch die Knotenmenge W_k induzierte Teilgraph $G_{\text{Bev}}[W_k]$ des Bevölkerungsgraphen zusammenhängend ist.

Jeder Wahlkreis W_k hat die durch das Wahlgesetz vorgeschriebene absolute Höchstgrenze sowie Untergrenze der enthaltenen deutschen Bevölkerung einzuhalten. Demzufolge wird für jeden Wahlkreis W_k mit $k = 1, \ldots, wk$ die Ungleichung $\frac{75}{100} \varnothing_p \leq \sum_{i \in W_k} p_i \leq \frac{125}{100} \varnothing_p$ gefordert.

Die Bedingungen an zulässige Lösungen des Problems der Wahlkreiseinteilung sind somit vollständig beschrieben. Die Lösungen werden auch schlicht *Wahlkreiseinteilung* genannt. Es folgen Optimierungsaspekte, die Aussagen darüber machen, was eine gute Wahlkreiseinteilung von einer schlechten unterscheidet. Diese sind in der Definition des Wahlkreisproblems nicht in Gänze mathematisch formal formuliert, da dies von der konkreten Modellierung und Umsetzung des Problems als auch von der genauen Interpretation des Wahlgesetzes abhängt.

Um der im Wahlgesetz angegebenen Toleranzgrenze der in einem Wahlkreis enthaltenen Deutschen gerecht zu werden, ist eine Einteilung umso besser, je mehr Wahlkreise W_k die schärfere Ungleichung $\frac{85}{100} \varnothing_p \leq \sum_{i \in W_k} p_i \leq \frac{115}{100} \varnothing_p$ einhalten.

Die Förderung der Wahlgleichheit ist ebenfalls im Gesetz angegeben. Aus diesem Grund ist eine Wahlkreiseinteilung umso besser, je weniger die deutsche Bevölkerung eines jeden Wahlkreises von dem Durchschnitt $\varnothing_p$ abweicht. Dabei kann das Ziel sein, die Summe $\sum_{k=1,\ldots,wk} \left| \sum_{i \in W_k} p_i - \varnothing_p \right|$ zu minimieren. Um Ausreißer zu verhindern sowie die Abweichungsspanne möglichst klein zu halten und so jedem Wahlkreis die Möglichkeit zu geben ohne Wertverlust der Wahlkreiseinteilung bis zu einem durch einen Wahlkreis realisierten Maximum abweichen zu dürfen, kann die Minimierung von $\max_{k=1,\ldots,wk} \left| \sum_{i \in W_k} p_i - \varnothing_p \right|$ das Ziel sein. Dies hätte ebenfalls zur Folge, dass die Güte einer Wahlkreiseinteilung bzgl. dieser Optimierungsrichtung leicht in Form einer Prozentzahl beschrieben werden kann, z. B. durch eine Formulierung wie „Diese Wahlkreiseinteilung hat eine maximale Bevölkerungsabweichung von 9,2%".

Das Wahlgesetz enthält, dass bei der Wahlkreiseinteilung bekannte Grenzen möglichst einzuhalten sind. Intuitiv seien die Vereinigung der Gebiete der Bevölkerungsknoten eines Wahlkreises W_k mit *Wahlkreisgebiet von W_k* benannt. Außerdem seien die Außengrenzen des Wahlkreisgebiets von W_k mit *Wahlkreisgrenzen* *von* W_k bezeichnet. Somit ist eine Wahlkreiseinteilung umso besser, je mehr Wahlkreisgrenzen mit Grenzen der Gemeinden, Kreise und kreisfreien Städte übereinstimmen.

Schließlich wird der Verdacht des Gerrymandering, der Wahlkreisgeometrie verhindert, wenn die Wahlkreise geographische Kompaktheit aufweisen. Eine Wahlkreiseinteilung ist umso besser, je mehr Wahlkreisgebiete visuell einem Kreis oder einem Quadrat ähneln. Die Kompaktheit kann beispielsweise durch das Verhältnis von Nord-Süd- zu West-Ost-Ausdehnung des Wahlkreisgebietes gemessen werden. Eine weitere Möglichkeit besteht darin, in dem Bevölkerungsgraphen innerhalb eines jeden Wahlkreises die maximale Länge eines kürzesten Weges, gemessen an der Kantenanzahl, zwischen einem Bevölkerungsknoten und einem definierten Wahlkreiszentrumsknoten zu minimieren.

Definition 4.1

PROBLEM DER WAHLKREISEINTEILUNG

Gegeben:

- wk Anzahl Wahlkreise gesamt
- $wk(b)$ Anzahl Wahlkreise für jedes Bundesland $b \in B$
- G_{Bev} Bevölkerungsgraph mit Knotenmenge K, Kantenmenge N
- p_i deutsche Bevölkerung für jeden Bevölkerungsknoten $i \in K$
- $\varnothing_p$ durchschnittliche Wahlkreisgröße $\frac{\sum_{i \in K} p_i}{wk}$

Gesucht: Wahlkreise $W_k \subseteq K$, $k = 1, \ldots, wk$ mit

- $\bigcup_{k=1,\ldots,wk} W_k = K$ $\hspace{5cm}$ (4.1)
- $\forall 1 \leq k \leq wk\ \forall i, j \in W_k : i, j$ liegen im selben Bundesland $\hspace{1cm}$ (4.2)
- $\forall b \in B : \left| \{ W_k : W_k \text{ liegt in Bundesland } b \} \right| = wk(b)$ $\hspace{1.5cm}$ (4.3)
- $\forall 1 \leq k \leq wk : G_{\text{Bev}}[W_k]$ zusammenhängend $\hspace{3cm}$ (4.4)
- $\forall 1 \leq k \leq wk : \frac{75}{100}\varnothing_p \leq \sum_{i \in W_k} p_i \leq \frac{125}{100}\varnothing_p$ $\hspace{2cm}$ (4.5)

max $\left| \{ W_k : 1 \leq k \leq wk \text{ und } \frac{85}{100}\varnothing_p \leq \sum_{i \in W_k} p_i \leq \frac{115}{100}\varnothing_p \} \right|$ $\hspace{1cm}$ (4.6)

min Abweichungen zwischen Wahlkreisbev. $\sum_{i \in W_k} p_i$ und $\varnothing_p$ $\hspace{1cm}$ (4.7)

max Übereinstimmung Wahlkreis- und Verwaltungsgrenzen $\hspace{2cm}$ (4.8)

max Geographische Kompaktheit der Wahlkreise $\hspace{3cm}$ (4.9)

Definition 4.1 enthält eine Zusammenfassung des Problems der Wahlkreiseinteilung zur Deutschen Bundestagswahl. Wie bereits erläutert, lässt sich das Problem für ganz Deutschland auf Probleme der Wahlkreiseinteilung für jedes Bundesland aufteilen. Eine Übertragung der Definition auf nur ein Bundesland ist intuitiv.

4.2 Partitionsprobleme auf Graphen

Dem Problem der Wahlkreiseinteilung liegt ein Graphenpartitionsproblem zu Grunde. Ein Bevölkerungsgraph ist in eine gegebene Anzahl an zusammenhängenden Komponenten zu partitionieren, sodass die Bevölkerung jeder Komponente nicht kleiner bzw. größer einer gegebenen unteren bzw. oberen Schranke ist. Partitionsprobleme auf Graphen wurden schon von vielen Autoren bearbeitet und finden Anwendung in den verschiedensten Bereichen. Auch das Problem einen Graphen in bzgl. der Knotengewichte möglichst gleichgroße, zusammenhängende Komponenten zu partitionieren wurde behandelt.

Die folgende Definition erfasst den Kern des Problems der Wahlkreiseinteilung. Die anschließend in diesem Abschnitt eingeführten Partitionsprobleme basieren auf dieser Definition. Die Ausführungen sind an die in Abschnitt 6.2 näher betrachteten Arbeiten von De Simone et al. [20], Ito et al. [36] sowie Simeone et al. [45] angelehnt.

Definition 4.2 Sei $G = (V, E)$ ein ungerichteter Graph mit ganzzahligen Knotengewichten $w(v) \in \mathbb{N}$, $v \in V$ und $l \in \mathbb{N}$ sowie $u \in \mathbb{N}$ nichtnegative ganze Zahlen. l bzw. u wird *untere* bzw. *obere Schranke des Komponentengewichts* genannt. Eine Partition $\pi = \{C_1, \ldots, C_p\}$, $p \in \mathbb{N}$ der Knotenmenge V ist eine *(l,u)-Partition* des Graphen G, falls für jede Komponente $1 \leq k \leq p$ gilt:

i) Der durch C_k induzierte Teilgraph $G[C_k]$ ist zusammenhängend.
ii) Das Komponentengewicht $w(C_k) := \sum_{v \in C_k} w(v)$ erfüllt $l \leq w(C_k) \leq u$.

Ein Graph ist *(l,u)-partionierbar*, wenn eine *(l,u)*-Partition des Graphen existiert. Für den Fall, dass keine untere und obere Schranke des Komponentengewichts angegeben ist, also von einer *Partition* des Graphen die Rede ist, wird ii) nicht gefordert oder es wird äquivalent $l = 0$ und $u = \infty$ gesetzt. Beides gilt natürlicherweise auch für die anschließenden Definitionen.

Die Definition 4.2 enthält keine Einschränkung der Komponentenanzahl einer solchen Partition. Bei vielen Anwendungen, wie auch bei der Einteilung der

Wahlkreise, ist die Anzahl der Komponenten jedoch vorgegeben. Entsprechendes wird nachfolgend definiert.

Definition 4.3 Eine *(l,u)-Partition in p Komponenten* eines Graphen ist eine (l,u)-Partition des Graphen mit genau p Komponenten.

Mithilfe dieser Definition kann die Menge aller zulässiger Lösungen des Problems der Wahlkreiseinteilung beschrieben werden.

Bemerkung 4.4 Für jedes Bundesland $b \in B$ ist eine $(\frac{75}{100}\varnothing_p, \frac{125}{100}\varnothing_p)$-Partition in $wk(b)$ Komponenten des Bevölkerungsgraphen $G_{\text{Bev}} = (K,N)$ mit Knotengewichten p_i, $i \in K$ eine zulässige Wahlkreiseinteilung dieses Bundeslandes. Mit der Vereinigung von zulässigen Wahlkreiseinteilungen eines jeden Bundeslandes entsteht eine zulässige Lösung des Problems der Wahlkreiseinteilung für ganz Deutschland. Eine solche Partition erfüllt (4.1) - (4.5) von Definition 4.1 des Problems der Wahlkreiseinteilung.

Andere Partitionierungsprobleme fordern eine extremale Komponentenanzahl.

Definition 4.5 Eine *minimale* bzw. *maximale (l,u)-Partition* eines Graphen ist eine (l,u)-Partition des Graphen mit minimaler bzw. maximaler Komponentenanzahl.

Wie im Motivationsabschnitt 3.4 und in Definition 4.1 aufgezeigt, wird das Problem der Wahlkreiseinteilung in dieser Arbeit nicht nur als Erfüllungsproblem gesehen. Eine Optimierungsvariante des Problems fragt nach einer Partition des Bevölkerungsgraphen in eine bestimmte Anzahl an Komponenten, sodass vorgeschriebene Schranken bzgl. der Größe der Komponenten nicht nur eingehalten werden, sondern Größenunterschiede zwischen den Komponenten in einem gewissen Sinne minimal sind. Dazu sei zunächst der Begriff einer *optimalen Partition* allgemein definiert.

Definition 4.6 Sei $f : \{\pi \mid \pi$ ist (l,u)-Partition in p Komponenten$\} \to \mathbb{R}$ eine Funktion, die jeder (l,u)-Partition in p Komponenten einen Wert zuweist. Eine *optimale (l,u)-Partition in p Komponenten bzgl. f* ist eine (l,u)-Partition in p Komponenten π^*, für die $f(\pi^*) = \min_\pi f(\pi)$ gilt. Die Funktion f wird in diesem Zusammenhang auch *Zielfunktion* genannt.

Mithilfe einer solchen Funktion kann eine optimalen (l,u)-Partition in p Komponenten gefordert werden, sodass die leichteste Komponente so schwer wie möglich ist.

Definition 4.7 Eine *maxmin (l,u)-Partition in p Komponenten* ist eine optimale (l,u)-Partition in p Komponenten bzgl.

$$f(\{C_1,\ldots,C_p\}) = -\min_{1\leq k\leq p} w(C_k).$$

Analog dazu kann eine Partition gesucht werden, sodass die schwerste Komponente so leicht wie möglich ist.

Definition 4.8 Eine *minmax (l,u)-Partition in p Komponenten* ist eine optimale (l,u)-Partition in p Komponenten bzgl.

$$f(\{C_1,\ldots,C_p\}) = \max_{1\leq k\leq p} w(C_k).$$

Die nächste Definition verbindet die beiden vorherigen Ansätze, indem die Funktion f die Differenz zwischen der größten und keinsten Komponente einer Partition minimiert, um somit eine Partition mit kleinstmöglicher Spanne, also minimalem Intervall der vorliegenden Komponentegewichte zu erhalten.

Definition 4.9 Eine *intervallminimale Partition in p Komponenten* ist eine optimale (l,u)-Partition in p Komponenten bzgl.

$$f(\{C_1,\ldots,C_p\}) = \max_{1\leq k\leq p} w(C_k) - \min_{1\leq k\leq p} w(C_k) =: f_{\text{int}}(\{C_1,\ldots,C_p\}),$$

also eine (l,u)-Partition mit genau p Komponenten, sodass $u - l$ minimal ist.

Es sei mit $\mu = \frac{\sum w(v_i)}{p}$ das durchschnittliche Komponentengewicht einer Partition in p Komponenten bezeichnet. In Bezug auf das Problem der Wahlkreiseinteilung trägt diese Größe die Bezeichnung $\varnothing_p$. Eine weitere Wahl der Funktion f führt zu einer Partition mit minimaler Summe der Abweichungen zwischen Komponentengewicht und Durchschnitt μ.

Definition 4.10 Eine *einheitlichste (l,u)-Partition in p Komponenten* ist eine optimale (l,u)-Partition in p Komponenten bzgl.

$$f(\{C_1,\ldots,C_p\}) = \sum_{k=1}^{p} |W(C_k) - \mu| =: f_{\text{ein}}(\{C_1,\ldots,C_p\}).$$

Jede der Definitionen 4.8 – 4.10 hat ihre Berechtigung im Rahmen des Problems der Wahlkreiseinteilung verfolgt zu werden. Sämtliche Definitionen inkl. Modifizierungen und Verallgemeinerungen werden im Abschnitt 6.2 des Kapitels zur Komplexitätsanalyse angewendet.

Teil II
Theoretische Betrachtung

Kapitel 5
Literaturüberblick:
Political Districting Problem

In der Literatur ist das Problem der Wahlkreiseinteilung als *Political Districting Problem* bekannt. Dabei wird das Ziel verfolgt, ein Gebiet in Wahlkreise (Wahldistrikte) unter gewissen Nebenbedingungen wie Zusammenhang, Bevölkerungsgleichheit oder auch Kompaktheit zu partitionieren.

Während die Forderungen des geographischen Zusammenhangs und der Bevölkerungsgleichheit unter den Wahldistrikten – ggf. mit einem Abweichungsspielraum wie in Deutschland – präzise Bedingungen sind, ist Kompaktheit schwer zu messen und ein uneindeutiger Begriff. Es wird die Meinung vertreten, dass Kompaktheit vorliege, wenn die Form des Distrikts nicht zu lang und nicht zu dünn ist. Eckige und kreisförmige Distrikte sind somit zu bevorzugen. Da Gerichtsurteile und Gesetze nur solch wage Definition von Kompaktheit hervorbringen ist der uneindeutige Kompaktheitsbegriff Gegenstand etlicher Veröffentlichungen, siehe dazu Young 1988 [76], Chambers et al. 2010 [12] und Freyer et al. 2011 [25].

Weil alle genannten Kriterien unabhängig von den Neigungen der Wahlberechtigten sind, gehen die Autoren zahlreicher Publikationen davon aus, dass ein diese Vorgaben einhaltender Algorithmus zu gewisserweise unparteiischen und unverfälschten Wahlkreiseinteilungen führt. Jedoch gibt es diesbezüglich auch kritische Stimmen, wie etwa in Altman [2, 3] vorgetragen.

Es stellt sich heraus, dass das Problem der Wahlkreiseinteilung zu komplex ist, um es effizient lösen zu können (s. Kapitel 6, insbesondere Abschnitt 6.1). Außerdem gibt es kein genaues, eindeutiges Maß, um die Unverzerrtheit und Ungerechtigkeit einer Wahlkreiseinteilung vor der Abstimmung festzustellen. Auch kein Computerprogramm kann diese Problematik lösen. Der bisher beste Weg ist von visueller Natur und besteht darin, bei der Einteilung möglichst vorgegebene Verwaltungsgrenzen einzuhalten und geographisch kompakte Wahlkreise zu bilden. Dies verhindert zwar offensichtliches Gerrymandering, aber stellt nicht in Gänze ein unverzerrtes Wahlergebnis sicher. Letzteres hätten die Parteien auch zu fürchten, falls ein solches Unverzerrtheitsmaß vor der Wahl existieren würde. Diese Thematik wird in Abschnitt 6.3 aufgenommen.

Das *Political Districting Problem* ist ein sogenanntes *Distrikteinteilungsproblem*, bei dem eine Menge von geographischen Flächen unter Nebenbedingungen wie z. B. der Homogenität oder der (räumlichen) Struktur in eine gewisse Anzahl an Zonen eingeteilt werden, wobei über eine meist multikriterielle Zielfunktion optimiert wird. Weitere Distrikteinteilungsprobleme sind das *Problem der Schulbezirkseinteilung* [23], das *Problem der Vertriebsgebietseinteilung* [64, 79], das *Problem der Polizeibezirkseinteilung* [77] sowie das *Problem der Einteilung von Tarifzonen im öffentlichen Nahverkehr* [32, 68].

Darüberhinaus werden in der Literatur weitere Anwendung des dem *Political Districting Problem* zugrundeliegenden Graphenpartitionsproblem angegeben. Die Partitionen wurden in Abschnitt 4.2 dieser Arbeit definiert und finden Anwendung in der Bildbearbeitung [45] (s. Abschnitt 6.2.1), bei der Aufteilung von Arbeitsbelastungen [6], in der Cluster-Analyse [8] und bei Speicherverwaltungssystemen [8].

Im Folgenden wird ein Auszug aus der Historie der Literatur zum *Political Districting Problem* angegeben. Die behandelten Arbeiten sind in Abbildung 5.1 zusammengefasst. Weitere Überblicke sind Williams 1995 [71], Tasnádi 2009 [67] sowie Ricca et al. 2011 [60] zu entnehmen.

5.1 VICKREY, 1961
On the Prevention of Gerrymandering
Political Science Quarterly 76 (1961), Nr. 1, 105-110

5.2 HESS, WEAVER ET AL., 1965
Nonpartisan Political Redistricting by Computer
Operations Research 13 (1965), Nr. 5, 998-1006

5.3 GARFINKEL, NEMHAUSER, 1970
Optimal Political Districting by Implicit Enumeration Techniques
Management Science 16 (1970), Nr. 8, B495-B508

5.4 ALTMAN, 1997
Is Automation the Answer?
The Computational Complexity of Automated Redistricting
Rutgers Computer and Law Technology Journal 23 (1997), 81-142

5.5 MEHOTRA, JOHNSON, NEMHAUSER, 1998
An Optimization Based Heuristic for Political Districting
Management Science 44 (1998), Nr. 8, 1100-1114

5.6 YAMADA, 2009
A mini-max spanning forest approach to the political districting problem
International Journal of Systems Science 40 (2009), Nr. 5, 471-477

Abbildung 5.1 Ausschnitt der Literatur zum *Political Districting Problem*

5.1 Vickrey (1961)

On the Prevention of Gerrymandering

Als einer der ersten brachte William Vickrey [69] im Jahr 1961 das Problem der Wahlkreiseinteilung mit einem automatisierten, computergestützten Verfahren in Verbindung. Für andere Arbeiten wurde der US-amerikanische Ökonom 1996 mit dem Wirtschaftsnobelpreis[50] ausgezeichnet, den er leider nicht mehr entgegennehmen konnte – er verstarb zwischen der Bekanntgabe und der offiziellen Verleihung. In dem wegweisenden Artikel zum *Political Districting Problem* stellte Vickrey fest, dass aufgrund der Möglichkeit subtiler Manipulation (Gerrymandering, s. Abschnitt 3.3) und fehlender Kriterien für substantielle, grundlegende Fairness, der Prozess der Wahlkreiseinteilung ohne den Menschen stattzufinden habe. Vickrey favorisiert einen Einteilungsprozess mit Zufallselementen, damit die eigentliche Methode und nicht ihr möglicher Ausgang bei der Algorithmuswahl im Vordergrund stehe.

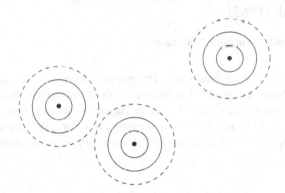

Abbildung 5.2 Ansatz mit Mehr-Kern-Wachstum

Vickrey gibt informell eine Prozedur an, die die Methode des Mehr-Kern-Wachstums (*multi-kernel growth*) verfolgt. Im Allgemeinen wird dabei zu Beginn eine Menge von (möglichen) Zentrumsknoten der Wahldistrikte gewählt. Der Algorithmus fügt nun benachbarte Bevölkerungsknoten den Distrikten hinzu, bis ein bestimmtes Bevölkerungslevel erreicht ist. Die Wahl der hinzuzufügenden Knoten kann weiteren Bedingungen unterliegen. Die Methode terminiert, wenn alle

---

[50] Nobelstiftung zur Preisverleihung 1996 an William Vickrey: http://goo.gl/MDc3dF [23.01.2014].

Knoten genau einem Distrikt zugeordnet sind. Vickrey erstellt bei einer solchen Vorhergehensweise die Distrikte nicht gleichzeitig, sondern einen nach dem anderen. Es wird deutlich, dass Vickreys Vorgehen das Problem besitzt, einzelne nicht zugewiesene Knoten zu hinterlassen. Laut Vickrey selbst [69] und Williams 1995 [71] ist Zusammenhang und Kompaktheit der Wahldistrikte nicht zwingend gewährleistet. Nach Papayanopoulos 1973 [52] arbeiten derartige heuristische Methoden wie von Vickrey oft und besonders auf großen Instanzen gut. Liittschwager 1973 [43] wendete Vickreys Methode auf den US-Bundesstaat Iowa an. Ein weiterer Algorithmus mit Mehr-Kern-Wachstum wurde durch Bodin 1973 [10] vorgestellt.

Vickreys Ziel des Pionierarbeit leistenden Artikels war es, zu zeigen, dass auch automatisierte Methoden ohne Menscheneingriff das *Political Districting Problem* lösen können. Auf seine Veröffentlichung folgten bis zum heutigen Tage eine Vielzahl an weiteren Arbeiten zu dem Thema.

5.2 Hess et al. (1965)

Nonpartisan Political Redistricting by Computer

Formulierungen mit mathematischer Programmierung wurden zum *Political Districting Problem* schon seit den frühen 1960ern entwickelt, als Weaver und Hess 1963 [70] ihren ersten Artikel zu dem Thema veröffentlichten. 1965 formalisierten Hess et al. [33] den Ansatz und präsentierten als erster ein Modell sowie einen Lösungsalgorithmus zum *Political Districting Problem* in einem Operations Research Journal.

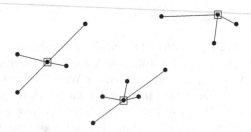

Abbildung 5.3 Ansatz mit Facility Location

Die Autoren modifizierten dabei eine Formulierung des bekannten *Facility Location Problems*. Seien dazu n die Anzahl der räumlichen Bevölkerungsknoten (z. B. Gemeinden) und *wk* die Anzahl der einzuteilenden Wahlkreise. In der Modellierung werden *wk* Gemeinden ausgewählt, die als jeweiliges Zentrum die *wk* Wahlkreise repräsentieren. Jeder Bevölkerungsknoten ist zu genau einem Zentrum zuzuweisen. Das Modell enthält binäre Variablen $x_{ij} \in \{0,1\}$ für $i, j = 1, \ldots, n$. Für $i \neq j$ gilt

$$x_{ij} = \begin{cases} 1 & \text{falls Knoten } i \text{ ist Zentrum } j \text{ zugewiesen,} \\ 0 & \text{sonst.} \end{cases}$$

Die Variablen x_{jj} nehmen den Wert 1 an, falls j als ein Zentrum gewählt wurde. Dann lässt sich das *Political Districting Problem* wie folgt als binäres lineares Programm (5.1) - (5.5) formulieren:

$$\min \sum_{i=1}^{n} \sum_{j=1}^{n} d_{ij}^2 \, p_i x_{ij} \tag{5.1}$$

$$\text{s.t.} \ \sum_{j=1}^{n} x_{ij} = 1 \qquad \forall \, i = 1, \ldots, n \tag{5.2}$$

$$\sum_{j=1}^{n} x_{jj} = wk \tag{5.3}$$

$$a \varnothing_p x_{jj} \leq \sum_{i=1}^{n} p_i x_{ij} \leq b \varnothing_p x_{jj} \qquad \forall \, j = 1, \ldots, n \tag{5.4}$$

$$x_{ij} \in \{0,1\} \qquad \forall \, i, j = 1, \ldots, n \tag{5.5}$$

Hierbei ist p_i die Bevölkerung von i, der Parameter d_{ij} gibt die Distanz zwischen Knoten i und Zentrum j an sowie $\varnothing_p$ die durchschnittliche Bevölkerung eines Wahlkreises. Außerdem ist $a < 1$ bzw. $b > 1$ der minimal bzw. maximal erlaubte Anteil des Durchschnitts der Wahlkreisbevölkerung.

Die Zielfunktion (5.1) misst auf eine Art die Kompaktheit der Wahlkreise. Die Nebenbedingungen (5.2) entsprechen der Forderung, dass jeder Bevölkerungsknoten genau einem Wahlkreis zuzuordnen ist. Weiter fordert (5.3), dass genau *wk* Zentren gewählt, also genau *wk* Wahlkreise gebildet werden. Nebenbedingungen (5.4) modellieren die Forderung, dass eine jene Wahlkreisgröße – gemessen an der Bevölkerung – in einem Intervall um den Durchschnitt zu liegen hat.

Es wird deutlich, dass der Zusammenhang der Wahlkreise in dem binäre linearen Programm lediglich innerhalb der Zielfunktion (5.1) modelliert ist. Durch die Minimierung gewichteter Distanzen zwischen Bevölkerungsknoten und zugehörigem Zentrum soll der Zusammenhang der Wahlkreise hergestellt werden. Dies ist jedoch nicht gesichert, da in der Formulierung offensichtlich auch nicht zusammenhängende Wahlkreise zulässig sind.

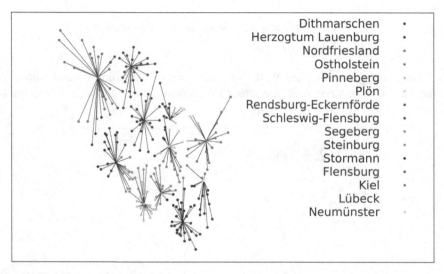

Dithmarschen •
Herzogtum Lauenburg •
Nordfriesland •
Ostholstein •
Pinneberg
Plön
Rendsburg-Eckernförde •
Schleswig-Flensburg •
Segeberg •
Steinburg •
Stormann •
Flensburg •
Kiel •
Lübeck
Neumünster

Abb. 5.4 Facility Location Modell am Beispiel Schleswig-Holstein mit maximal zulässiger Bevölkerungsabweichung von $25\% = 1 - a = b - 1$

Angewendet auf Daten des Bundeslandes Schleswig-Holstein (s. Kapitel 8) werden im Folgenden zwei eigene Ergebnisse des Facility Location Modells (5.1) – (5.5) von Hess et al. [33] vorgestellt.

Abbildung 5.4 zeigt eine optimale Lösung des Modells, bei dem die Wahlkreisgröße maximal um 25% vom Durchschnitt abweichen darf. Die Wahlkreise wirken zusammenhängend. Außerdem werden Kreise auf mehrere Wahlkreise aufgeteilt, die Modellierung unterbindet dies nicht.

Die Lösung in Abb. 5.5 zeigt ein ganz anderes Bild. Es sind keine klaren Wahlkreise zu erkennen. Die Bevölkerungsschranken sind derartig streng gesetzt, dass für Zulässigkeit große Distanzen zwischen Zentren und zugewiesenen Knoten auftreten. Es entstehen mehrteilige Wahlkreise.

Somit existieren Instanzen, für die das Modell offensichtlich nicht zusammenhängende Wahlkreise liefert. Weiter sind eine Minimierung der Abweichungen
von der durchschnittlichen Bevölkerung eines Wahlkreises und das Fördern von
Gleichheit zwischen Wahlkreis- und Verwaltungsgrenzen nicht in dem Modell enthalten.

Da der Facility Location Ansatz außer der
Bevölkerung und der Lage keine weitere Information der Bevölkerungsknoten verwendet,
wie z. B. die Nachbarschaftsbeziehungen der
Gebiete der Knoten, kann das Modell kein Zusammenhang der Wahlkreise sicherstellen.

Wie und aus welchen Daten die in Abbildung 5.4 und 5.5 dargestellten Knotenmengen
erstellt wurden, wird ausführlich in Kapitel 8
erläutert.

Das Modell enthält nicht nur die dargelegten Problematiken, darüber hinaus hatten Hess
et al. [70] Schwierigkeiten, es überhaupt zu lösen. Aus diesem Grund gaben die Autoren zusätzlich folgende iterative Heuristik an.

Abb. 5.5 mit $13,3\% = 1 \quad a = b - 1$

Algorithmus 2 : Iterative Heuristik für das *Political Districting Problem*
nach Hess et al. [33]

---

1   rate die Wahlkreiszentren
2   **repeat**
3   **solve** Transportproblem (TP):
4   • Bevölkerung gleichmäßig den Zentren zuordnen
5   • Quellen: Zentren mit Angebot $\varnothing_p$
6   • Senken: Bevölkerungsknoten mit Nachfrage p_i
7   • Kosten d_{ij}^2 für Kante zwischen Bev.knoten i und Zentrum j
8   • Erfüllung der Nachfrage unter Minimierung der Kosten
9   passe Lösung des TP an: jeder Bev.knoten in genau einem Wahlkreis
10   **compute** Schwerpunkte der aktuellen Wahlkreise $\rightarrow$ neue Zentren
11   **until** Wahlkreiszentren konvergieren, d. h. sich nicht ändern

---

Die Lösung des Transportproblems aus Zeile 3 – 8 des Algorithmus 2 kann Bevölkerungsknoten enthalten die echt mehr als einem Wahlkreis zugeordnet sind.

In dem Fall wird eine solcher Knoten in Zeile 9 dem Wahlkreis vollständig angeschlossen, der schon den größten Teil dieser Bevölkerungsknoten enthält. Des Weiteren ist die Konvergenz dieser Methode in der Theorie nicht sichergestellt. Hess et al. [33] berichten, die Heuristik konvergiere bei *real-life* Instanzen sehr schnell in ein lokales Optimum.

5.3 Garfinkel und Nemhauser (1970)

Optimal Political Districting by Implicit Enumeration Techniques

Die Ausführungen von Garfinkel und Nemhauser 1970 [28] gelten neben der gerade vorgestellten Arbeit von Hess et al. [33] als Startpunkt, das *Political Districting Problem* mit einer exakten Methode basierend auf einem algebraischen Optimierungsmodell zu lösen.

Garfinkel und Nemhauser schlagen einen Zwei-Phasen-Algorithmus vor, der auf dem Mengenzerlegungsproblem (*Set Partitioning Problem*) basiert.

SET PARTITIONING PROBLEM	Instanz: $(M, T_1, \ldots, T_n, k)$
Gegeben: Eine endliche Menge M, Teilmengen $T_i \subseteq M$, $i = 1, \ldots, n$ und $k \in \mathbb{N}$. Frage: Existieren k disjunkte Teilmengen T_i, deren Vereinigung M entspricht?	

Als Optimierungsproblem formuliert, sind den Teilmengen T_i Kosten c_i zugeordnet und es wird eine Zerlegung mit geringsten Kosten gesucht.

In der ersten Phase werden alle zulässigen Wahldistrikte generiert. Dabei ist ein Distrikt zulässig, wenn Zusammenhang und Kompaktheit vorliegt sowie die Bevölkerung dieses Distrikts in dem vorgegebenen Intervall liegt. In der zweiten Phase wird mithilfe eines erweiterten *Set Partitioning* Modells eine Teilmenge der zulässigen Wahldistrikte ausgewählt, sodass diese eine Partition der Bevölkerungsknoten bilden und die Abweichungen der Distriktbevölkerung vom Durchschnitt minimieren. Eine zusätzliche Kardinalitätsnebenbedingung wurde dem Modell hinzugefügt, um die geforderte Anzahl an Distrikten einzuhalten.

Es wird deutlich, dass dieser Zwei-Phasen-Algorithmus auch mit Spaltengenerierung (*Column Generation*) realisiert werden kann. Dies wurde in der Tat in einem späteren auch in dieser Arbeit behandelten Paper von Mehotra et al. 1998 [48] erarbeitet (s. Abschnitt 5.5).

Da dieser Zwei-Phasen-Algorithmus wegweisend ist und viele wiederkehren-
de Modellierungen sowie interessante Techniken zur Verkleinerung des Berechnungsaufwandes zum Finden der optimalen Lösung enthält, wird im Folgenden
das Paper von Garfinkel und Nemhauser 1970 [28] ausführlichér dargelegt.

Ein Gebiet mit n Bevölkerungsknoten soll unter den im Folgenden angegebenen
Nebenbedingungen optimal in wk Wahldistrikte eingeteilt werden.

Phase 1: Generieren der Wahldistrikte

Bevölkerung: Sei p_i, $i = 1, \ldots, n$ die Bevölkerung von Knoten i. Die durchschnittliche Bevölkerung eines Wahldistrikts sei weiterhin $\varnothing_p = \frac{\sum_{i=1}^{n} p_i}{wk}$. Weiter
seit $P(k) := \sum_{i=1}^{n} a_{ik} p_i$ die Bevölkerung von Distrikt k, wobei $a_{ik} = 1$ gilt, falls
Knoten i in Distrikt k. Sonst gilt $a_{ik} = 0$. Ein Wahldistrikt k ist zulässig, falls

$$|P(k) - \varnothing_p| \leq \alpha \varnothing_p, \tag{5.6}$$

wobei $0 \leq \alpha \leq 1$ der maximal eilaube Abweichungsanteil der Distriktbevölkerung
von dem Durchschnitt $\varnothing_p$ ist.

Zusammenhang: Sei $B = \{b_{ij}\}$ eine symmetrische $n \times n$ Matrix. Es gilt $b_{ij} = 1$,
falls die Gebiete von Bevölkerungsknoten i und j eine gemeinsame Grenze haben,
also benachbart sind. Ansonsten sei $b_{ij} = 0$. In dem Bevölkerungsgraphen G_{Bev}
existiert somit genau dann eine Kante zwischen zwei Bevölkerungsknoten i und j,
wenn $b_{ij} = 1$ gilt. Ein Wahldistrikt mit Knotenmenge W_k ist zulässig, falls

$$\text{der induzierte Teilgraph } G_{Bev}[W_k] \text{ zusammenhängend ist.} \tag{5.7}$$

Kompaktheit: Sei d_{ij} die Distanz zwischen Bevölkerungsknoten i und j. Für
jedes Paar von Knoten wird eine sogenannte Ausschluss-Distanz e_{ij} berechnet.
Zwei Knoten i und j dürfen nur in einem Distrikt liegen, wenn ihre Distanz d_{ij}
kleiner als ihre Ausschluss-Distanz e_{ij} ist. Somit: Ein Distrikt k ist zulässig, falls

$$d_{ij} > e_{ij} \Longrightarrow a_{ik} a_{jk} = 0. \tag{5.8}$$

Für Distrikt k sei $d_k := \max_{i,j} d_{ij} a_{ik} a_{jk}$, $i, j = 1, \ldots, n$ die Distanz der Knoten
von k, die am weitesten voneinander entfernt sind. Sei $d_k = 0$, falls Distrikt k nur
einen Knoten enthält. Die Distanz d_{ij} hängt nicht von dem Distrikt ab, in dem
die beiden Knoten i und j enthalten sind. Die Distanz <u>innerhalb</u> eines Distrikts
k sei mit d'_{ij} bezeichnet und gleich der Länge eines kürzesten Weges von i nach

j innerhalb des induzierten Teilgraphen $G_{\text{Bev}}[W_k]$ von Wahldistrikt k. Analog sei dann $d'_k := \max_{i,j} d'_{ij} a_{ik} a_{jk}$ definiert. Die Verwendung von d' kann zu einer besseren Messung der Kompaktheit führen. Sei A_k die Fläche von Distrikt k. Dann ist $c'_k := \frac{d'^2_k}{A_k}$ ein dimensionsloses Maß für die Kompaktheit von Distrikt k. Je kleiner c'_k, desto kompakter ist der Distrikt k. Ein Wahldistrikt k ist zulässig, falls

$$c'_k \leq \beta \,, \tag{5.9}$$

wobei $0 \leq \beta < \infty$ der maximale zulässige Kompaktheitswert ist.

Bekannte Grenzen: Vorhandene, verwurzelte Grenzen z. B. der Kreise und kreisfreien Städte sollen bei der Einteilung von Wahldistrikten möglichst eingehalten werden. Sei Q_k die Anzahl der (Verwaltungs-) Kreise, die nur teilweise in Distrikt k vorkommen. Ein Distrikt k ist zulässig, falls

$$Q_k \leq \gamma \,, \tag{5.10}$$

mit einer vorgegebenen Höchstgrenze $0 \leq \gamma < \infty$.

Enklaven: Beim Generieren aller zulässigen Wahldistrikte ist darauf zu achten, dass kein Distrikt entsteht, der eine *Enklave* verursacht. Eine Menge von zusammenhängenden Knoten S außerhalb des gerade generierten Distrikts bildet eine *Enklave*, wenn $P(S) < (1 - \alpha) \oslash p$ gilt und kein benachbarter Knoten existiert, sodass die Menge S vergrößert werden kann. Ein Distrikt k ist zulässig, falls

$$\text{dieser keine Enklave verursacht.} \tag{5.11}$$

Jeder binäre Vektor $a_k = (a_{1k}, \ldots, a_{nk})$, der (5.6) - (5.11) erfüllt, repräsentiert einen zulässigen Wahldistrikt. In Phase 1 werden mithilfe einer Baumsuche alle solche binären Vektoren a_k gefunden. Die Methode startet mit einem beliebigen Bevölkerungsknoten und fügt solange benachbarte Knoten hinzu, bis das zulässige Bevölkerungsintervall verlassen wird. Falls der Distrikt kompakt und nicht zu viele anteilige (Verwaltungs-) Kreise enthält, wird dieser gespeichert. Wenn die obere Bevölkerungsgrenze überschritten wird, wird in dem Enumerationsbaum ein *backtracking*-Schritt durchgeführt. Regelmäßig wird überprüft, ob Enklaven entstehen und so den generierten Wahldistrikt unbrauchbar machen. Wie die formale Baumsuche für Phase 1 aussieht, ist Garfinkel und Nemhauser [28] zu entnehmen.

Außerdem werden auf der aktuellen, bisher generierte Wahldistrikte enthaltenden Matrix $A = (a_{ik})$ Reduktionsschritte durchgeführt. Dadurch werden einige

Zeilen und Spalten gelöscht und es wird so der Berechnungsaufwand verkleinert. Diese Reduktionen basieren auf vier Theoremen, die im Folgenden angegeben werden. Die Beweisführungen sind im zitierten Paper von Garfinkel und Nemhauser [28] nicht angegeben, können jedoch aus einem Paper über das *Set Partitioning Problem* von Garfinkel und Nemhauser [27] aus dem Jahr 1969 übertragen werden.

Die Spalten der Matrix A seien mit $a_1, \ldots, a_s$ und die Zeilen mit $r_1, \ldots, r_n$ bezeichnet. Die Zahl s beschreibt somit die Anzahl der bis zu einem Zeitpunkt generierten zulässigen Wahldistrikten.

$$
\begin{array}{c}
\text{Distrikte} \\
\begin{array}{cccc}
a_1 & a_2 & \cdots & a_s
\end{array} \\
\text{Bevölkerungsknoten} \quad
\begin{array}{c}
r_1 \\ r_2 \\ \vdots \\ r_n
\end{array}
\left(
\begin{array}{cccc}
 & & & \\
 & & & \\
 & & & \\
 & & &
\end{array}
\right)
\end{array}
$$

Weiter sei $e_i := (0, \ldots, 0, 1, 0, \ldots, 0)$ der i-te Einheitsvektor. In den folgenden Lemmas und Beweisen wird von einer vollständig generierten Matrix A ausgegangen, jedoch können die Theoreme auch auf Teilmatrizen angewendet werden.

Lemma 5.1 *Falls $r_i = (0, \ldots, 0)$ für ein $i = 1, \ldots, n$ der Nullvektor ist, existiert keine Lösung.*
Beweis: Es gibt keine Wahlkreiseinteilung, da es keinen zulässigen Distrikt gibt, der den Bevölkerungsknoten i enthält. □

Lemma 5.2 *Falls $r_i = e_k$ für bestimmte $i = 1, \ldots, n$ und $k = 1, \ldots, s$ gilt, folgt $x_k = 1$. Jede Zeile j, für die $a_{jk} = 1$ gilt, sowie jede Spalte l, für die $a_{jl} = 1$ gilt, können gelöscht werden.*
Beweis: (s. auch Beispiel 5.3) Wenn ein Bevölkerungsknoten i nur in genau einem zulässigen Distrikt k enthalten ist, liegt dieser Distrikt k in jeder Lösung. Folglich sind alle Knoten j, die in diesem sicheren Distrikt k liegen, nicht mehr zu beachten. Außerdem können alle zulässigen Distrikte l gelöscht werden, die schon überdeckte Knoten j enthalten. □

Das anschließende Beispiel verdeutlicht das soeben bewiesene Lemma 5.2.

Beispiel 5.3 Nach Lemma 5.2 wird in folgender Matrix der Distrikt a_k sicher aus-gewählt. Dadurch können Zeile r_j sowie Spalte a_l gelöscht werden.

$$
\begin{array}{c}
 \quad a_k \quad\ a_l \\
\begin{array}{c} r_i \\[1.5em] r_j \end{array}
\left(
\begin{array}{ccccccc}
0 & \cdots & 0 & 1 & 0 & \cdots & 0 \\[1em]
 & & 1 & & 1 & &
\end{array}
\right)
\end{array}
$$

Der Vergleich zweier Vektoren r_i, $r_j \in \mathbb{R}^s$ ($r_i \le r_j$), verwendet in den nächsten beiden Lemmas, entspricht dem komponentenweisen Vergleich.

Lemma 5.4 *Falls $r_i \ge r_j$ für bestimmte $i, j = 1, \ldots, n$ mit $i \ne j$ gilt, kann Zeile i sowie jede Spalte k mit $a_{ik} = 1$ und $a_{jk} = 0$ gelöscht werden.*
Beweis: (s. auch Beispiel 5.5) Wenn der Bevölkerungsknoten i in mindestens den gleichen zulässigen Distrikten vorkommt wie Knoten j, kann Knoten i vernach-lässigt werden, da jeder gewählte Distrikt, der Knoten j enthält auch Knoten i überdeckt. Zusätzlich können Distrikte k gelöscht werden, die Knoten j nicht und Knoten i jedoch enthalten. Denn diese Distrikte k können nicht gewählt werden, da sonst Knoten j nicht zulässig überdeckt werden kann. $\qquad \square$

Ein nachfolgendes Beispiel veranschaulicht Lemma 5.4.

Beispiel 5.5 Nach Lemma 5.4 kann in folgender Matrix die Zeile r_i sowie die Spalte a_k vernachlässigt werden.

$$
\begin{array}{c}
 \quad a_k \\
\begin{array}{c} r_j \\[1em] r_i \end{array}
\left(
\begin{array}{cccc}
0 & 1 & 1 & 0 \\[0.8em]
1 & 1 & 1 & 0
\end{array}
\right)
\end{array}
$$

Die nächste, in Lemma 5.7 formulierte Aussage wird zunächst mit einem Bei-spiel motiviert.

Beispiel 5.6 Die Matrix A sei die Folgende.

$$
\begin{array}{c}
 \\
r_1 \\
r_2 \\
r_3 \\
r_4
\end{array}
\begin{array}{cccccc}
a_1 & a_2 & a_3 & a_4 & a_5 & a_6 \\
\left(\begin{array}{cccccc}
0 & 0 & 1 & 1 & 0 & 0 \\
1 & 1 & 0 & 1 & 1 & 0 \\
0 & 1 & 1 & 0 & 1 & 0 \\
1 & 0 & 0 & 0 & 1 & 1
\end{array}\right)
\end{array}
$$

Angenommen, Spalte/Distrikt a_3 wäre nicht in der Lösung. Dann wäre Zeile r_2 größer ($\geq$) als Zeile r_1 und nach Lemma 5.4 könnten Spalte a_1, a_2 sowie a_5 gelöscht werden. Sei nun andererseits angenommen, Spalte/Distrikt a_3 wäre gewählt, dann müsste Zeile/Knoten r_2 mit Spalte/Distrikt a_1, a_2 oder a_5 überdeckt werden. Da jedoch die Distrikte a_2 und a_5 jeweils mit dem gewählten Distrikt a_3 gemeinsame Knoten haben, können Spalte/Distrikt a_2 und a_5 gelöscht werden. Es zeigt sich: Unabhängig davon, ob Distrikt a_3 Teil der Lösung ist, können die Distrikte a_2 und a_5 gelöscht werden.

Der Vorgang in dem dargestellten Beispiel 5.6 wird nun im folgenden Lemma 5.7 verallgemeinert.

Lemma 5.7 *Seien i und j zwei nicht vergleichbare Zeilen, d. h. weder $r_i \geq r_j$ noch $r_j \geq r_i$ sind erfüllt. Sei $K := \{k \mid k \in \{1,\ldots,s\}$ und $a_{ik} > a_{jk}\}$ die Menge aller Spalten k, sodass $a_{ik} > a_{jk}$ und $T := \{k \mid k \in \{1,\ldots,s\}$ und $a_{jk} > a_{ik}\}$ die analoge Menge für $a_{jk} > a_{ik}$. Falls eine Zeile h mit $a_{hk} = 1$ für alle $k \in K$ und $a_{hl} = 1$ für mindestens ein $l \in T$, dann können die Spalten l gelöscht werden.*
Beweis: Fall 1: Angenommen, es existiert ein $k \in K$, sodass Distrikt k ausgewählt ist: Es gilt $x_k = 1$. Dann ist der Knoten h aus der Aussage überdeckt, da $a_{hk} = 1$ für alle $k \in K$ gilt. Folglich können alle Distrikte l mit $a_{hl} = 1$ gelöscht werden.
Fall 2: Angenommen, keiner der Distrikte $k \in K$ ist ausgewählt: Es gilt $x_k = 0$ für alle $k \in K$. Dann kann $r_j \geq r_i$ verwendet werden, da keiner der Distrikte k mit $a_{ik} > a_{jk}$ verwendet wird. Es folgt, dass mit Lemma 5.4 alle Distrikte $l \in T$ gelöscht werden können. $\square$

Durch Anwendung dieser vier Lemmas können offensichtlich Distrikte fixiert werden und dadurch Bevölkerungsknoten aus dem Problem genommen werden. Zusätzlich können auch Distrikte gelöscht werden. Insgesamt führt diese Reduktion zu einer Verkleinerung des Berechnungsaufwandes des gesamten Zwei-Phasen-Algorithmus.

Phase 2: Optimierung

In der ersten Phase wurden alle zulässigen Wahldistrikte generiert. In der zweiten Phase, der Optimierungsphase werden aus diesen wk viele ausgewählt, die eine optimale Wahldistrikteinteilung bilden.

Begründbar mit der Wahlgleichheit ist anzustreben, die maximale Abweichung der Wahldistriktbevölkerung gegenüber $\varnothing_p$ zu minimieren. Seien

$$c_k := \frac{|P(j) - \varnothing_p|}{\alpha \varnothing_p}$$

die Kosten des Distrikts k. Angenommen, die $n \times s$ Matrix $A = (a_{ik})$ mit s zulässigen Wahldistrikten wurde in der ersten Phase schon berechnet, dann ist in der zweiten Phase das Ziel, nach folgendem Programm einen optimalen binären Vektor x der Länge s zu finden. Ein solcher stellt eine zulässige Wahldistrikteinteilung dar.

$$\textbf{min max}_{k=1}^{s} c_k x_k \tag{5.12}$$

$$\textbf{s.t.} \sum_{k=1}^{s} a_{ik} x_k = 1 \qquad \forall\, i = 1, \dots, n \tag{5.13}$$

$$\sum_{k=1}^{s} x_k = wk \tag{5.14}$$

$$x_k \in \{0,1\} \qquad \forall\, k = 1, \dots, s \tag{5.15}$$

Hierbei steht $x_k = 1$ dafür, dass Distrikt k bei der Einteilung verwendet wird. Im anderen Fall gilt $x_k = 0$. Löschen von (5.14) und Ersetzen von (5.12) durch die konventionellere Zielfunktion min $\sum_{k=1}^{s} c_k x_k$ führt zu einer Version des *Set Partitioning Problems*.

Das Problem (5.12) – (5.15) wird ebenfalls mit einer Variante der Baumsuche gelöst. Der genaue Algorithmus ist Garfinkel und Nemhauser [28] zu entnehmen.

Die Autoren des hier zitierten Artikels gaben an 1970 zwei reale Instanzen (*Sussex County, Delaware* mit $n = 26$, $wk = 6$ sowie *State of Washington* mit $n = 39$, $wk = 7$) mit ihrem Zwei-Phasen-Algorithmus optimal gelöst zu haben. Eine weitere reale Instanz (*West Virginia* mit $n = 55$, $wk = 5$) sei zu schwer, um innerhalb einer Stunde gelöst zu werden. Garfinkel und Nemhauser [28] verwiesen darauf, dass zum nächsten alle zehn Jahre stattfindenden Zensus 1980 die Entwicklung der Computer schon so weit sei, dass noch viel größere Instanzen mit ihrer Methode gelöst werden könnten. Zu dieser Zeit war die komplexitätstheoretischen

Forschung noch in den Kinderschuhen. Es sollte sich herausstellen, dass das *Political Districting Problems* zu schwierig ist, als dass verbesserte Computer effizient optimale Lösungen zu finden verhoffen ließen.

5.4 Altman (1997)

Is Automation the Answer? The Computational Complexity of Automated Redistricting

Schon früh, wie z. B. in einem Überblick von Nagel 1972 [51], wurde festgestellt, dass automatisiertes Einteilen von Wahlkreisen die Grenzen der Berechenbarkeit der damaligen Computer erreicht. Im Jahr 1997 wurde die Komplexität des *Political Districting Problems* durch Altman [2, 3] identifiziert: NP-schwer. Näheres und weiteres zur Komplexitätsanalyse folgt in Kapitel 6.

5.5 Mehrotra, Johnson und Nemhauser (1998)

An Optimization Based Heuristic for Political Districting

Die Veröffentlichung von Mehrotra, Johnson und Nemhauser 1998 [48] ist im Kern mit der in Abschnitt 5.3 vorgestellten Arbeit von Garfinkel und Nemhauser 1970 [28] vergleichbar. Jedoch werden in dem im Folgenden zitierten Artikel anstatt Baumsuchverfahren vordergründig bekannte Methoden zum Lösen von Ganzzahlig Linearen Programmen angewendet. Eine entscheidende Beobachtung ist, dass in Wirklichkeit nur eine Teilmenge aller zulässigen Wahldistrikte zu betrachten ist. Mehrotra et al. [48] machen sich dies zu Nutze und wenden die Methode der *Spaltengenerierung* (*Column Generation*) auf das *Political Districting Problem* an.

Weiteres zum Thema Spaltengenerierung ist dem Überblick von Desrosiers und Lübbecke 2004 [46] sowie der Einführung von den selben Autoren 2005 [22] zu entnehmen. Eine einfache Anwendung der Spaltengenerierung anhand des Graphenfärbungsproblems ist in Mehrotra und Trick 1995 [49] zu finden.

Die Lösungsmethode nach Mehrotra et al. [48] für das *Political Districting Problem* besteht aus mehreren Teilen. Die Autoren beschreiben den nicht unwichtigen Schritt, wie aus Rohdaten der Bevölkerungsgraph entsteht (*Preprocessing-Phase*). Ein Teil dieses Vorgehens wird auch in dieser Arbeit in Kapitel 9 verwendet. Um die anschließende Optimierungsphase in Form der Spaltengenerierung einzuleiten, wird eine zulässige Startlösung generiert (*Start-Phase*). Dies wird mithilfe einer Clustering-Heuristik bewältigt. Auf die *Optimierungs-Phase* mit einer *Branch-and-Price* basierter Lösungsmethode wird im Folgenden das Hauptaugenmerk gelegt. Da die Wahlgesetze in den USA exakte Bevölkerungsgleichheit zwischen den Wahldistrikten fordern, geben die Autoren noch das Lösen eines Transportproblems an, um Bevölkerungsabweichungen anzugleichen (*Postprocessing-Phase*).

Ziel der Optimierungsphase ist es, zusammenhängende Wahlkreise mit beschränkten Bevölkerungszahlen einzuteilen, die aus einem gleich erläuterten Blickwinkel möglichst kompakt sind. Zum Lösen dieses Problems wird der Bevölkerungsgraph $G_{\text{Bev}} = (K, N)$ zu rate gezogen. Auf dessen Grundlage lässt sich die Menge J aller zulässigen Wahldistrikte definieren, dabei ist α erneut der maximal erlaube Abweichungsanteil der Distriktbevölkerung von dem Durchschnitt $\varnothing p$.

$$J := \left\{ W \subseteq K : G_{\text{Bev}}[W] \text{ zusammenhängend, } \sum_{i \in W} p_i \in \left[(1 - \alpha)\varnothing_p, (1 + \alpha)\varnothing_p \right] \right\}$$

Jeder zulässige Wahldistrikt $W \in J$ erhält Kosten, die in Verbindung zu dessen Kompaktheit stehen. Die Kosten eines Wahldistrikts sind abhängig von dessen Zentrumsknoten.

Definition 5.8 Der Knoten $z \in W$ ist *Zentrum* eines zulässigen Wahldistrikts $W \in J$, wenn

$$u = \arg \min_{u \in W} \sum_{i \in W} s_{ui}$$

gilt, wobei s_{ui} gleich der Kantenanzahl eines kürzesten u-i-Weges in G_{Bev} ist.

Zentrum eines Wahldistrikts ist somit derjenige Knoten, der für eine minimale Summe der kürzesten Wege zwischen Zentrum und den anderen Knoten des Wahldistrikts steht. Aufbauend darauf ist die Definition der Kosten eines Wahldistrikts leicht einzusehen.

Definition 5.9 Sei $W \in J$ ein zulässiger Wahldistrikt mit Zentrum $u \in W$, d. h. der knoteninduzierte Teilgraph $G_{\text{Bev}}[W]$ ist zusammenhängend und erfüllt die Bevölkerungsschranken. Die *Kosten* des Wahldistrikts W sind gleich $\sum_{i \in W} s_{ui}$.

Je kleiner die Kosten eines Wahldistrikts sind, desto näher liegen die Bevölkerungsknoten an dem Zentrumsknoten. Es ist anzunehmen, dass eine Minimierung der Kosten zu kompakten Wahldistrikten führt.

Das anschließende Beispiel verdeutlicht die Definitionen 5.8 und 5.9.

Beispiel 5.10 Zentrum des in Abbildung 5.6 angegebenen Wahldistrikts ist offensichtlich Knoten z. Die Kosten betragen 6.

Abbildung 5.6 Wahldistrikt mit Kosten 6

Jedem zulässigen Wahldistrikt $k \in J$ können folgende Daten entnommen werden. Der binäre Parameter δ_{ik} sei genau dann gleich 1, wenn Knoten $i \in K$ in Distrikt $k \in J$ liegt.

Auf diesen Grundlagen modellieren Mehrotra et al. [48] das *Political Districting Problem* als *Set Partitioning Problem* mit Kardinalitätsnebenbedingung. Es sind wk viele zulässige Wahldistrikte aus der Menge J auszuwählen, sodass jeder Bevölkerungsknoten in genau einem ausgewählten Wahldistrikt liegt und die Summe der Kosten minimal ist.

Plan(J)

$$\min \sum_{k \in J} c_k x_k \qquad\qquad\qquad\qquad\qquad (5.16)$$

$$\text{s.t.} \sum_{k \in J} \delta_{ik} x_k = 1 \qquad\qquad \forall\, i = 1, \ldots, n = |K| \qquad (5.17)$$

$$\sum_{k \in J} x_k = wk \qquad\qquad\qquad\qquad\qquad (5.18)$$

$$x_k \in \{0, 1\} \qquad\qquad\qquad \forall\, k \in J \qquad\qquad (5.19)$$

Die Variablen x_k, $k \in J$ zeigen mit $x_k = 1$ an, dass Wahldistrikt $k \in J$ verwendet wird. Ansonsten gilt $x_k = 0$. Die zugehörige LP-Relaxierung, wobei also (5.19) durch $0 \leq x_k \leq 1 \,\forall k \in J$ ersetzt wird, sei mit *Plan$_{LP}$(J)* bezeichnet. Aufgrund der Bedingungen (5.17) reicht es dabei aus, (5.19) durch $x_k \geq 0 \,\forall k \in J$ zu ersetzen.

Die Definition von Plan$_{LP}$(J) enthält außerdem die Angabe der Dualvariablen jeder Nebenbedingung. Diese werden im weiteren Verlauf noch Verwendung erfahren.

$\text{Plan}_{\text{LP}}(J)$

$$\min \sum_{k \in J} c_k x_k \tag{5.20}$$

$$\text{s.t.} \sum_{k \in J} \delta_{ik} x_k = 1 \qquad [\pi_i] \quad \forall \, i = 1, \ldots, n = |K| \tag{5.21}$$

$$\sum_{k \in J} x_k = wk \qquad [\pi_{n+1}] \tag{5.22}$$

$$x_k \geq 0 \qquad\qquad\qquad \forall \, k \in J \tag{5.23}$$

Es offenbart sich sofort eine Problematik bei der Modellierung Plan(J). Die Mächtigkeit der Menge aller zulässigen Wahldistrikte J ist zu groß. Genauer gesagt existieren exponentiell in der Knotenanzahl viele Wahldistrikte. Dies führt zu einer nicht praktikablen Anzahl an Variablen bzw. Spalten in dem Modell. Dieser Umstand kann mit Spaltengenerierung in den Griff bekommen werden.

Sehr viele der möglichen Wahldistrikte werden nicht verwendet bzw. in einer Lösung des Modells Plan(J) sind die meisten der Variablen gleich null. Aus dieser Beobachtung entsteht schnell die Idee nicht alle Wahldistrikte zu Beginn zu generieren, also mit einer Teilmenge $\bar{J} \subseteq J$ zu starten, und dann nach Bedarf weitere Wahldistrikte dem Problem hinzuzufügen. Durch die Hinzunahme eines weiteren Wahldistrikts also einer weiteren Variable in das Problem wird eine neue Spalte in dem linearen Programm generiert. Aus diesem Grund wird dieses Vorgehen Spaltengenerierung (*Column Generation*) genannt. Algorithmus 3 liefert einen Überblick über das Lösen von $\text{Plan}_{\text{LP}}(J)$ durch Spaltengenerierung.

Algorithmus 3 : Spaltengenerierung zum Lösen von $\text{Plan}_{\text{LP}}(J)$

Schritt 1:
   Wähle zulässige Startlösung $\bar{J} \subseteq J$ aus, z. B. durch Clustering-Heuristik.
Schritt 2:
   Löse $\text{Plan}_{\text{LP}}(\bar{J})$.
Schritt 3:
   Kann Lösung verbessert werden?
   D. h. existiert $k \in J$ mit negativen reduzierten Kosten?
      Nein: optimale LP-Lösung gefunden.
      Ja: Setze $\bar{J} \leftarrow \bar{J} \cup k$ und gehe zu Schritt 2.

Aus der Theorie der linearen Programmierung (siehe z. B. Zimmermann [78]) ist die Definition der reduzierten Kosten und des hier verwendete Optimalitätskriteriums bekannt. Zur Erinnerung sei beides anhand des linearen Programms $\min\{c^t x \,|\, Ax = b, x \geq 0\}$ kurz wiederholt.

Definition 5.11 Die *reduzierten Kosten* einer Nichtbasisvariablen x_j berechnen sich durch $\sigma_j = c_j - \pi^t A_j$, wobei π der Dualvariablenvektor und A_j die Variablenspalte sind.

Die reduzierten Kosten geben an, um welchen Betrag sich der Zielfunktionswert verbessert, wenn die zugehörige Variable um eine Einheit erhöht wird. Aus diesem Grund kann folgendes Optimalitätskriterium gefolgert werden.

Satz 5.12 *Ist x eine zulässige Lösung und gilt für alle reduzierten Kosten $\sigma_j \geq 0$, ist x eine Optimallösung des Problems.*

Somit ist in Schritt 3 von Algorithmus 3 die Frage zu beantworten, welches Vorzeichen $\min\{\sigma_k : k \in J\}$ trägt und, falls negative reduzierte Kosten existieren, welcher Wahlkreis $k \in J$ diese annimmt. Dieses Problem wird *Pricing-Problem* genannt und wurde von Mehrotra et al. [48] für die Anwendung zum *Political Districting Problem* wie folgt umgesetzt.

Grob gesprochen hat jeder Bevölkerungsknoten $z \in K$ die Chance, Zentrum von einem verbessernden Wahldistrikt zu sein. Das folgend angegebene Pricing-Problem wird für jedes $z \in K$ durchgeführt.

Pricing-Problem für $z \in K$: $PP(z)$

$$\textbf{min } PP(z) = \sum_{i \in K \setminus \{z\}} s_{zi} y_i - \pi_{n+1} - \pi_z - \sum_{i \in K \setminus \{z\}} \pi_i y_i \qquad (5.24)$$

$$\textbf{s.t. } (1 - \alpha)\varnothing_p \leq p_z + \sum_{i \in K \setminus \{z\}} p_i y_i \leq (1 + \alpha)\varnothing_p \qquad (5.25)$$

$$y_i \leq \sum_{j \in S_i} y_j \qquad \forall\, i \in K \setminus \{z\} \qquad (5.26)$$

$$y_i \in \{0, 1\} \qquad \forall\, i \in K \setminus \{z\} \qquad (5.27)$$

Der Parameter s_{zi} in der Zielfunktion (5.24) beschreibt weiterhin die Kantenanzahl eines kürzesten Weges von z nach i in G_{Bev}. Des Weiteren sei die Menge S_i in den Nebenbedingungen (5.26) als $S_i := \{j \in K : s_{zj} = s_{zi} - 1 \text{ und } (i, j) \in N\}$ definiert. Eine Erläuterung dazu folgt.

Die Entscheidungsvariable y_i repräsentiert mit $y_i = 1$, dass Knoten i in dem Wahlkreis mit Zentrum z liegt. Mit den Werten der Lösungsvariablen y_i können also die Parameter δ_{ik} aus dem Modell Plan(J) für den neu generierten Wahlkreis $k \in J$ identifiziert werden.

In der Zielfunktion (5.24) werden leicht nachvollziehbar die reduzierten Kosten $\sigma_k = c_k - \pi^t A_k$ minimiert. Die enthaltenen Dualvariablenwerte π_i können der Lösung von Plan$_{LP}(\bar{J})$ aus Schritt 2 des Algorithmus 3 entnommen werden. Die Nebenbedingung (5.25) stellt sicher, dass der generierte Wahldistrikt die geforderten Bevölkerungsschranken einhält. Nebenbedingungen (5.26) erfordern genauere Erklärungen. Grob erklärt, lassen diese nur Distrikte zu, die Teilbaum eines *Kürzeste-Wege-Baumes mit Wurzel z* sind. So wird der Zusammenhang des Wahldistrikts garantiert.

Die Definition des *Kürzeste-Wege-Baumes* geht auf Dantzig 1957 [19] zurück.

Definition 5.13 Sei $G = (V, E)$ ein Graph mit Knoten $r \in V$. Ein Baum $T = (V', E')$ mit Wurzel r heißt *Kürzeste-Wege-Baum (mit Wurzel r)*, wenn $V' \subseteq V$ die Menge der in G von r erreichbaren Knoten ist und $A' \subseteq A$ so, dass für jeden Knoten $v \in V'$ der eindeutige r-v-Weg in T ein bzgl. der Kantenanzahl kürzester r-v-Weg in G ist.

Ein Kürzeste-Wege-Baum ist natürlich nicht immer eindeutig. Das nachfolgende Beispiel verdeutlicht die Definition 5.13.

Beispiel 5.14 Die in Abbildung 5.7 grau hinterlegten Kanten bilden einen Kürzeste-Wege-Baum mit Wurzel z auf dem wie üblich dargestellten Graphen.

Abbildung 5.7 Kürzeste-Wege-Baum mit Wurzel z

Zu einem gegebenen Knoten z identifizieren Mehrotra et al. [48] nun jeden Teilbaum eines Kürzeste-Wege-Baumes mit Wurzel z als einen Wahldistrikt mit Zentrum z. Diese Teilbaumforderung kann wie folgt modelliert werden. Ein Knoten i kann nur unter der Bedingung in einem Wahldistrikt liegen, wenn mindestens ein weiterer Knoten j in dem Distrikt enthalten ist, der adjazent zu i ist und bzgl. der Kantenanzahl näher an dem Zentrum z liegt. Somit wird in Nebenbedingung (5.26) des Pricing-Problems für jeden Knoten $i \in K$ die Ungleichung

$y_i \leq \sum_{j \in S_i} y_j$ gefordert, wobei die Menge S_i durch die Knoten gebildet werden, die zu i adjazent sind und näher an z liegen, also $s_{zj} = s_{zi} - 1$ erfüllen. Es gilt $S_i = \{ j \in K : s_{zj} = s_{zi} - 1 \text{ und } (i,j) \in N \}$.

Es kann nun Schritt 3 in Algorithmus 3 genauer angegeben werden: Löse das Pricing-Problem $\min_{z \in K} \{ PP(z) \}$. Falls $\min_{z \in K} \{ PP(z) \} \geq 0$ gilt, ist eine optimale Lösung von Plan$_{LP}(\bar{J})$ gleich einer von Plan$_{LP}(J)$. Falls jedoch $\min_{z \in K} \{ PP(z) \} < 0$ gilt, sei $z^* := \arg \min_{z \subset K} \{ PP(z) \}$ und $y^* \in \{ 0,1 \}^{n-1}$ ein optimaler Lösungsvektor, ergänze $\bar{J}$ durch $\{ i \in K : i = z \text{ oder } y_i^* = 1 \}$ und gehe zu Schritt 2.

Um nicht nur die LP-Relaxierung Plan$_{LP}(J)$, sondern das ganzzahlige Plan(J) zu lösen, verwendeten Mehrotra et al. [48] die von Ryan und Foster 1981 [62] vorgestellte Branching-Regel für Set Partitioning Probleme.

In einer Fallstudie wendeten die Autoren ihren Algorithmus an, der, wie in der Einleitung dieses Abschnittes angedeutet, neben dem vorgestellten Lösen von Plan(J) zuvor noch aus der Preprocessing- sowie Start-Phase und zuletzt noch aus der Postprocessing-Phase besteht. Die verwendete Instanz wird aus dem US-Bundesstaat South Carolina gebildet und enthält 51 Bevölkerungsknoten, auf denen 6 Wahldistrikte einzuteilen waren. In der Optimierungsphase wurden 802 Spalten generiert sowie 25 Branch-and-Bound-Knoten abgearbeitet. Insgesamt konnten Mehrotra et al. [48] im Vergleich zu der damaligen aktuellen Wahldistrikteinteilung visuell kompaktere Distrikte einteilen.

Wahldistrikte innerhalb des Bevölkerungsgraphen als Bäume aufzufassen ist ein interessantes Konzept. Im Besonderen dies auf Teilbäume eines Kürzeste-Wege-Baumes einzuschränken scheint Kompaktheit der Wahldistrikte zu fördern. Die im nächsten Abschnitt vorgestellte Arbeit von Yamada [73] reiht sich in diese Überlegung ein, denn dort werden Wahldistrikteinteilung durch aufspannende Wälder repräsentiert.

5.6 Yamada (2009)

A mini-max spanning forest approach to the political districting problem

Yamada [73] formuliert das *Political Districting Problem* als ein *Mini-Max Spanning Forest Problem* und gibt dazu eine heuristische Lösungsmethode basierend auf der lokalen Suche an.

Als Grundlage für die Modellierung wird auch hier der bekannte Bevölkerungsgraph $G_{\text{Bev}} = (K,N)$ verwendet, bei dem die Knotenmenge K die Bevölkerungsknoten und die Kanten die Nachbarschaftsrelation zwischen den Gebieten der

Knoten repräsentieren. Es wird die Idee verfolgt, dass ein Wahldistrikt in graphentheoretischer Gestalt einer zusammenhängenden Komponente dieses Graphen, immer auch als ein Baum aufgespannt werden kann. Somit wird nach aufspannenden Wäldern für den Bevölkerungsgraphen gesucht.

Nach Yamada [73, 74] ist das *Mini-Max Spanning Forest Problem* (MMSFP) formal wie folgt definiert.

Definition 5.15 (Mini-Max Spanning Forest Problem) Sei $G = (V, E)$ ein zusammenhängender, einfacher Graph mit Knotenmenge V und Kantenmenge E. Jede Kante $e \in E$ habe ein ganzzahliges Gewicht $w(e) > 0$. Das Gewicht $w(T)$ eines Baumes T ist definiert als die Summe der Gewichte der in T enthaltenen Kanten. Zu einer Menge an Wurzelknoten $U := \{u_1, u_2, \ldots, u_r\} \subseteq V$ ist ein *U-verwurzelter aufspannender Wald F* ein aufspannender Wald von G, welcher aus r disjunkten Bäumen $T_1, T_2, \ldots, T_r$ besteht, sodass u_i ein Knoten von T_i für jedes $i = 1, 2, \ldots, r$ ist. Der *Wert* eines solchen Waldes F ist definiert als $w(F) := \max_{1 \leq i \leq r} w(T_i)$. Das MINI-MAX SPANNING FOREST PROBLEM fragt nach einem solchen U-verwurzelten aufspannenden Wald F, sodass $w(F)$ minimal ist. Eine Lösung des MMSFP wird *Mini-Max Spanning Forest* genannt.

Für $r = 1$ ergibt sich das bekannte *Minimum Spanning Tree Problem*. Dieses kann in polynomieller Zeit mit Algorithmen nach Kruskal [40] oder Prim [55] gelöst werden. Eine Verallgemeinerung durch $r \geq 2$ führt nach Yamada [74] zu einer anderen, im Folgenden nachgewiesenen Komplexität.

Satz 5.16 *Das* MINI-MAX SPANNING FOREST PROBLEM *ist $\mathcal{NP}$-schwer.*
Beweis: Es genügt die Aussage für $r = 2$ zu zeigen. Das Entscheidungsproblem PARTITION ist bekanntermaßen $\mathcal{NP}$-vollständig [26]: Existiert zu gegebenen positiven, ganzzahligen $w_1, w_2, \ldots, w_n$ eine Menge $S \subseteq \{1, 2, \ldots, n\}$, sodass $\sum_{i \in S} w_i = \sum_{i \in \bar{S}} w_i$ gilt? Sei nun $K_{2,n}$ der ungerichtete, bipartite Graph mit Knotenmenge $\{a, b\} \cup \{1, 2, \ldots, n\}$ und Kantenmenge $\{(a, i), (b, i) \mid i = 1, 2, \ldots, n\}$.

Die Gewichte der Kanten (a, i) und (b, i) seien beide w_i für $i = 1, 2, \ldots, n$. Sei $\mathscr{F}_n$ die Menge aller $\{a, b\}$-verwurzelten aufspannenden Wälder des $K_{2,n}$ und definiere $w_n^* := \min_{F \in \mathscr{F}_n} w(F)$. Es gilt

$$w_n^* \geq \frac{1}{2} \sum_{i=1}^{n} w_i \,, \tag{5.28}$$

denn die Summe der Gewichte der zwei Bäume aus denen ein $F \in \mathscr{F}_n$ besteht, ist offensichtlich immer $\sum_{i=1}^{n} w_i$ und der schwerere Baum liefert nach Definition das Gewicht $w(F)$ des Waldes. Es wird deutlich, dass (5.28) genau dann mit Gleichheit erfüllt ist, wenn $\{w_1, w_2, \ldots, w_n\}$ eine Ja-Instanz von PARTITION ist. Somit folgt: MMSFP ist $\mathcal{NP}$-schwer. $\Box$

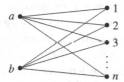

Abbildung 5.8 Graph $K_{2,n}$

Als striktere Charakterisierung wies Cordone et al. 2004 [18] nach, dass MMSFP stark $\mathcal{NP}$-schwer ist. Die Autoren gaben außerdem komplexitätstheoretische Aussagen über Verallgemeinerungen des hier betrachteten Problems.

Die Definition eines *Mini-Max Spannung Forest* geht lediglich von Kantengewichten aus. Bei dem *Political Districting Problem* sind Knotengewichte in Form der Bevölkerung von wichtiger Bedeutung. Yamada [73] wandelt einen Graphen $G = (V, E)$ mit Knotengewichten w_v und möglicherweise auch Kantengewichten w_e in einen Graphen $G' = (V', E')$ ohne Knotengewichte um. Dabei wird von jedem Knoten $v \in V$ eine Kopie $v' \in V$ angelegt und die Kante (v, v') hinzugefügt. Die Kantengewichte werden um $w_{(v,v')} := w_v$ erweitert. Yamada selbst vernachlässigt in seiner Arbeit Distanzen zwischen den Knoten und verwendet so Kantengewichte von 0. Dies bedeutet auch, dass die Methode keine Kompaktheit der Wahldistrikte garantieren kann bzw. keine Kontrolle über die Form der Distrikte besitzt.

Des Weiteren geht Yamada [73] davon aus, zu jedem der einzuteilenden Wahldistrikte eine Bevölkerungsknoten u_i zu kennen, der auf jeden Fall in dem Distrikt enthalten ist. Diese Knoten $U = \{u_1, \ldots, u_r\}$ bilden nicht, wie in anderen Lösungsansätzen, eine Art geographisches Zentrum dieser Wahlkreise, sondern werden als Wurzel der einzelnen Bäume verwendet.

Da ein zuvor in Yamada [75] untersuchter exakter Algorithmus nur kleine Instanzen gelöst hat, verwendet Yamada [73] die Methode der lokalen Suche und gibt zwei Heuristiken für das MMSFP an. Beide Algorithmen gehen von einer beliebigen Startlösung aus, also einem aufspannenden Wald. Diese wird solange durch Nachbarschaftssuche verbessert, bis keine Verbesserung mehr möglich ist.

Um eine Startlösung zu konstruieren, wird der Greedy-Algorithmus nach Lawler 1976 [42] vorgeschlagen. Ausgehend von der Knotenmenge $U = \{u_1, \ldots, u_r\}$

fügt dieser sukzessiv dem Wald eine solche zulässige Kante hinzu, die den Zielfunktionswert am wenigsten erhöht, bis der Wald ein aufspannender ist.

Um die Heuristiken von Yamada [73] anzugeben werden noch folgende Nota-
tionen eingeführt.

Sei $F = (T_1, T_2, \ldots, T_r)$ mit Bäumen T_i ein aufspannender Wald von $G = (V, E)$.
Zu jedem Knoten $u \in V$ existiert ein eindeutiger Weg durch F von diesem Knoten
u zu einem Wurzelknoten. Der zugehörige Wurzelknoten wird mit $r(u)$ bezeichnet. Alle Knoten auf dem Weg von u nach $r(u)$ sind *Vorgägner* von u. Außerdem
ist u *Nachfolger* eines jeden solchen Knotens. Der Vaterknoten u^+ von u ist der
eindeutige Vorgänger von u, der zu u adjazent ist.

Mit *u-verwurzelter Teilbaum von F* ist der durch den Knoten u und dessen
Nachfolger induzierte Teilgraph gemeint, dieser wird auch mit F_u bezeichnet. Es
wird $i^* := i^*(F) := \arg \max_{1 \leq i \leq r} w(T_i)$ als der Index des Baumes mit dem aktuell größten Gewicht definiert. Eine Kante $(u, v) \in E$ wird *Brücke* von F genannt, falls $r(u) \neq r(v)$ gilt. Die Menge aller Brücken zwischen T_i und T_j wird
mit $B(T_i, T_j) := \{(u, v) \in E \mid u \in T_i, v \in T_j\}$ bezeichnet, wobei $u \in T_i$ bedeutet, dass
u ein Knoten des Baumes T_i ist. Außerdem werden $B(F) := \bigcup_{i \neq j} B(T_i, T_j)$ sowie
$B^*(F) := \bigcup_{j \neq i^*} B(T_{i^*}, T_j)$ definiert.

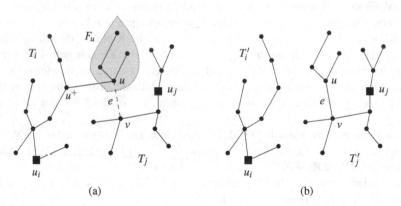

(a)   (b)

Abbildung 5.9 Austausch zwischen Bäumen: (a) vor und (b) nach dem Austausch

Zu einem gegebenen aufspannenden Wald $F = (T_1, \ldots, T_r)$ und einer Brücke
$e = (u, v) \in B(T_i, T_j)$ kann ein weiterer aufspannender Wald $F(T_i, T_j : u, v)$ konstruiert werden, indem F_u von T_i abgetrennt und über e mit T_j verbunden wird.
Diese Operation, siehe auch Abbildung 5.9, wird mit *Austausch zwischen T_i und
T_j über (u, v)* bezeichnet.

Der entstehende Wald $F(T_i, T_j : u, v)$ besteht aus den Bäumen

$$T_i' := T_i \setminus \left(F_u \cup \{(u, u^+)\}\right) \text{ sowie}$$

$$T_j' := T_j \cup F_u \cup e \text{ und } T_l \text{ mit } l \neq i, j.$$

Dadurch ändert sich der Wert des Waldes von $w(F) = \max\{w(T_1), \ldots, w(T_r)\}$ in

$$w(F(T_i, T_j : u, v)) = \max\left\{w(T_i'), w(T_j'), \max_{l \neq i, j} w(T_l)\right\},$$

wobei $w(T_i') = w(T_i) - w(F_u) - w(\{u, u^+\})$ und $w(T_j') = w(T_j) + w(F_u) + w(e)$ ist. Außerdem sei $\delta_F(T_i, T_j : u, v) := \max\{w(T_i), w(t_j)\} - \max\{w(T_i'), w(t_j')\}$ definiert, dies repräsentiert den Grad der Verbesserung bei einem Austausch zwischen T_i und T_j über (u, v).

Die Idee der Heuristiken von Yamada [73] ist es, wiederholt die Operation des Austausches zwischen zwei Bäumen über eine Brücke durchzuführen, bis keine Verbesserung erreicht werden kann.

An dieser Stelle sei mit V_i die Knotenmenge des Baumes T_i für $i = 1, \ldots, r$ bezeichnet. Daraufhin sei G_i der von V_i induzierte Teilgraph von G. Es ist klar, dass die G_i, $i = 1, \ldots, r$ wechselseitig disjunkt sind. Mit $\bar{T}_i$ wird in dem nachfolgenden Algorithmus der minimale aufspannende Baum in G_i bezeichnet. Dieser kann leicht in polynomieller Zeit berechnet werden. Per Definition gilt dabei $w(\bar{T}_i) \leq w(T_i)$ und somit $w(\bar{F}) \leq w(F)$ mit dem Wald $\bar{F} = (\bar{T}_1, \ldots, \bar{T}_r)$. Der Wald $\bar{T}$ entsteht somit aus dem Wald T, dieser Vorgang sei mit *Reoptimierung von F* bezeichnet.

Im Folgenden wird der, wie sich in Rechenstudien zeigte, bessere Algorithmus von Yamada [73] angegeben. Die Darlegung der Unterschiede zu einer ähnlichen, vermeintlich schlechteren Heuristik schließt daran an.

Der Algorithmus 4 Hyperopic (Weitsichtig) unterscheidet sich von Yamadas [73] anderem, hier nicht angegeben Algorithmus Myopic (Kurzsichtig) nur innerhalb des zweiten Schrittes. Dieser kann als kurzsichtig beschrieben werden, da in Schritt 2 nur Brücken aus $B^*(F) = \bigcup_{j \neq i^*} B(T_{i^*}, T_j)$ anstatt aus der größeren Menge $B(F) := \bigcup_{i \neq j} B(T_i, T_j)$ gewählt werden. Zur Erinnerung: i^* ist der Index des Baumes mit dem aktuell größten Gewicht. Bei der kurzsichtigen Variante wird bei jeder Iteration eine Verbesserung des Zielfunktionswertes erzielt. Trotzdem terminiert der Algorithmus in relativ schlechten lokalen Optima. Die Forderung, in jedem Durchlauf eine echt verbesserten Lösung zu verlangen ist zu restriktiv.

Im Gegensatz dazu wählt der weitsichtigere Algorithmus 4 Hyperopic Brücken aus der Menge $B(F) \supseteq B^*(F)$. Dies hat zur Folge, dass nicht in jeder Iteration der Zielfunktioswert verbessert wird, da nicht immer der Baum T_i^* Teil der

---

Algorithmus 4 : Hyperopic: Heuristik für das *Political Districting Problem*
nach Yamada [73]

Schritt 1:
Verwende z. B. Greedy-Algorithmus nach Lawler [42] um aufspannenden Baum F^0 zu
erhalten, setze $F \leftarrow F^0$.

Schritt 2:
Falls eine Brücke $(u,v) \in B(F)$ zwischen zwei Bäumen T_i und T_j mit $\delta_F(T_i,T_j : u,v) > 0$
existiert, gehe zu Schritt 3. Sonst gehe zu Schritt 4.

Schritt 3:
Aktualisiere den aufspannenden Baum durch *Austausch zwischen T_i und T_j über* (u,v),
setze $F \leftarrow F(T_i,T_j : u,v)$. Gehe zu Schritt 2.

Schritt 4:
Erhalten $\bar{F}$ durch Reoptimierung von F. Falls $F \neq \bar{F}$, setze $F \leftarrow \bar{F}$ und gehe zu Schritt 2.
Sonst STOPP.

Operation ist. Rechenstudien zeigen, dass hierdurch jedoch bessere Lösungen zu
einem späteren Zeitpunkt erzielt werden können. Es ist zu bemerken, dass für $r = 2$
die Gleichheit $B(F) = B^*(F)$ folgt und somit die beiden Algorithmen sich nicht
unterscheiden.

Yamada [73] führte Rechenstudien mit zufälligen Graphen mit einer Knotenanzahl zwischen 200 und 1000, Kantenanzahl zwischen 560 und 2800 und Anzahl
an Wurzeln zwischen 10 und 30 durch. Die Güte einer Lösung wurde an dem Grad
der Unbalanciertheit, dem Verhältnis zwischen größtem und kleinstem Gewicht
eines Baumes, gemessen. Der kurzsichtige Algorithmus Myopic liefert nicht zufriedenstellende Ergebnisse mit Unbalanciertheiten von teilweise über 100. Das
Verhältnis schwerster zu leichtester Beim bei Algorithmus 4 Hyperopic hingegen liegt immer weit unter 2 und oft nahe 1. Wie schon angedeutet, schlägt der
angegebene Hyperopic den Algorithmus Myopic bei Instanzen mit hunderten
von Knoten und 10 oder mehr Wurzeln.

Zusätzlich wendete Yamada [73] in einer Fallstudie den Algorithmus Hyperopic auf der japanischen Präfektur Kanagawa (49 Städte, 17 Distrikte) an. Eine
Präfektur ist eine Verwaltungsebene zwischen Zentralstaat und Gemeinden. Im
Vergleich zur aktuell angewendeten Einteilung konnte eine bezüglich der Balan-
ciertheit bessere Distrikteinteilung durch die Heuristik gefunden werden. Bis jetzt
blieb die Frage offen, wie die Menge der Wurzelknoten im Vorfeld auserwählt
werden kann. Yamada [73] wählte in der Fallstudie die jeweils größte Stadt in den
aktuellen Distrikten.

Zusammenfassend lässt sich sagen, dass Yamada 2009 [73] mit dem graphen-theoretischen Wald eine interessante Modellierung der Wahldistrikte präsentiert. Das Paper enthält gute Heuristiken und keine anwendbaren exakten Lösungsansätze. Die Methode liefert zusammenhängende und größtenteils bzgl. der Bevölkerung ausgeglichene Wahldistrikte, jedoch wird das Verwenden von bekannten Grenzen sowie das Vorhandensein eines gewissen Maßes der Kompaktheit in den Heuristiken nicht gefördert. Das Fehlen dieser in der Realität wichtigen Modellierungspunkte lässt Raum für weitere Forschungsansätze.

Kapitel 6
Komplexitätsanalysen zum Problem der Wahlkreiseinteilung

In diesem Kapitel wird die Komplexität des Problemes der Wahlkreiseinteilung, verwandter Probleme sowie der zugrundeliegenden Partitionsprobleme genauer analysiert. Zuvor wurde in Kapitel 5 im Rahmen der Vorstellung der Arbeit von Yamada [73] gezeigt, dass das Problem der Wahlkreiseinteilung – als MINI-MAX SPANNING FOREST PROBLEM formuliert – $\mathcal{NP}$-schwer ist.

In Abschnitt 6.1 wird eine Komplexitätsanalyse dargelegt, die unabhängig von der Charakterisierung und Modellierung des Problems ist. In der Literatur wird hauptsächlich auf die vorgestellte Ausarbeitung von Micah Altman [2, 3] verwiesen, wenn die Komplexität des POLITICAL DISTRICTING PROBLEMS angegeben wird.

In Abschnitt 6.2 werden die zuvor in Abschnitt 4.2 definierten und mit dem Problem der Wahlkreiseinteilung in Verbindung stehenden Partitionsprobleme auf Graphen erneut aufgenommen. Diese Probleme sind auf allgemeinen Graphen zumeist $\mathcal{NP}$-schwer. In diesem Abschnitt wird die Komplexitätsanalyse insofern verfeinert, als dass die Lösbarkeit der Partitionsprobleme auf verschiedenen Graphenklassen untersucht wird. Neben Wegen, speziellen sowie allgemeinen Bäumen werden die Eingabegraphen auch auf Gitter sowie seriell-parallelen Graphen eingeschränkt.

Schließlich wird in Abschnitt 6.3 mit Puppe und Tasnádi [57, 58] ein weiterer Blickwinkel auf das Problem der Wahlkreiseinteilung vorgestellt. Die Autoren der vorgestellten Artikel gehen davon aus, die Wahlabsicht eines jeden Wählers zu kennen. Auf dieser Grundlage wird bewiesen, dass das Problem, eine auf gewisse Weise faire Distrikteinteilung zu finden $\mathcal{NP}$-vollständig ist. Unter der gleichen Voraussetzung wird nachgewiesen, dass optimales Gerrymandering ebenfalls $\mathcal{NP}$-vollständig ist.

6.1 Das Problem der Wahlkreiseinteilung ist $\mathcal{NP}$-schwer

Micah Altman veröffentlichte 1998 eine interessante Dissertation [3], in der er sich eher kritisch mit dem Thema automatisierte Wahlkreiseinteilung auseinandersetzte. Der sozialwissenschaftliche Informatiker unterstützt eine ablehnende Haltung u. a. mit der von ihm nachgewiesenen Komplexität des Problems: $\mathcal{NP}$-schwer. Das Problem der Wahlkreiseinteilung gehört somit zu der Klasse der Probleme, von denen viele Wissenschaftler glauben, dass es hoffnungslos sei, diese exakt und effektiv zu lösen. Atman argumentiert, dass es unmöglich sei, ein automatisiertes System zu finden, dass die beste Wahlkreiseinteilung definiert und welches gleichzeitig wertfrei ist. Aufgrund der Schwierigkeit des Problems wird ein automatisiertes Verfahren immer Tendenzen, Befangenheiten oder Annahmen über die verwendeten Ziele haben.

In der Literatur wird hauptsächlich auf Altman [2, 3] verwiesen, wenn die Komplexität des POLITICAL DISTRICTING PROBLEMS angegeben wird. Aus diesem Grund wird seine Ausarbeitung im Folgenden genauer betrachtet.

Altman [2, 3] stellt das Problem der Wahlkreiseinteilung als ein kombinatorisches Optimierungsproblem heraus. Dabei ist eine gegebene Menge an Bevölkerungsknoten in eine vorgegebene Anzahl an Distrikten zu partitionieren, sodass eine Zielfunktion optimiert wird. Das Partitionsproblem kann durch weitere Bedingungen an die Distrikte eingeschränkt werden. Altman gibt an, dass das Problem der Wahlkreiseinteilung mehrere sogenannte Unterprobleme enthält, die berechnungstechnisch schwer zu bewältigen sind. Als ein Unterproblem definiert der Autor ein solches Problem, wo eine einzelne Zielfunktion, wie z. B. Kompaktheit, angegeben ist. Insgesamt untersucht Altman vier solcher Unterprobleme und weist die Komplexität nach. Eine ähnliche Vorgehensweise der Komplexitätsanalyse wird in Salazar Aguilar 2010 [64] für ein multikriterielles Problem der Vertriebsgebietsteinteilung durchgeführt.

Zu folgenden drei Unterproblemen des Problems der Wahlkreiseinteilung werden in diesem Abschnitt Komplexitätsanalysen durchgeführt:

1.) CREATING EQUAL POPULATION DISTRICTS
   ▶ Einteilen von bevölkerungsgleichen Distrikten
2.) CREATING MAXIMALLY COMPACT DISTRICTS
   ▶ Einteilen von maximal kompakten Distrikten
3.) CREATING CONTIGUOUS MAX. BALANCED POPULATION DISTRICTS
   ▶ Einteilen von zusammenhäng., maximal bev. ausgeglichenen Distrikten

Zu einem gegebenen Optimierungsproblem ist es bekanntlich möglich ein verwandtes Entscheidungsproblem zu definieren. Dieses enthält eine Frage, dessen Antwort entweder „Ja" oder „Nein" ist. Die Klassifizierung der Entscheidungsvariante wird verwendet, um die Komplexität des Optimierungsproblems nachzuweisen. Ein Optimierungsproblem ist $\mathcal{NP}$-*schwer*, wenn das zugehörige Entscheidungsproblem $\mathcal{NP}$-*vollständig* ist.

Im Folgenden wird der Beweis der $\mathcal{NP}$-Schwere des Problems der Wahlkreiseinteilung entwickelt. Dabei werden die genannten Optimierungsunterprobleme charakterisiert.

Zu Beginn wird das Problem betrachtet, bevölkerungsgleiche Distrikte einzuteilen. Dabei wird noch nicht betrachtet, dass die Wahldistrikte zusammenhängend sein müssen. Das hier zugrundeliegende Problem ist als PARTITION bekannt.

Satz 6.1 CREATING EQUAL POPULATION DISTRICTS, *das Einteilen von bevölkerungsgleichen Distrikten ist* $\mathcal{NP}$-*schwer.*
Beweis: Es wird das zugehörige Entscheidungsproblem betrachtet. Als Maß der Unausgeglichenheit der Wahldistriktbevölkerungen innerhalb einer Distrikteinteilung $\pi = \{W_1, \ldots, W_{wk}\}$ wird

$$\Delta_p^{\max}(\pi) := \max_{W_k \in \pi} \sum_{i \in W_k} p_i - \min_{W_k \in \pi} \sum_{l \in W_k} p_i \, ,$$

die Differenz zwischen den Bevölkerungen des größten und kleinsten Distrikts verwendet. Es ist eine Einteilung π^* mit k Distrikten zu finden, der diese Differenz minimiert, d.h. $\pi^* = \arg\min_\pi \Delta_p^{\max}(\pi)$. Zu gegebenem π^* ist es leicht, folgende Frage zu beantworten:

$$\text{Gibt es eine Einteilung } \pi, \text{ sodass } \Delta_p^{\max}(\pi) = 0 \text{ gilt?} \tag{6.1}$$

Für eine zufällig erzeugte Einteilung π kann der Wert $\Delta_p^{\max}(\pi)$ offensichtlich in polynomieller Zeit berechnet werden. Aus diesem Grund liegt das betrachtete Problem in der Klasse $\mathcal{NP}$.

Doch falls Frage (6.1) beantwortet werden kann, kann ein $\mathcal{NP}$-vollständiges Problem gelöst werden: PARTITION bzw. 3-PARTITION. Für die Komplexitätsbeweise dieser beiden nachfolgend erläuterten Probleme siehe Garey und Johnson [26].

Für $wk = 2$ einzuteilende Wahldistrikte, kann PARTITION auf das betrachtete Problem reduziert werden.

PARTITION   Instanz: (M, w)

Gegeben: Eine endliche Menge M und eine Gewichtsfunktion $w : M \to \mathbb{N}_0$.
Frage: Existiert cine Teilmenge $M' \subseteq M$ mit $\sum_{a \in M'} w(a) = \sum_{a \in M \setminus M'} w(a)$?

Eine PARTITION-Instanz (M, w) wird in Polynomialzeit transformiert, sodass M die Menge der Bevölkerungsknoten repräsentiert und $p_i := w(i)$, $i \in M$ gesetzt wird.

Für $wk > 2$ einzuteilende Wahldistrikte, kann das stark $\mathcal{NP}$-vollständige Problem 3-PARTITION auf das betrachtete Problem reduziert werden.

3-PARTITION   Instanz: (A, w, b, m)

Gegeben: Konstanten $b, m \in \mathbb{Z}^+$ und eine Menge A von $3\,m$ Elementen und
            eine Gewichtsfunktion $w : M \to \mathbb{N}_0$, sodass die Beschränkung $\frac{b}{4} < w(a) < \frac{b}{2}$
            für alle $a \in A$ und $\sum_{a \in A} a = mb$ gilt.
Frage: Existiert eine Partition der Menge A in m disjunkte Teilmengen A_j,
            sodass $\sum_{a \in A_j} w(a) = b$ für alle $j = 1, \dots, m$ gilt?

Eine 3-PARTITION-Instanz (A, w, b, m) wird in Polynomialzeit transformiert, sodass M die Menge der Bevölkerungsknoten repräsentiert und $p_i := w(i)$, $i \in M$ gesetzt wird.

Es gibt alternative Formulierungen für 3-PARTITION: Die Beschränkung an $w(a)$ impliziert, dass exakt je drei Elemente in einer Partitionsmenge sind. Außerdem kann eine Instanz mit unbeschränkten Zahlen äquivalent in eine wie angegeben beschränkte Instanz transformiert werden. Näheres dazu ist in Dell'Amico et al. [21] angegeben.

Insgesamt ist nachgewiesen, dass das Einteilen von bevölkerungsgleichen Distrikten $\mathcal{NP}$-schwer ist. □

Nun wird in der Zielfunktion die Kompaktheit betrachtet. Erneut steht die Bedingung, dass Wahldistrikte zusammenhängend zu sein haben, außen vor. Das hier zugrundeliegende Problem GEOMETRIC COVERING BY DISCS wird erläutert.

Satz 6.2 CREATING MAXIMALLY COMPACT DISTRICTS, *das Einteilen von maximal kompakten Distrikten ist $\mathcal{NP}$-schwer.*
Beweis: Es wird das zugehörige Entscheidungsproblem betrachtet. Die Kompaktheit eines Wahldistrikts W_k sei durch die maximale Distanz zwischen zwei Bevölkerungsknoten dieses Distrikts gemessen:

$$k(W_k) := \max_{i, j \in W_k} \mathrm{dist}(i, j).$$

Je kleiner diese Distanz $k(W_k)$, desto kompakter ist der Distrikt W_k. Darauf aufbauend sei die Kompaktheit einer ganzen Distrikteinteilung $\pi = \{W_1, \ldots, W_{wk}\}$ durch den am wenigsten kompakten Distrikt gegeben:

$$k(\pi) := \max_{W_k \in \pi} k(W_k).$$

Es ist eine Einteilung π^* zu finden, die maximale Kompaktheit besitzt und somit $\pi^* := \arg\min_\pi k(\pi)$. Bei gegebenem π^* ist es leicht für eine Konstante k_{max} folgende Frage zu beantworten:

$$\text{Gibt es eine Einteilung } \pi, \text{ sodass } k(\pi^*) < k_{max} \text{ gilt?} \tag{6.2}$$

Für ein zufällig erzeugte Einteilung π kann der Wert $k(\pi)$ offensichtlich in polynomieller Zeit berechnet werden. Aus diesem Grund liegt das betrachtete Problem in der Klasse $\mathcal{NP}$.

Doch falls Frage (6.2) beantwortet werden kann, kann ein $\mathcal{NP}$-vollständiges Problem gelöst werden. Altman [2, 3] gibt dazu das duale Problem von DISTANCE d PARTITION OF POINTS IN THE PLANE (s. Johnson [37]) an. Hier wird das dazu äquivalente GEOMETRIC COVERING BY DISCS [37] verwendet.

GEOMETRIC COVERING BY DISCS	Instanz: (P, d, k)

Gegeben: Eine endliche Menge $P \subset \mathbb{Z} \times \mathbb{Z}$ mit Punkte in der Ebene mit ganzzahligen Koordinaten sowie $d, k \in \mathbb{Z}_+$.
Frage: Können die Punkte in P durch k Kreise mit Durchmesser d überdeckt werden?

Die $\mathcal{NP}$-Vollständigkeit wurde 1981 unabhängig von Fowler et al. [24], Masuyama et al. [47] sowie Supowit [66] nachgewiesen. Die Transformation einer GEOMETRIC COVERING BY DISCS-Instanz ist wieder durch Umbenennung durchführbar.

Insgesamt ist nachgewiesen, dass das Einteilen von maximal kompakten Distrikten $\mathcal{NP}$-schwer ist. □

Zuletzt wird das Problem betrachtet, zusammenhängende und maximal bevölkerungsausgeglichene Distrikte einzuteilen. Ein Spezialfall davon wird mit dem Problem CUT INTO CONNECTED COMPONENTS OF BOUNDED WEIGHT identifiziert.

Satz 6.3 CREATING CONTIGUOUS MAXIMALLY BALANCED POPULATION DISTRICTS, *das Einteilen von zusammenhängenden, maximal bevölkerungsausgeglichenen Distrikten ist $\mathcal{NP}$-schwer.*

Beweis: Es wird das zugehörige Entscheidungsproblem betrachtet. Wie im Beweis von Satz 6.1 wird $\Delta_p^{max}(\pi)$ als Maß der Unausgeglichenheit bezüglich der Bevölkerung einer Distrikteinteilung π verwendet. Der Bevölkerungsgraph findet hier Anwendung. Es ist eine Einteilung π^* zu finden, sodass jeder Distrikt in dem Bevölkerungsgraph einen zusammenhängenden Teilgraphen bildet und $\Delta_p^{max}(\pi^*)$ minimal ist. Zu einem π^* und gegebenen Konstante δ_{max} ist es leicht, folgende Frage zu beantworten:

$$\text{Gibt es eine Einteilung } \pi^*, \tag{6.3}$$
$$\text{sodass alle Distrikte zusammenhängend sind und } \Delta_p^{max}(\pi^*) < \delta_{max} \text{ gilt?}$$

Für eine zufällig erzeugte Einteilung π kann der Zusammenhang der Distrikte in polynomieller Zeit überprüft sowie der Wert $\Delta_p^{max}(\pi)$ berechnet werden. Aus diesem Grund liegt das betrachtete Problem in der Klasse $\mathcal{NP}$.

Doch falls Frage (6.3) beantwortet werden kann, kann ein $\mathcal{NP}$-vollständiges Problem gelöst werden: CUT INTO CONNECTED COMPONENTS OF BOUNDED WEIGHT. Die Komplexität dieses Problems ist in Johnson [37] angegeben. Das äquivalente MAXIMALLY BALANCED CONNECTED PARTITION ist nach Chlebíková [15] $\mathcal{NP}$-vollständig.

CUT INTO CONNECTED COMPONENTS OF BOUNDED WEIGHT (G, w, w_{max})

Gegeben: Ein Graph $G = (V, E)$ und eine Gewichtsfunktion $w : V \to \mathbb{Z}^+$.

Frage: Existiert eine Partition der Knotenmenge V in zwei disjunkte Teilmengen V_1 und V_2, sodass V_1 und V_2 je einen zusammenhängenden Teilgraphen von G induzieren und $\sum_{v \in V_1} w(v) \leq w_{max}$ sowie $\sum_{v \in V_2} w(v) \leq w_{max}$ gilt?

Eine CUT INTO CONNECTED COMPONENTS OF BOUNDED WEIGHT-Instanz (G, w, w_{max}) wird in Polynomialzeit transformiert, sodass G den Bevölkerungsgraphen repräsentiert, $p_i := w(i)$, $i \in V$ gesetzt wird und w_{max} als die obere Schranke der Bevölkerung eines Wahlkreises angesehen wird. Hierbei sind $wk = 2$ Wahlkreise einzuteilen.

Insgesamt ist nachgewiesen, dass das Einteilen von zusammenhängenden, maximal bevölkerungsausgeglichenen Distrikten $\mathcal{NP}$-schwer ist. $\square$

Aufbauend auf den vorherigen Komplexitätsbeweisen ist das POLITICAL DISTRICTING PROBLEM $\mathcal{NP}$-schwer. Dies folgert Altman [2, 3] aus der $\mathcal{NP}$-Schwere der betrachteten Unterprobleme. Die untersuchten Probleme und dargelegten Beweisführungen sind auf das in dieser Arbeit definierte Problem der Wahlkreiseinteilung (s. Definition 4.1) übertragbar.

Satz 6.4 *Das* POLITICAL DISTRICTING PROBLEM, *das Problem der Wahlkreiseinteilung ist $\mathcal{NP}$-schwer.*

6.2 Lösbarkeit der Partitionsprobleme auf verschiedenen Graphenklassen

Die Beweisführung der Komplexität des Problems der Wahlkreiseinteilung im vorherigen Abschnitt 6.1 enthält, dass das Problem einen Graphen in zusammenhängende, möglichst gleichgroße Komponenten zu partitionieren $\mathcal{NP}$-schwer ist. Ver-
wandte und mit dem Problem der Wahlkreiseinteilung in Verbindung stehende Partitionsprobleme wurden zuvor in Abschnitt 4.2 definiert.

Im Folgenden wird die Komplexitätsanalyse insofern verfeinert, als dass die
Lösbarkeit der definierten Partitionsprobleme auf verschiedene Graphenklassen
untersucht wird. Wie so häufig lassen sich für einige Klassen von Graphen effiziente Lösungsalgorithmen angeben. Die Eingabegraphen dieser Probleme werden in diesem Unterkapitel auf Wege (s. Abschnitt 6.2.1), speziellen Bäumen (s.
Abschnitt 6.2.2) sowie allgemeinen Bäume (s. Abschnitt 6.2.3), als auch Gitter (s.
Abschnitt 6.2.4) und seriell-parallele Graphen (s. Abschnitt 6.2.4) eingeschränkt.

Dieser Abschnitt 6.2 basiert hauptsächlich auf den Artikeln von Simeone et al.
1993 [45], De Simone et al. 1990 [20], Ito, Schröder et al. 2012 [35], Becker et al.
1998, 2001 [7, 6] und Ito et al. 2006 [36]. Vereinzelt wurden weitere, angegebene
Arbeiten zitiert. Die Autoren verfolgen zumeist unterschiedliche Zielfunktionen
bei den Partitionsproblemen. An passenden Stellen ist es durch eigene Arbeit ge-
lungen, verschiedene Konzepte miteinander in Verbindung zu bringen.

6.2.1 Einschränkung der Graphenklasse auf Wege

Simeone et al. [45] schränkt den Eingabegraph für die Partitionsprobleme auf Wege ein. Auch wenn kein deutsches Bundesland einem graphentheoretischen Weg
gleicht, gibt es interessante Anwendungen, bei denen dieses Problem zu lösen ist.

Definition 6.5 Ein Graph $G = (V, E)$ heißt *Weg*, wenn sich die Knotenmenge
$V = \{v_1, \ldots, v_n\}$ so indizieren lässt, dass für die Kantenmenge folgendes gilt:

$$E = \left\{ \{v_1, v_2\}, \{v_2, v_3\}, \ldots, \{v_{n-1}, v_n\} \right\}$$

Abbildung 6.1 Ein Weg

In der Bildverarbeitung ist ein digitales Bild als eine Matrix von Pixeln gespeichert. Diese reichen beispielsweise von 1 (weiß) bis 256 (schwarz). Da das menschliche Auge nur bis zu 16 verschiedene Graustufen unterscheiden kann, sind diese 256 Töne für viele Anwendungen in 16 Abschnitte, sogenannte Bänder, mit je angrenzenden Graustufen zu unterteilen. Empirische Untersuchungen haben gezeigt, dass dabei das beste Ergebnis erzielt wird, wenn die Pixelanzahl der einzelnen Bänder so konstant wie möglich ist. Demzufolge kann das Finden des besten Bildes als folgendes Problem beschrieben werden. Ein graphentheoretischer Weg mit 256 Knoten, deren jeweiliges Gewicht gleich der Pixelanzahl dieser Graustufe ist, ist in 16 zusammenhängende Komponenten zu unterteilen, sodass die Summen der Knotengewichte der Komponenten so konstant wie möglich sind. Aufgrund dieser Anwendung verfolgten Simeone et al. [45] das Ziel, auf effizientem Wege eine intervallminimale Partition in p Komponenten (s. Definition 4.9) auf Wegen zu finden.

Die Verwendung von dynamischer Programmierung ist ein naheliegender Ansatz um Partitionsprobleme auf Wegen zu lösen. Der gewichtete Weg wird dazu in ein gerichtetes Netzwerk überführbar, in dem anschließend (kürzeste) Wege gesucht werden.

Zu einem gewichteten Weg (P, w) mit n Knoten sei das Netzwerk N wie folgt aufgebaut. Die Knotenmenge von N sei $\{v_0, v_1, \ldots, v_n\}$ und es existierte eine gerichtete Kante (i, j) mit $0 \le i < j \le n$ genau dann, wenn $l \le w(v_{i+1}) + \cdots + w(v_j) \le u$ gilt. D. h. jede Kante „umfasst" eine zulässige Komponente. Beispiel 6.6 verdeutlicht den Aufbau des Netzwerkes. Es ist klar, dass der Weg P genau dann (l, u)-partitionierbar ist, wenn in N ein Weg von v_0 nach v_n vorhanden ist. Eine minimale (l, u)-Partition kann somit durch die Suche nach einem kantenminimalen Weg von v_0 nach v_n gefunden werden.

Beispiel 6.6 Aus dem in Abbildung 6.2 durch die gepunkteten Kanten dargestellen Weg entsteht das durch Knoten v_0 ergänzte, abgebildete Netzwerk N. Dabei ist $l = 10$ sowie $u = 50$ gesetzt. In der Abbildung ist über jedem Wegknoten dessen Gewicht angegeben.

Ob ein gewichteter Weg (P, w) in p Komponenten (l, u)-partitionierbar ist, kann analog dazu an folgendem „geschichteten" Netzwerk M überprüft werden. Das Netzwerk M besteht aus einem Startknoten $(0, 0)$ und p Schichten mit Knoten der

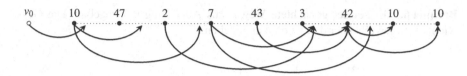

Abbildung 6.2 Aus Weg entstehendes Netzwerk N mit $l = 10, u = 50$

Form $(k, \cdot)$ für $k = 1, \ldots, p$. Genauer wird die Menge der Knoten von M gebildet durch $(0,0)$, (k,i) für $k = 1, \ldots, p-1$ und $k \leq i \leq n-p+k$ sowie (p,n). Ein Knoten (k,i) repräsentiert die Tatsache, dass der i-te Knoten des zu partitionierenden Weges der letzte Knoten der k-ten Komponente ist. Klar ist, dass der i-te Knoten in jeder Partition mit p Komponenten nur letzter Knoten der k-ten Komponente für $k \leq i \leq n-p+k$ sein kann, da jede Komponente aus mindestens einem Knoten zu bestehen hat. Für jedes $k = 1, \ldots, p-2$ existiert eine Kante von (k,i) nach $(k+1,j)$ genau dann, wenn $i < j$ und $l \leq w(v_{i+1}) + \cdots + w(v_j) \leq u$ gilt. Außerdem enthält das Netzwerk M eine Kante von $(0,0)$ nach $(1,i)$ genau dann, wenn $i = 1, \ldots, n-p+1$ und $l \leq w(v_1) + \cdots + w(v_i) \leq u$ gilt.[51] Zusätzlich können alle Kanten von $(p-1,i)$ nach (p,n) für $i = p-1, \ldots, n-1$ gebildet werden. Um konsistent zu bleiben, werden nur die höchstens verwendeten Kanten hinzugefügt. Es existiert nun eine Bijektion zwischen den (l,u)-Partitionen in p Komponenten von P und den Wegen von $(0,0)$ nach (p,n) in M, indem die Knoten des Netzwerkes M wie oben schon angedeutet interpretiert werden. Liegt Knoten (k,i) auf dem Weg in M, so ist der i-te Knoten des Weges P der letzte Knoten der k-ten Komponente.

Ergänzend zu den Ausführungen von Simeone et al. [45] lässt sich mit folgendem Vorgehen anhand von Netzwerk M eine einheitlichste (l,u)-Partition in p Komponenten (s. Definition 4.10) konstruieren. Die Kante $((k,i),(k+1,j))$ repräsentiert die Komponente $\{v_{i+1}, \ldots, v_j\}$ und wird somit mit dem Betrag der Abweichung zwischen dem Gewicht dieser Komponente und dem Durchschnittsgewicht μ gewichtet. Dieses beträgt $|w(v_{i+1}) + \cdots + w(v_j) - \mu|$. Ein kürzester Weg in dem so gewichteten Netzwerk M stellt nun offensichtlich eine einheitlichste (l,u)-Partition in p Komponenten dar.

Beispiel 6.7 verdeutlicht die Konstruktion des Netzwerkes M und die Interpretation der Wege in diesem.

---

[51] Die letzte Bedingung an die Kanten von $(0,0)$ nach $(1,j)$ fehlt fälschlicherweise in der Konstruktion von Simeone et al. [45]. Wird diese nicht gefordert, ist keine Bijektion zwischen den (l,u)-Partitionen in p Komponenten von P und den Wegen von $(0,0)$ nach (p,n) in M möglich.

Beispiel 6.7 Es sei der gewichtete Weg P aus Abbildung 6.3 gegeben. Die Gewichte sind jeweils über den Knoten angegeben.

Abbildung 6.3 Gewichteter Weg P mit $n = 7$ Knoten

Um $(5,9)$-Partitionen in 3 Komponenten von P zu finden, wird anhand von P das Netzwerk M konstruiert. Abbildung 6.4 zeigt das Ergebnis.

Die schwarzen Knoten bilden die Menge der Knoten des Netzwerks M. Die weißen Knoten sowie die Gewichte innerhalb der Knoten sind nur angegeben, um das Erkennen des Ausgangsweges P zu vereinfachen. Die Knotengewichte spielen nur bei der Konstruktion, nicht aber im Netzwerk M selbst, eine Rolle. Mit dem durchschnittlichen Komponentengewicht $\mu = \frac{20}{3}$ können die Kantengewichte wie beschrieben angegeben werden.

Die Partition $(2\,3 \mid 3\,1\,4 \mid 2\,5)$ ist eine $(5,9)$-Partition in 3 Komponenten von P und korrespondiert mit dem Weg $(0,0) \to (1,2) \to (2,5) \to (3,7)$ in M. Das Gesamtgewicht dieses Weges beträgt $\frac{5}{3} + \frac{5}{3} + \frac{1}{3} = \frac{11}{3}$ und entspricht dem Wert der Zielfunktion $f_{\text{ein}} = \sum |W(C_k) - \mu|$ der zugehörigen Partition.

Eine einheitlichste $(5,9)$-Partition in 3 Komponenten ist $(2\,3\,3 \mid 1\,4 \mid 2\,5)$ mit dem zugehörigen Weg $(0,0) \to (1,3) \to (2,5) \to (3,7)$ in M und Zielfunktionswert $\frac{10}{3}$.

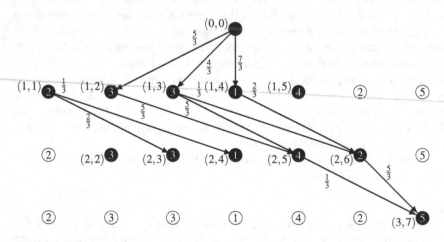

Abbildung 6.4 Netzwerk M, konstruiert aus gewichtetem Weg P

Ein (kürzester) Weg in einem kreisfreien Netzwerk kann nach Lawler [42] in einer Zeit proportional zu der Anzahl der Kanten des Netzwerkes gefunden werden. Die Kantenanzahl beträgt $\mathcal{O}(n^2)$ in N und $\mathcal{O}(n^2 p)$ in M. Demzufolge führt dieser Ansatz zu einem polynomiellen Algorithmus, der normale als auch einheitlichste (l, u)-Partitionen in p Komponenten auf Wegen liefert.

Den Autoren Simeone et al. [45] reicht dies allerdings nicht. Um für die Anwendung in der Bildbearbeitung eine intervallminimale Partition in p Komponenten (s. Definition 4.9) zu finden, entwickelten sie einen Algorithmus, der auf dem Finden von vielen (l, u)-Partitionen mit p Komponenten basiert. Aus diesem Grund waren sie motiviert, für letzteres einen effizienteren Algorithmus zu entwerfen.

In der Tat gaben Simeone et al. [45] einen linearen Algorithmus an, der (l, u)-Partitionen mit p Komponenten findet. Dieser basiert nicht – wie vorhin – auf einer Umwandlung in ein Netzwerkproblem, sondern die Vorgehensweise kombiniert eine Preprocessing-Methode mit einem Greedy-Algorithmus. Während die Preprocessing-Methode „Hindernisse" aufdeckt und diese durch Zusammenführung von Knoten beseitigt, findet der Greedy-Algorithmus letztendlich die Partition.

Im Folgenden wird behandelt, wie ein Zusammenspiel dieser Prozeduren zu einem linearen Algorithmus führt. Dabei wird zunächst der Greedy-Algorithmus zum Finden minimaler (l, u)-Partitionen vorgestellt. Analog dazu existiert auch eine Methode für maximale (l, u)-Partitionen. Bei dem Greedy-Algorithmus offenbaren sich Schwierigkeiten, die das Verfahren nicht in linearer Zeit durchführbar macht. Mithilfe einer Preprocessing-Prozedur lässt sich dieser Umstand beseitigen. Anschließend zeigt sich, dass aus je einer minimalen und einer maximalen (l, u)-Partition eine (l, u)-Partition in p Komponenten konstruierbar ist.

Ein Greedy-Ansatz für eine minimale (l, u)-Partition scheint offensichtlich. Die Komponenten sollten schlichtweg so groß wie möglich, aber laut Vorgabe nicht schwerer als u sein, um eine Partition in wenige Komponenten zu erhalten. Genauer wird der Weg durchlaufen und Knotengewichte aufsummiert. Dabei wird eine Komponente abgeschlossen, bevor ein Knoten hinzugefügt wird, der das Gesamtgewicht dieser Komponente als erstes zu groß werden ließe. Natürlich muss währenddessen, um zulässig zu bleiben, auch Acht auf die untere Schranke l gelegt werden. Dieser Ansatz wird an folgendem Beispiel angewendet. Es offenbaren sich Schwierigkeiten.

Beispiel 6.8 Es sei der Weg in Abbildung 6.5 gegeben. Dabei sind die Gewichte der Wegknoten und zwar in der Reihenfolge, wie sie auf dem Weg auftauchen, angegeben. Für diesen Weg wird eine minimale $(9, 13)$-Partition gesucht. Teil a) der Abbildung 6.5 zeigt, dass der erste Greedy-Ansatz nach den drei

Schnitten C_1, C_2, C_3 stockt. Eine vierte Komponente ist entweder zu leicht oder zu schwer. Aus diesem Grund sind die vorherigen Schnitte zu verschieben. Der vierte Schnitt C_4 wird an der mit dem Punkt angedeuteten Stelle gesetzt und die vorherigen Schnitte werden im umgekehrter Reihenfolge jeweils so weit nach links verschoben, sodass wieder zulässige Komponenten entstehen. Dabei wird jeder Schnitt so wenig wie möglich verschoben. Bei diesem Beispiel reicht es C_3 um einen Knoten nach links zu verschieben und es können C_5 und C_6 gesetzt werden. Wieder stockt der Greedy-Ansatz. Eine folgende siebte Komponente ist entweder zu leicht oder zu schwer. Diese Konfiguration zeigt Teil b) der Abbildung. Es wird C_7 an die durch den Punkt angedeutete Stelle gesetzt und nur der Schnitt C_6 muss um eine Stelle nach links verschoben werden, um zulässig zu bleiben. Somit zeigt Teil c) eine nahezu fertige Partition. Jedoch ist die letzte Komponente zu schwer, kann aber auch nicht in zwei Komponenten geteilt werden. Erneut werden die vorangegangenen Schnitte verschoben, diesmal sind alle sieben Schnitte betroffen. Letztendlich ergibt sich eine $(9, 13)$-Partition in 9 Komponenten.

Simeone et al. [45] bewiesen, dass der im Beispiel 6.8 angewendete Greedy-Algorithmus tatsächlich eine minimale (l, u)-Partition für einen gegebenen Weg findet. Analog kann auch ein *„geiziger"* Algorithmus als Gegenstück zum Greedy-Algorithmus angegeben werden. Dieser hält die Komponenten so klein wie möglich, damit entsteht nach Simeone et al. [45] eine maximale (l, u)-Partition. Es

a)

11 2 | 4 4 3 2 | 5 6 2 | 4 3 · 7 2 1 1 1 4 3 2 2 3 5 6 11
      C_1 C_2 C_3

b)

11 2 | 4 4 3 2 | 5 6 | 2 4 3 | 7 2 1 1 1 | 4 3 2 2 | 3 5 · 6 11
      C_1 C_2 C_3 C_4 C_5 C_6

c)

11 2 | 4 4 3 2 | 5 6 | 2 4 3 | 7 2 1 1 1 | 4 3 2 | 2 3 5 | 6 · 11
      C_1 C_2 C_3 C_4 C_5 C_6 C_7

d)

11 | 2 4 4 | 3 2 5 | 6 2 4 | 3 7 | 2 1 1 1 4 | 3 2 2 3 | 5 6 | 11
C_1 C_2 C_3 C_4 C_5 C_6 C_7 C_8

Abbildung 6.5 Greedy-Algorithmus für minimale $(9, 13)$-Partition

wird deutlich, dass dieser geizige Algorithmus, angewendet auf den Weg in Beispiel 6.8, die gleiche Partition mit 9 Komponenten wie in Abbildung 6.5 d) findet. Demzufolge existiert für diesen Weg nur für $p = 9$ eine $(9, 13)$-Partition in p Komponenten.

Im Hinblick auf die Komplexität dieser Methode offenbart dieses Beispiel, dass bei jedem neu zugewiesenen Schnitt möglicherweise alle vorherigen Schnitte zu verschieben sind. Folglich ist der Aufwand dieser beschriebenen Prozedur nicht linear. Jedoch kann ein vorgeschaltetes Preprocessing die Stellen, an denen der Greedy-Algorithmus stocken wird, erkennen und die Schwierigkeit beseitigen.

Angenommen, der Greedy-Algorithmus stocke nachdem Schnitt C_i an Position j, also zwischen dem j-ten und $(j + 1)$-ten Knoten, gesetzt wurde. Der nächste Schnitt C_{i+1} kann nicht gesetzt werden, da bis zu einer Position m die Summe der Gewichte echt kleiner als l ist und mit dem nächste Gewicht $w(v_m)$ echt größer als u ist. Aus diesem Grund hat keine (l, u)-Partition einen Schnitt an Position j. Anders formuliert: Die Position j ist für einen Schnitt verboten. Offensichtlich ist diese Folgerung unabhängig von anderen schon zugewiesenen Schnitten. In Beispiel 6.8 stockte der Algorithmus immer, wenn ein Schnitt an eine verbotene Position gesetzt wurde. Besser, als eine Position zwischen zwei Knoten nur zu verbieten, ist es, die beiden Knoten zusammenzuführen. Diese Vereinfachung ist verlustfrei möglich. Dabei entsteht ein Knoten, gewichtet durch die Summe der Gewichte der beiden Knoten. Entsteht dabei ein Knoten mit einem echt größeren Gewicht als u, existiert laut Simeone et al. [45] keine zulässige Lösung.

Simeone et al. [45] gaben eine derartig beschriebene Preprocessing-Prozedur an. Sie zeigten, dass diese Methode korrekt ist, also keine zulässigen Lösungen verhindert, und dass sie bei effizienter Umsetzung lediglich einen Aufwand von $\mathscr{O}(n)$ besitzt. Folglich kann bei vorgeschaltetem Preprocessing durch den Greedy- bzw. den geizigen Algorithmus eine maximale bzw. minimale (l, u)-Partition für einen gewichteten Weg in linearer Zeit gefunden werden, da das Vorgehen nicht mehr an verbotenen Stellen stockt.

Satz 6.9 *Eine minimale bzw. maximale (l, u)-Partition kann für einen gewichteten Weg in linearer Zeit gefunden werden.*
Beweis: Siehe Simeone et al. [45]. □

Da jedoch das Problem der Wahlkreiseinteilung sowie die in diesem Abschnitt beschriebene Anwendung in der Bildverarbeitung nach einer (l, u)-Partition in p Komponenten bzw. nach einer intervallminimalen Partition in p Komponenten fragt, sei dies im Folgenden näher behandelt.

Sei dazu r bzw. s die minimal bzw. maximal mögliche Anzahl an Komponenten in einer (l, u)-Partition für einen gegebenen Graphen. Die Zahl r kann mit dem beschriebenen Greedy-Algorithmus berechnet werden, analog dazu die Zahl s mit dem geizigen Algorithmus. Nun gilt es zu einem gegebenen p mit $r < p < s$ eine (l,u)-Partition in p Komponenten zu finden. Dazu wird zunächst folgendes Beispiel betrachtet.

Beispiel 6.10 Für den Weg in Abbildung 6.6 existieren $(3,5)$-Partitionen in p Komponenten mit $p \in \{6,7,8,9\}$. Es gilt $r = 6$ und $s = 9$. Die Partitionen sind jeweils in Abbildung 6.6 a), b), c) sowie d) angegeben.

a) Minimale $(3,5)$-Partition in 6 Komponenten
1   2   1 | 2   1   2 | 1   2   1 | 2   1   2 | 1   2   1 | 2   3

b) $(3,5)$-Partition in 7 Komponenten
1   2 | 1   2 | 1   2 | 1   2   1 | 2   1   2 | 1   2   1 | 2   3

c) $(3,5)$-Partition in 8 Komponenten
1   2 | 1   2 | 1   2 | 1   2 | 1   2 | 1   2 | 1   2   1 | 2   3

d) Maximale $(3,5)$-Partition in 9 Komponenten
1   2 | 1   2 | 1   2 | 1   2 | 1   2 | 1   2 | 1   2 | 1   2 | 3

Abbildung 6.6 $(3,5)$-Partitionen in p Komponenten mit $p = 6, 7, 8, 9$

Es wird folgende interessante Beobachtung gemacht. Die Schnitte der Partition in 7 Komponenten sowie auch der in 8 Komponenten sind entweder Schnitte der minimalen Partition oder der maximalen Partition. Darüberhinaus sind in beiden Fällen jeweils alle Schnitte der minimalen Partition rechts von den Schnitten der maximalen Partition.

Dass diese Beobachtung sogar im Allgemeinen gilt, wird im Folgenden bewiesen. Der Punkt, bis zu dem Schnitte der maximalen Partition und ab dem Schnitte der minimalen Partition verwendet werden, lässt sich berechnen. Dies führt insgesamt zu einem linearen Algorithmus, der für jedes p mit $r < p < s$ eine (l,u)-Partition in p Komponenten findet.

Es wird davon ausgegangen, dass der Weg P das beschriebene Preprocessing schon durchlaufen hat, dieser folglich keine für Schnitte verbotene Stellen mehr enthält. Außerdem werden ein Schnitt der minimalen bzw. maximalen Partition mit *Min-Schnitt* bzw. *Max-Schnitt* bezeichnet. Um einfache Fälle auszuschließen, wird im Folgenden angenommen, dass $s \geq r+2$ und $r < p < s$ gilt.

Satz 6.11 *Zu jedem p mit $r < p < s$ existiert für einen gewichteten Weg P immer eine (l, u)-Partition in p Komponenten. Diese Partition π erfüllt folgende Eigenschaften:*

i) Jeder Schnitt von π ist entweder ein Max-Schnitt oder ein Min-Schnitt oder beides.

ii) Es existiert ein Knoten m, sodass die links von m liegenden Schnitte von π Max-Schnitte und rechts von m liegenden Schnitte von π Min-Schnitte sind.

Um Satz 6.11 zu beweisen werden Hilfsaussagen und weitere Definitionen benötigt. Für jeden Knoten $i = 1, \ldots, n$ von P sei folgendes definiert:

$$\alpha_i := \text{Anzahl der Max-Schnitte links von } i$$
$$\beta_i := \text{Anzahl der Min-Schnitte links von } i$$
$$\delta_i := \alpha_i - \beta_i$$

Lemma 6.12 *Die Menge*

$$S := \left\{ i \mid \delta_l = p - r \text{ und die Kante } (l-1, l) \text{ enthält einen Max-Schnitt} \right\}$$

ist nicht leer.
Beweis: Offensichtlich gilt $\delta_1 = 0$ sowie $\delta_n = s - 1 - (r - 1) = s - r$ und $-1 \leq \delta_{i+1} - \delta_i \leq 1$ für $i = 1, \ldots, n - 1$. Mit der diskreten Variante des Zwischenwertsatzes folgt, dass die Menge $T := \{i \mid \delta_i = p - r\}$ nicht leer ist. Sei i^* das kleinste Element von T. Es gilt $i^* \geq 2$. Die Kante $(i^* - 1, i^*)$ enthält einen Schnitt, da sonst die Gleichung $\delta_{i^*-1} = p - r$ gelten würde, die einen Widerspruch zur Minimalität von i^* darstellt. Angenommen, diese Kante enthalte einen Min-Schnitt. Dann gilt $\delta_{i^*-1} = p - r + 1$ und es existiert ein $i^{**} < i$ mit $\delta_{i^{**}} = p - r$. Dies steht im Widerspruch zur Minimalität von i^*. Folglich enthält die Kante $(i^* - 1, i^*)$ einen Max-Schnitt und es gilt somit $i^* \in S$. Es folgt die Behauptung. $\square$

Es sei

$$m := \max\{i \mid i \in S\} \tag{6.4}$$

definiert. Es wird sich zeigen, dass dieser Knoten für eine (l, u)-Partition in p Komponenten passend für die in Satz 6.11 ii) angegebene Eigenschaft ist.

Lemma 6.13 *Der erste Schnitt rechts von m ist ein Max-Schnitt und ist gleichzeitig kein Min-Schnitt.*
Beweis: Sei $(q - 1, q)$ mit $q > m$ die erste Kante rechts von m, die einen Schnitt

enthält. Angenommen, dieser sei ein Min-Schnitt. Dann gilt $\delta_q = p - r - 1$ und es existiert ein $j^* > q$ mit $\delta_j^* = p - r$. Dies steht jedoch im Widerspruch zur Maximalität von m. Es folgt die Behauptung. $\qquad\square$

Laut Definition von m enthält die Kante $(m - 1, m)$ einen Max-Schnitt. Es ist möglich, dass diese Kante auch einen Min-Schnitt enthält. In dem Beweis von Lemma 6.12 wird lediglich bewiesen und verwendet, dass zu dem kleinsten Element i von S die Kante $(i - 1, i)$ keinen Min-Schnitt enthält. Es lässt sich nun Satz 6.11 wie folgt beweisen.

Beweis von Satz 6.11: Sei π die Partition mit folgenden Schnitten: Bis zum Knoten m werden alle Max-Schnitte verwendet, gefolgt von allen Min-Schnitten rechts von Knoten m.
Behauptung: π ist eine Partition in p Komponenten.
Per Definition gilt $\delta_m = p - r$ und somit gilt für die Schnittanzahl $\#_\pi$ von π:

$$\begin{aligned} \#_\pi &= \alpha_m + (r - 1 - \beta_m) \\ &= \delta_m + r - 1 \\ &= p - r + r - 1 \\ &= p - 1 \end{aligned}$$

Folglich ist π eine Partition in p Komponenten.
Behauptung: π ist eine (l, u)-Partition.
Jede Komponente von π ist entweder eine Komponente einer maximalen (l, u)-Partition oder einer minimalen (l, u)-Partition, mit Ausnahme der Komponente C, die den Knoten m enthält. Die linke Begrenzung von C ist der Max-Schnitt auf der Kante $(m - 1, m)$ und die rechte Begrenzung von C ist der erste Min-Schnitt rechts von Knoten m. Es ist also lediglich zu beweisen, dass $l \le \sum_{h \in C} w(v_h) \le u$ gilt. Abbildung 6.7 verdeutlicht die nachfolgenden Definitionen. Es sei i der größte Index mit $i \le m$, sodass die Kante $(i - 1, i)$ einen Min-Schnitt enthält. Falls kein Min-Schnitt links von m existiert, sei $i = 0$. Weiter sei j der kleinste Index mit $j > i$, sodass die Kante $(j - 1, j)$ einen Min-Schnitt enthält. Außerdem sei q der kleinste Index mit $q > m$, sodass die Kante $(q - 1, q)$ einen Max-Schnitt enthält. Die Existenz dieser Kante ist gesichert. Des Weiteren gilt $j > q$ nach Lemma 6.13 und per Definition $C = \{m, m + 1, \ldots, j - 1\}$. Die in Abbildung 6.7 durchgezogenen Schnitte repräsentieren reale Min- bzw. Max-Schnitte der konstruierten Partition π mit p Komponenten. Die gestrichelten Schnitte deuten die anderen Schnitte der minimalen bzw. maximalen Partition an.

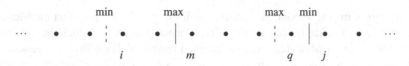

Abbildung 6.7 Beispielhafte Visualisierung der Definitionen

Es gilt nun $l \leq \sum_{h=m,\dots,q-1} w(v_h)$, da $\{m,\dots,q-1\}$ eine Komponente einer maximalen (l,u)-Partition ist. Daraus folgt:

$$l \leq \sum_{h=m,\dots,q-1} w(v_h) \leq \sum_{h=m,\dots,j-1} w(v_h) = \sum_{h \in C} w(v_h)$$

Außerdem gilt $u \geq \sum_{h=i,\dots,j-1} w(v_h)$, da $\{i,\dots,j-1\}$ eine Komponente einer minimalen (l,u)-Partition ist. Es folgt:

$$u \geq \sum_{h=i,\dots,j-1} w(v_h) \geq \sum_{h=m,\dots,j-1} w(v_h) = \sum_{h \in C} w(v_h)$$

Insgesamt ist π eine (l,u)-Partition. Es folgt die Behauptung. $\qquad\square$

Nach Satz 6.9 kann eine minimale bzw. maximale (l,u)-Partition durch Anwendung des Preprocessings und des Greedy- bzw. geizigen Algorithmus in linearer Zeit, genauer in $\mathcal{O}(n)$, gefunden werden. Sobald eine minimale sowie eine maximale (l,u)-Partition berechnet wurde, kann eine (l,u)-Partition in jede beliebige Anzahl von Komponenten konstruiert werden. Laut Satz 6.11 ist zunächst der Index m nach (6.4) zu berechnen, dies ist offenbar in $\mathcal{O}(s)$ durchführbar. Dann werden, erneut in $\mathcal{O}(s)$, alle Max-Schnitte links von Knoten m und alle Min-Schnitte rechts von m zu der gewünschten Partition zusammengesetzt. Somit lässt sich insgesamt eine (l,u)-Partition in p Komponenten in $\mathcal{O}(n)$ berechnen.

Satz 6.14 *Eine (l,u)-Partition in p Komponenten kann für einen gewichteten Weg in linearer Zeit gefunden werden.*
Beweis: Siehe Simeone et al. [45]. $\qquad\square$

Abschließend erarbeiteten Simeone et al. [45] einen Algorithmus, um eine intervallminimale Partition in p Komponenten, also eine (l,u)-Partition in p Komponenten mit minimalem $u - l$, zu finden. Die Idee des Ansatzes wird im Folgenden kurz angegeben, näheres ist dem Paper von Simeone et al. 1993 [45] zu entnehmen. Die Lösungsmethode besitzt eine Laufzeit von $\mathcal{O}(n^2 p \log n)$ und basiert auf einer interessanten Beobachtung. Es sei das Paar (l,u) *zulässig*, wenn eine

(l,u)-Partition in p Komponenten existiert. Für ein gegebenes p besitzt die Menge aller zulässigen Punkte $(l,u) \in \mathbb{R}^2$ eine Treppenstufenform. Lediglich die *äußeren* Ecken der Treppenstufen sind zu betrachtende Lösungen, da sie in einem gewissen Sinne *undominiert* sind. Mithilfe von Binärer Suche kann eine intervallminimale Partition in p Komponenten für einen Weg gefunden werden.

Satz 6.15 *Eine intervallminimale Partition in p Komponenten kann für einen gewichteten Weg in $\mathcal{O}(n^2 p \log n)$ gefunden werden.*
Beweis: Siehe Simeone et al. [45].   □

Zum Abschluss des Abschnittes über Wege sei noch über die Arbeit von Simeone et al. 1993 [45] hinaus auf weitere Arbeiten zu diesem Thema hingewiesen.

Wie erwähnt, kann eine einheitlichste (l,u)-Partition in p Komponenten unter Zuhilfenahme eines gerichteten Netzwerkes in $\mathcal{O}(n^2 p)$ berechnet werden. Die dargelegte Methode kann natürlich für den Fall ohne untere und obere Schranke des Komponentengewichts, also für einheitlichste Partitionen in p Komponenten verallgemeinert werden. Eine schnellere Methode, um einheitlichste Partitionen in p Komponenten zu finden, lieferte Messe 1985 [50]. Der dort vorgestellte Algorithmus hat eine Laufzeit von $\mathcal{O}(np)$.

Die definierte und behandelte Zielfunktion $f_{\text{ein}} = \sum |W(C_k) - \mu|$ für die Bestimmung einer einheitlichsten Partition enthält die Summe der Abweichungen bezüglich der L_1-Norm. Dies kann selbstverständlich für $k \geq 1$ zu

$$f_{L_k}(\{C_1,\ldots,C_p\}) := \sum_{k=1}^{p} |W(C_k) - \mu|^k$$

verallgemeinert werden – der Messung bezüglich der L_k-Norm. In einem Artikel konnten Wu et al. 2008 [34] nachweisen, dass für jede reelle Zahl $k \geq 1$ eine optimale Partition in p Komponenten bzgl. f_{L_k} in $\mathcal{O}(np)$ gefunden werden kann.

Für die L_∞-Norm, auch Maximumsnorm genannt, lautet die Zielfunktion $f_{L_\infty} := \max_k |W(C_k) - \mu|$. Liverani et al. 2000 [44] stellten einen $\mathcal{O}(pn \log p)$ Algorithmus vor, um optimale Partitionen in p Komponenten bzgl. f_{L_∞} zu finden. Vor wenigen Jahren konnte Wang et al. 2011 [14] die Laufzeit eines solchen Algorithmus auf $\mathcal{O}(pn)$ verbessern.

Des Weiteren geben Simeone et al. 1995 [16] polynomielle Algorithmen an, um maxmin sowie minmax Partitionen in p Komponenten zu erhalten.

Zusammenfassend lässt sich sagen, dass das Partitionsproblem mit Einschränkung der Graphenklasse auf Wege u. a. eine Anwendung in der Bildbearbeitung findet. Erwähnenswerte Ansätze und theoretische Aussagen führen zu Lösungsalgorithmen, die einen gewichteten Weg in ansehnlicher Laufzeit bei Minimierung gewisser Zielfunktionen in eine geforderte Anzahl an Komponenten partitioniert. Eine direkte Anwendung der vorgestellten Arbeiten bei dem Problem der Wahlkreiseinteilung ist aufgrund der komplexeren Bevölkerungsgraphen zunächst nicht zu erwarten.

6.2.2 Einschränkung der Graphenklasse auf Sterne und Raupen

Eine nächstgrößere Graphenklasse nach den Wegen stellen die Bäume dar. Vor der Betrachtung allgemeiner Bäume, werden spezielle Bäume behandelt, auf denen das Partitionierungsproblem noch polynomiell lösbar ist: Sterne und Raupen.

Dieser Abschnitt beruht hauptsächlich auf dem Paper von De Simone et al. [20]. Die Autoren konzentrieren sich darauf, einheitlichste Partitionen in p Komponenten zu finden. Wie in Abschnitt 4.2 definiert sind dies also Partitionen in p Komponenten mit minimaler Summe der Differenzen zwischen Komponentengewicht und durchschnittlichem Komponentengewicht. Es sind aber zum Teil auch Verknüpfungen zu anderen, ebenso behandelten Zielfunktionen möglich. Diese wurden keinem Artikel entnommen, sondern für diese Arbeit entwickelt.

Falls der betrachtete Graph ein Baum ist, entsteht eine Partition in p Komponenten offensichtlich durch Entfernen von genau $p-1$ Kanten des Baumes. Somit ist das Problem, genauso wie bei Wegen, äquivalent dazu, die $p-1$ zu entfernenden Kanten zu finden, sodass für die entstehende Partition $\sum_{k=1}^{p} |W(C_k) - \mu|$ minimal ist. Zu einer Partition $\pi = \{C_1, \ldots, C_p\}$ eines Baumes T wird angenommen, dass die letzte Komponente C_p die Wurzel des Baumes T enthält.

Als erster spezieller Baum wird die Graphenklasse *Stern* betrachtet.

Definition 6.16 Ein Baum mit höchstens einem Knoten mit Grad ≥ 2 ist ein *Stern*.

Abbildung 6.8 Ein Stern mit 9 Knoten

Um triviale Fälle auszuschließen, wird bei einem Stern eine Knotenanzahl $n \geq 3$ angenommen. Dann sind $n - 1$ Knoten Blätter und der verbleibende, die Wurzel des Sterns oder auch das Zentrum v_1 genannt, besitzt Grad $n - 1$.
Es zeigt sich, dass folgende Greedy-Methode schon zum Erfolg führt.

Satz 6.17 *Für einen gewichteten Stern entsteht eine einheitlichste Partition in p Komponenten durch folgende Regel:*

Entferne die Kanten der $p - 1$ schwersten Blätter.

Beweis: Folgendes Austauschargument impliziert die Korrektheit der Regel. Sei dazu π eine Partition in zusammenhängende Komponenten mit zwei Blätter v_i und v_j, sodass gilt:

i) $w(v_i) \leq w(v_j)$,
ii) die Kante (v_1, v_i) wurde gelöscht,
iii) die Kante (v_1, v_j) wurde nicht gelöscht.

Behauptung: Durch Löschen von Kante (v_1, v_j) und Hinzunehmen von Kante (v_1, v_i) entsteht eine Partition π' in zusammenhängende Komponenten mit $f_{\text{ein}}(\pi') \leq f_{\text{ein}}(\pi)$, also mit kleinerer Summe der Abweichungen vom Durchschnitt. Um dies nachzuweisen, sei W das Gewicht der Partition von π, welche die Wurzel v_1 enthält. Es gilt:

$$f_{\text{ein}}(\pi') - f_{\text{ein}}(\pi) = \left| W - w(v_j) + w(v_i) - \mu \right| + \left| w(v_j) - \mu \right| - \left| W - \mu \right| - \left| w(v_i) - \mu \right|$$

Mit der Dreiecksungleichung $\left| \sum x_i \right| \leq \sum \left| x_i \right|$ folgt, dass der Ausdruck ≤ 0 ist, dies impliziert die Behauptung.	□

Als Ergänzung zu dieser Aussage von De Simone et al. [20] lässt sich zusätzlich zeigen, dass diese Regel für Sterne auch zu einer intervallminimalen Partition in p Komponenten nach Definition 4.9 führt. D. h. das Entfernen der Kanten der $p - 1$ schwersten Blätter führt nicht nur zu einer Partition mit minimaler Summe der Abweichungen vom Durchschnitt, sondern auch zu einer Partition mit minimaler Differenz zwischen der schwersten und der leichtesten Komponente.

Satz 6.18 *Für einen gewichteten Stern entsteht eine intervallminimale Partition in p Komponenten durch folgende Regel:*

Entferne die Kanten der $p - 1$ schwersten Blätter.

Beweis: Es sei wie im vorherigen Abschnitt über Wege das Gewicht der leichtesten Komponente mit l und das der schwersten Komponente mit u bezeichnet. Es wird bewiesen, dass die Regel zu einer Partition mit p Komponenten mit minimalem $u - l$ führt. Die Aussage wird erneut über die im Beweis von Satz 6.17 beschriebene Operation, die in Abb. 6.9 veranschaulicht ist, gezeigt.

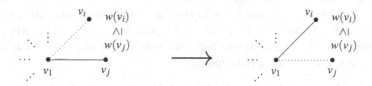

Abb. 6.9 Operation: Kante (v_1, v_i) wieder hinzunehmen, Kante (v_1, v_j) löschen

Behauptung: Durch Anwendung der Operation entsteht eine Partition π', deren kleinstes Komponentengewicht l' nicht echt kleiner als l und deren größtes Komponentengewicht u' nicht echt größer als u ist. Die Operation führt somit zu einer Partition mit kleinerem Zielfunktionswert, bzw. in einigen Fällen mit gleichem Zielfunktionswert.

Es sei W bzw. W' das Gewicht der Komponente von π bzw. π', die den Wurzelknoten v_1 enthält. Falls die in der Operation inwolvierten Blätter v_i und v_j gleiches Gewicht besitzen, also $w(v_i) = w(v_j)$ gilt, ändert sich durch die Operation offensichtlich nichts. D. h. im Folgenden gelte $w(v_i) < w(v_j)$ und somit $W > w(v_i)$.

Angenommen, durch die Operation gelte $u' > u$. Da $W > w(v_i)$ gilt, ist u entweder durch W oder durch einen nicht in der Operation involvierten einzelnen Knoten mit Index $k \neq i, j$ bestimmt.

1.) Sei u durch W gegeben. Da $W' < W$ gilt und für den in π' eine Komponente bildende Knoten v_j aufgrund von $u = W \geq w(v_j)$ die Ungleichung $w(v_j) \leq u$ gilt sowie alle anderen Komponenten durch die Operation unberührt bleiben, kann u' nicht größer sein als u. ⨪

2.) Sei u durch das Knotengewicht von v_k gegeben. Da jedoch die durch diesen Knoten gebildete Komponente durch die Operation nicht verändert wird, muss für $u' > u$ nach der Operation eine Komponente existieren, die ein echt größeres Gewicht als $w(v_k)$ besitzt. Da für die Komponente mit Knoten v_1 die Ungleichung $W' < W$ gilt, kann dies nur die Komponente mit nur Knoten v_j sein. Dazu muss $w(v_j) > w(v_k)$ gelten. Dies hätte jedoch $W > w(v_k)$ zur Folge. u kann folglich nicht durch Knoten v_k bestimmt sein. ⨪

Angenommen, durch die Operation gelte $l' < l$. Da $W > w(v_i)$ gilt, ist l entweder durch $w(v_i)$ oder durch einen nicht in der Operation involvierten einzelnen Knoten mit Index $k \neq i, j$ bestimmt.

1.) Sei l durch $w(v_i)$ gegeben. Nach der Operation bildet v_i keine Komponente mehr, d. h. für $l' < l$ muss nach der Operation eine Komponente existieren, die ein echt kleineres Gewicht als $w(v_i)$ besitzt. Da $w(v_j) \geq w(v_i)$ und $W' \geq w(v_i)$ gilt, ist dies jedoch nicht möglich. Folglich kann l nicht durch den Knoten v_i bestimmt sein. $\frac{1}{2}$

2.) Sei l durch durch das Knotengewicht von v_k gegeben, d. h. es gilt $w(v_k) \leq w(v_i)$. Damit $l' < l$ erfüllt ist, muss nach der Operation eine Komponente existieren, die ein echt kleineres Gewicht als $w(v_k)$ besitzt. Da jedoch $w(v_k) \leq w(v_i) \leq w(v_j)$ und somit auch $w(v_k) \leq W'$ gilt, ist dies nicht möglich. l kann nicht durch Knoten v_k bestimmt sein. $\frac{1}{2}$ Es folgt die Behauptung. $\qquad\Box$

Laut De Simone et al. [20] und Aho et al. [1] können die $p - 1$ größten Elemente einer linear geordneten Menge mit n Elementen in $\mathcal{O}(n)$ gefunden werden. Folglich kann für einen Stern und ein beliebiges p eine einheitlichste Partition in p Komponenten sowie eine intervallminimale Partition in p Komponenten in linearer Zeit berechnet werden.

Eine Verallgemeinerung des Sterns stellt die Raupe dar, diese ist auch ein spezieller Baum.

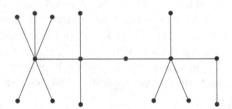

Abbildung 6.10 Eine Raupe mit einem aus 5 Knoten bestehenden Körper

Definition 6.19 Ein Baum, der einen Weg D enthält, sodass jeder Knoten der nicht auf D liegt adjazent zu einem Knoten von D ist, ist eine *Raupe*.

Jede Raupe besitzt einen eindeutigen, kantenminimalen Weg D. Dieser wird der *Körper* der Raupe genannt. Jeder Stern ist auch eine Raupe, hierbei besteht der Körper nur aus einem Knoten, dem Zentrum des Sterns.

Auch für Raupen kann das Partitionierungsproblem in ein Kürzeste Wege Problem innerhalb eines passenden, kreislosen Netzwerks überführt werden. De Simone et al. [20] definieren dieses Netzwerk mit $\mathcal{O}(n^2 p^2)$ gerichteten Kanten.

Durch den Beweis einer Eigenschaft, die jede optimale Lösung besitzt, kann die Anzahl der Kanten reduziert werden. Insgesamt erhalten die Autoren einen Algorithmus mit der Laufzeit $\mathcal{O}(n^2 p)$, der für eine Raupe eine einheitlichste Partition in p Komponenten findet.

6.2.3 Einschränkung der Graphenklasse auf Bäume

Wie angekündigt, werden nun die Partitionsprobleme auf allgemeinen Bäumen behandelt. Es zeigt sich, dass hierbei einige Probleme nicht effizient und andere sehrwohl effizient lösbar sind.

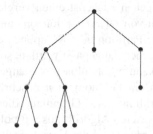

Abbildung 6.11 Ein Baum mit 7 Blättern

Definition 6.20 Ein zusammenhängender, kreisfreier Graph ist ein *Baum*. Die Knoten mit Grad 1 heißen *Blätter*.

Auf allgemeinen Bäumen, ist eine einheitlichste Partition in p Komponenten zu finden ein $\mathcal{NP}$-schweres Problem.

Satz 6.21 *Das Problem, eine einheitlichste Partition in p Komponenten für einen Baum zu finden ist $\mathcal{NP}$-schwer.*
Beweis: Ein Baum mit höchstens einem Knoten v_1 von Grad ≥ 3 heißt *Spinne*. Ein Weg zwischen Knoten v_0 und einem Blatt wird *Bein* genannt. Hat jedes Bein der Spinne eine Länge von k, ist es eine *k-Spinne*. Die Aussage wird für einen speziellen Baum, eine 2-Spinne gezeigt. Dabei wird die Reduktion von PARTITION geführt. Näheres ist De Simone et al. [20] zu entnehmen.   □

Andere Partitionierungsprobleme sind auf Bäumen effizient lösbar. So ist nach Perl et al. 1981 [53] und Kundu et al. 1977 [41] eine maximale (l, ∞)-Partition und eine minimale $(0, u)$-Partition für einen Baum linear konstruierbar. Darüberhinaus können nach Perl et al. 1981 [53] minmax Partitionen in p Komponenten in polynomieller Zeit gefunden werden. Gleiches gilt nach Becker et at. 1982 [9] für maxmin Partitionen in p Komponenten. Auf allgemeinen Graphen sind diese Optimierungsprobleme laut Perl et al. [53] durchweg $\mathcal{NP}$-schwer.

Es wird deutlich, dass diese Partitionierungsprobleme lediglich eine der zwei Schranke des Komponentengewichts optimieren oder beachten. Außerdem halten sie nur zum Teil eine geforderte Anzahl an Komponenten ein.

Im Jahre 2012 veröffentlichten Ito, Schröder et al. [35] als erste Algorithmen, die jeweils maximale sowie minimale (l, u)-Partitionen als auch (l, u)-Partitionen in p Komponenten auf allgemeinen Bäumen in polynomieller Zeit finden. Da dieser Artikel recht jung ist und bemerkenswerte Beiträge enthält, wird der Inhalt der Arbeit im Folgenden zitiert.

Ito, Schröder et al. [35] geben zunächst einen vergleichsweise einfachen Algorithmus mit einer Laufzeit von $\mathcal{O}(pu(p + \log u)n)$ an, dieser berechnet ob der vorliegende Baum eine (l, u)-Partition in p Komponenten besitzt oder nicht. Die Vorgehensweise kann dahingehend angepasst werden, sodass die tatsächliche Partition ausgegeben wird. Es kann problemlos $p \leq n$ angenommen werden, jedoch ist u nicht unbedingt durch ein Polynom in n beschränkt. So ist dies nur ein pseudo-polynomieller Algorithmus. Auf Grundlage dieser Vorgehensweise können die Autoren einen komplexeren Algorithmus mit polynomiellem Zeitaufwand entwickeln. Im Folgenden wird die Idee der Vorgehensweise genauer beschrieben.

Es sei ein knotengewichteter Baum (T, w) mit Wurzel r gegeben. Mit T_v sei der Teilbaum von T mit Wurzel v bezeichnet, der aus v und allen Nachfolgern von v besteht. Eine (l, u)-Partition von Baum T induziert natürlicherweise eine Partition für jeden Teilbaum T_v. Abbildung 6.12 verdeutlicht dies beispielhaft. Die induzierte Partition ist nicht unbedingt eine (l, u)-Partition von T_v, denn die Komponente P_v, die die Wurzel v enthält, ist möglicherweise kleiner als die untere Schranke l. Die obere Schranke u wird eingehalten. Die induzierte Partition ist eine *nahezu* (l, u)-*Partition von* T_v.

Definition 6.22 Sei $\pi = \{C_1, \ldots, C_k\}$ eine Partition des Teilbaumes T_v in zusammenhängende Komponenten. Für ein $i \in \{1, \ldots, k\}$ gilt $C_i = P_v$ mit $v \in P_v$. Die Partition π ist eine *nahezu* (l, u)-*Partition von* T_v, wenn

$$l \leq w(C) \leq u \text{ für alle } C \in \pi \setminus \{P_v\}$$

gilt. Es wird hierbei <u>nicht</u> $l \leq w(P_v) \leq u$ gefordert.

Für einen Teilbaum T_v von T und ein ganzzahliges k mit $1 \leq k \leq p$ sei die Menge $S(T_v, k)$ als die Menge aller ganzzahligen z definiert, sodass $z = w(P_v)$ für eine nahezu (l, u)-Partition in k Komponenten von T_v gilt.

$$S(T_v, k) := \left\{ z \mid T_v \text{ besitzt eine nahezu } (l, u)\text{-Partition } \pi \text{ mit } |\pi| = k \text{ u. } z = w(P_v) \right\}$$

Es ist die Idee, die Mengen $S(T_v, k)$, $1 \leq k \leq p$ für alle Knoten von den Blättern bis zur Wurzel von T mithilfe von dynamischer Programmierung zu berechnen. Denn dann lässt sich offensichtlich folgende Aussage treffen.

Lemma 6.23 *Ein Baum T besitzt genau dann eine (l, u)-Partition in p Komponenten, wenn die Menge $S(T, p)$ ein z mit $l \leq z \leq u$ enthält.*

Mit dem von Ito, Schröder et al. [35] angegebenen dynamischen Programm kann die Menge $S(T, p)$ berechnet werden. Insgesamt kann so mit einem Zeitaufwand von $\mathcal{O}(p^4 u^2 n)$ entschieden werden, ob der Baum T eine (l, u)-Partition in p Komponenten besitzt oder nicht. Die Laufzeit kann durch eine Hilfsaussage, deren Beweis auf schneller Fourier-Transformation basiert, auf $\mathcal{O}(pu(p + \log u)n)$ verbssert werden.

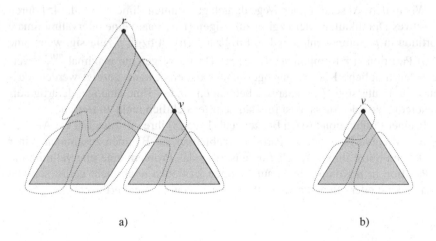

a)   b)

Abbildung 6.12 a) Eine (l, u)-Partition für Baum T b) induzierte nahezu (l, u)-Partition für Teilbaum T_v von T

Wie aus dem dynamischen Programm zur Lösung eines Rucksackproblems bekannt, kann durch eine *Backtracking-Methode* die eigentliche (l,u)-Partition in p durch den Algorithmus gefunden werden. Durch weitere, tiefgreifende Verbesserungen kann der Aufwand des dynamischen Programmes reduziert werden und so aus einem pseudo-polynomiellen ein polynomieller Algorithmus geschaffen werden. Die Autoren Ito, Schröder et al. [35] geben einen Algorithmus mit einer Laufzeit von $\mathcal{O}(p^4 n)$ an, der für einen Baum mit n Knoten eine (l,u)-Partition in p Komponenten findet. Da vernünftigerweise $p \leq n$ gilt, ist dies ein polynomieller Algorithmus.

Satz 6.24 *Eine (l,u)-Partition in p Komponenten kann für einen gewichteten Baum in $\mathcal{O}(p^4 n)$ gefunden werden.*

Beweis: Siehe Ito, Schröder et al. [35]. □

Interessanterweise kann der angegebene Algorithmus verwendet werden, um ebenso eine minimale und eine maximale (l,u)-Partition zu berechnen. Dies ist nach Ito, Schröder et al. [35] jeweils mit einem Aufwand von $\mathcal{O}(p^5)$ machbar.

Es stellt sich die Frage, wie und ob eine intervallminimale Partition in p Komponenten für einen Baum effizient konstruierbar ist. Ist dieses Problem ebenfalls, wie Satz 6.21 über einheitlichste Partitionen in p Komponenten auf Bäumen aussagt, $\mathcal{NP}$-schwer?

Wie in dem Abschnitt über Wege dargelegt, konnten Simeone et al. [45] durch effektives Durchlaufen aller bzgl. p zulässigen (l,u)-Paare eine intervallminimale Partition in p Komponenten finden. Ein Paar (l,u) ist bzgl. p zulässig, wenn eine (l,u)-Partition in p Komponenten existiert. Da auf Wegen nur maximal $\frac{n(n+1)}{2}$ verschieden mögliche Komponentengewichte existieren, kann gezeigt werden, dass nur $\mathcal{O}(n^2)$ zulässige (l,u)-Paare zu betrachten sind. – Eine analoge, derartig aufwandreduzierende Aussage ist für Bäume offensichtlich nicht zu treffen.

In einer Publikation fassten Becker et al. 1995 [8] ihre mit zum Teil Co-Autoren veröffentlichten Resultate zu Partitionsproblemen auf Bäumen zusammen. Einer der letzten Sätze ihres Artikels sagt aus, dass das Problem eine intervallminimale Partition in p Komponenten auf Bäumen zu finden noch nicht gelöst sei. Die Komplexität oder effiziente Algorithmen wurden noch nicht erforscht.

6.2.4 Einschränkung auf weitere Graphenklassen

Knapp werden zwei weitere Graphenklassen definiert und bekannte Ergebnisse zu den Partitionsproblemen vorgestellt. Bevor dieser Abschnitt mit der Betrachtung von seriell-parallelen Graphen abgeschlossen wird, werden zunächst Gitter und die Spezialisierung Leitern bearbeitet.

Einschränkung der Graphenklasse auf Gitter

Anschaulich handelt es sich bei den Knoten eines Gitters um eine Teilmenge der ganzzahligen Punkte im kartesischen Koordinatensystem. Dabei sind zwei Knoten verbunden, wenn sie den Abstand 1 besitzen.

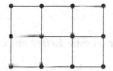

Abbildung 6.13 Ein 4×3 Gitter

Formal definieren lässt sich ein Gitter wie folgt.

Definition 6.25 Ein Graph, für den $k, l \in \mathbb{N}$ existieren, sodass die Knotenmenge durch alle ganzzahligen Paare (a, b) mit $1 \leq a \leq k, 1 < b \leq l$ dargestellt werden kann und dann die Kantenmenge

$$\{(a,b),(a+1,b) : a \leq b, 1 \leq a < k, 1 \leq b \leq l\}$$
$$\cup \{\{(a,b),(a,b+1)\} : a \leq b, 1 \leq a \leq k, 1 \leq b < l\}\}$$

gleicht, ist ein $k \times l$ *Gitter*.

Becker et al. 1998 [6] untersuchten das Problem, eine maxmin Partition in p Komponenten auf Gittern zu finden.

Satz 6.26 *Das Problem, eine maxmin Partition in p Komponenten für ein Gitter zu finden ist $\mathcal{NP}$-schwer.*
Beweis: Becker et al. [6] weisen nach, dass das Problem für $k \times 3$ Gitter $\mathcal{NP}$-schwer ist. $\qquad \square$

Neben der Beweisführung enthält das angesprochene Paper außerdem einen Approximationsalgorithmus für das Problem auf beliebigen Gittern. Dass Partitionierungsprobleme auf Wegen effizient, teilweise sogar in linearer Zeit, gelöst werden können, wurde im Abschnitt 6.2.1 dargelegt. Ebenso, dass eine maxmin Partition in p Komponenten auf Wegen in polynomieller Zeit gefunden werden kann. Da jedes $k \times 1$ Gitter offensichtlich ein Weg ist, stellt sich mit der $\mathcal{NP}$-Schwere für $k \times 3$ Gitter die Frage nach der Komplexität des Problems, eine maxmin Partition in p Komponenten für ein $k \times 2$ Gitter, eine sogenannte Leiter, zu finden.

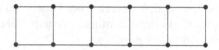

Abbildung 6.14 Leiter mit 6 Spalten

Definition 6.27 Ein $k \times 2$ Gitter ist eine *Leiter mit k Spalten*.

In einem späteren Paper veröffentlichten Becker et al. 2001 [7] einen polynomiellen Algorithmus für Leitern.

Satz 6.28 *Für eine Leiter kann eine maxmin Partition in p Komponenten in polynomieller Zeit gefunden werden.*
Beweis: Es sei eine Leiter mit k Spalten gegeben. Becker et al. [7] entwickelten einen Algorithmus mit einer Laufzeit $\mathcal{O}(k^4 p \max(p, \log k))$. Für den Fall $p = 2$ konnten die Autoren einen linearen Algorithmus mit Laufzeit $\mathcal{O}(k)$ angeben. $\square$

Einschränkung der Graphenklasse auf seriell-parallele Graphen

Als letzte Graphenklasse werden im Folgenden seriell-parallele Graphen als Grundlage der Partitionierungsprobleme betrachtet.

Definition 6.29 (nach Krumke et al. [39]) Die Klasse der *seriell-parallelen Graphen* ist rekursiv definiert. Der Graph G, der aus genau zwei Knoten u, v und einer einzelnen Kante (u, v) besteht, ist seriell-parallel. Die Knoten u bzw. v werden Startterminal bzw. Endterminal genannt. Sind G_1 und G_2 knotendisjunkte seriell-parallele Graphen mit Startterminalen u_1, u_2 und Endterminalen v_1, v_2, so sind folgende Graphen wieder seriell-parallel:

- Der durch Identifikation von v_1 und u_2 entstehende Graph mit Startterminal u_1 und Endterminal v_2 wird serielle Komposition von G_1 und G_2 genannt.
- Der durch Identifikation von u_1 mit u_2 und von v_1 mit v_2 entstehende Graph mit Startterminal u_1 und Endterminal v_1 wird parallele Komposition von G_1 und G_2 genannt.

Ito et al. 2006 [36] haben Partitionierungsprobleme auf seriell-parallele Graphen untersucht. Es zeigt sich, dass die Probleme auf dieser Graphenklasse nicht effizient lösbar sind.

Satz 6.30 *Das Problem, eine maximale (l,u)-Partition und das Problem, eine minimale (l,u)-Partition sowie das Problem, eine (l,u)-Partition in p Komponenten auf einem seriell-parallelen Graphen zu finden, sind $\mathcal{NP}$-schwer.*
Beweis: Siehe Ito et al. [36]. □

Über diese Aussagen hinaus veröffentlichten die Autoren je einen pseudo-polynomiellen Algorithmus für die drei genannten Probleme auf seriell-parallelen Graphen.

6.3 Im Nachhinein faire Einteilung und optimales Gerrymandering

Puppe und Tasnádi [57] verfolgten 2008 einen weiteren, interessanten Blickwinkel auf das POLITICAL DISTRICTING PROBLEM und bewiesen dazu hauptsächlich Komplexitätsaussage. Sie definieren eine Wahldistrikteinteilung als *im Nachhinein fair* bzw. *unparteiisch*, wenn bezüglich dieser die Anzahl der gewonnenen Wahldistrikte einer Partei bestmöglichst ihrem Anteil an den Stimmen für das gesamte betrachtete Gebiet entspricht. Demzufolge gehen die Autoren in ihrem Ansatz davon aus, die Wahlabsicht eines jeden Wählers zu kennen. Es stellt sich heraus, dass es auf dieser Grundlage $\mathcal{NP}$-vollständig ist, eine unparteiische Distrikteinteilung zu finden. Auf die Beweisführung dieser Aussagen wird nun hingearbeitet.

Eine Menge von Wählern $N = \{1,\ldots,n\}$ sei in d gleichgroße Distrikte $D = \{1,\ldots,d\}$ einzuteilen. Jeder Wähler könne sich zwischen den zwei Parteien A und B entscheiden. Diese rängen je Distrikt um einen Sitz in einem Parlament. Ein Distrikt sei von einer Partei *gewonnen*, falls diese die Mehrheit der Stimmen in diesem Distrikt erhält. Es wird angenommen, dass n durch d teilbar ist. Ansonsten können Dummy-Wähler im Verhältnis der Parteizugehörigkeit ergänzt werden, um

Teilbarkeit zu erreichen. Außerdem wird davon ausgegangen, dass die Wähler deterministische und bekannte Parteipräferenzen besitzen. Den Autoren Puppe und Tasnadi [57] ist bewusst, dass dies eine klare Vereinfachung der Realität ist. Die Relaxierung dieser Annahme kann Startpunkt weiterer Forschung sein. Die *Wahlabsicht* sei mit einer Abbildung $v : N \to \{A, B\}$ zusammengefasst, wobei $v(j) = A$ aussagt, dass Wähler j die Partei A wählt. Die Anzahl der *Anhänger von Partei A* bzw. *B* seien mit

$$n_A := |\{j : v(j) = A\}| \text{ bzw. } n_B := |\{j : v(j) = B\}|$$

bezeichnet. Zur Vereinfachung wird angenommen, dass ein $k \in \mathbb{Z}_+$ existiert, sodass

$$n = d(2k+1)$$

gilt. Demzufolge hat jeder Distrikt aus genau $2k+1$ Wählern zu bestehen und bei angenommener vollständiger Wahlbeteiligung, kann es in keinem Distrikt zu einem Gleichstand zwischen den Parteien kommen.

Es werden meist mehr Anforderungen an die Distrikte als nur Bevölkerungsgleichheit gestellt, wie z.B. Zusammenhang. Um dies zu berücksichtigen gehen Puppe und Tasnadi [57] von einer gegebenen Menge von zulässigen Distrikten aus, diese nennen sie *Geographie*.

Definition 6.31 Eine nicht-leere Mengenfamilie $\mathscr{S} \subset \mathrm{Pot}(N)$ von Teilmengen von N ist eine *Geographie*, falls

i) für alle $S \in \mathscr{S}$ gilt: $|S| = 2k+1$,
ii) es existieren $S_1, \ldots, S_d \in \mathscr{S}$, sodass $\{S_1, \ldots, S_d\}$ eine Partition von N ist.

Darüberhinaus wird eine *Distrikteinteilung* auf Grundlage einer Geographie wie folgt definiert.

Definition 6.32 Zu einer gegebenen Geographie $\mathscr{S}$ ist eine Abbildung $f : N \to D$ eine *Distrikteinteilung*, falls

i) $f^{-1}(i) \in \mathscr{S}$ für alle $i \in D$,
ii) $\bigcup_{i \in D} f^{-1}(i) = N$.

D.h. eine Distrikteinteilung weist jedem Wähler einen in der Geographie enthaltenen und somit zulässigen Distrikt zu. Falls die Geographie aus allen $2k+1$ elementigen Teilmengen von N besteht, also $\mathscr{S} = \{S \in \mathrm{Pot}(N) : |S| = 2k+1\}$, wird als Spezialfall nach einer Distrikteinteilung ohne geographischen Nebenbedingungen gesucht.

Zu gegebener Distrikteinteilung f und Wahlabsicht v lässt sich die Anzahl der von A bzw. B gewonnen Distrikte berechnen. Diese Anzahlen seien mit $F(f,v,A)$ bzw. $F(f,v,B)$ bezeichnet. Falls $F(f,v,A) > F(f,v,B)$ gilt, hat die Partei A die Wahl gewonnen.

Wie angekündigt, wird nach einer *fairen, unparteiischen* Distrikteinteilung gesucht. Die nachfolgende Definition gibt Aufschluss darüber, was eine *unparteiische* Distrikteinteilung ausmacht.

Definition 6.33 Zu einer gegebenen Wählerpräferenz $v : N \to \{A,B\}$ ist eine Distrikteinteilung $f : N \to D$ *unparteiisch*, falls

$$F(f,v,A) = \left\lfloor d\frac{n_A}{n} \right\rfloor \quad \text{oder} \quad F(f,v,A) = \left\lceil d\frac{n_A}{n} \right\rceil$$

gilt. Eine Distrikteinteilung ist *parteiisch*, falls sie nicht unparteiisch ist.

Demnach ist eine Distrikteinteilung unparteiisch, falls für jede Partei die Anzahl gewonnener Distrikte ihrem Stimmenanteil der Gesamtbevölkerung so gut wie möglich entspricht.

Als erste Aussage kann gezeigt werden, dass ohne geographische Nebenbedingungen eine unparteiische Distrikteinteilung sehr leicht zu finden ist.

Satz 6.34 *Eine unparteiische Distrikteinteilung ohne geographische Nebenbedingungen kann in linearer Zeit berechnet werden.*
Beweis: Folgender Algorithmus ist offenbar in linearer Zeit durchführbar: Fülle $\left\lfloor d\frac{n_A}{n} \right\rfloor$ Distrikte mit Wählern der Partei A, $\left\lfloor d\frac{n_B}{n} \right\rfloor$ Distrikte mit Wählern der Partei B und den ggf. restlichen Distrikt mit den verbleibenden $2k+1$ Wählern. Es ist klar, dass dies das gewünschte Ergebnis liefert. $\square$

Der Algorithmus aus dem Beweis von Satz 6.34 zeigt außerdem, dass ohne geographische Nebenbedingungen in jedem Fall eine zulässige, unparteiische Distrikteinteilung existiert. Dass dies bei zusätzlichen geographischen Nebenbedingungen nicht immer der Fall ist, verdeutlicht Beispiel 6.35. Das von Puppe und Tasnádi [57] angegebene Beispiel ist fehlerhaft,[52] aus diesem Grunde wurde für diese Masterarbeit ein neues Beispiel erarbeitet.

Beispiel 6.35 Es sei das rechteckige Gebiet aus Abbildung 6.35 gegeben. Wähler der Partei A sind durch weiße und Wähler der Partei B durch schwarze Kreise

---

[52] A. Tasnádi bestätigte den Fehler am 16.12.2013 in einer E-Mail und sendete ungarische Vortragsfolien mit einem verbesserten Beispiel. Es unterscheidet sich von dem in dieser Arbeit angegebenen Beispiel.

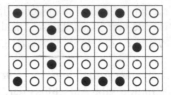

Abbildung 6.15 Rechteckiges Gebiet

dargestellt. Es gilt offensichtlich $n = 45$, $n_A = 33$ sowie $n_B = 12$. Außerdem sei $k = 1$, dies impliziert eine Distriktgröße von 3 und somit sind $d = 15$ Distrikte einzuteilen. Zwei Wähler seinen *benachbart*, wenn deren Rechtecke eine gemeinsame Grenze, die nicht nur aus einem Punkt besteht, besitzen. Außerdem sei ein Distrikt *zusammenhängend*, wenn sich je zwei Wähler dieses Distrikts über eine Sequenz von diesem Distrikt zugehörigen, benachbarten Rechtecken erreichen können. Die zugrunde liegende Georgraphie $\mathscr{S}$ bestehe aus allen 3-elementigen sowie zusammenhängenden Teilmengen der Wählermenge. Unter diesen Voraussetzungen existiert keine unparteiische Distrikteinteilung, denn es können keine $d\frac{n_B}{n} = 4$ durch Partei B (schwarze Kreise) gewonnene Distrikte geformt werden. Um dies einzusehen, werden zunächst die einzelnen schwarzen Punkte, die keine weiteren Wähler der Partei B in ihrer direkten Umgebung haben, betrachtet. Jeder Distrikt, der einen solchen einzelnen schwarzen Punkt enthält, wird offensichtlich durch die Partei A (weiße Punkte) gewonnen. Aus den restlichen Wählern der Partei B können lediglich 3 zulässige Distrikte geformt werden, die mehr schwarze als weiße Punkte enthält. Demzufolge kann Partei B nicht mehr als 3 Distrikte gewinnen. Es existiert keine zulässige und unparteiische Distrikteinteilung.

Nachfolgend wird die Komplexität des zugehörigen Entscheidungsproblem, ob eine unparteiische Distrikteinteilung existiert, nachgewiesen. Das beschriebene Problem ist $\mathcal{NP}$-vollständig und sei mit UNBIASED DISTRICTING bezeichnet.

UNBIASED DISTRICTING	$(N, d, \mathscr{S}, v)$

Gegeben: Eine Wählermenge $N = \{1, \ldots, n\}$, Anzahl einzuteilender Distrikte d, eine Geographie $\mathscr{S} \subset \mathrm{Pot}(N)$ und eine Abbildung der Wahlabsicht $v : N \to \{A, B\}$.
Frage: Existiert eine unparteiische Distrikteinteilung $f : N \to \{1, \ldots, d\}$?

In dem Komplexitätsbeweis von UNBIASED DISTRICTING wird von EXACT COVER BY m-SETS mit $m \geq 3$ reduziert werden. Dieses Problem ist als Verallgemeinerung der nach Garey und Johnson [26] $\mathcal{NP}$-vollständigen EXACT COVER BY 3-SETS sowie EXACT COVER BY 4-SETS ebenfalls $\mathcal{NP}$-vollständig.

EXACT COVER BY m-SETS $\qquad\qquad\qquad\qquad\qquad (X,q,\mathscr{C})$

Gegeben: Eine Menge $X = \{x_1,\ldots,x_{mq}\}$ von mq Elementen und eine Teilmengenfamilie $\mathscr{C} \subset \mathrm{Pot}(X)$ von m-elementigen Teilmengen von X.
Frage: Existiert eine Überdeckung der Menge X durch q Teilmengen $C_i \in \mathscr{C}$, d.h. existieren $C_1,\ldots,C_q \in \mathscr{C}$ mit $\bigcup_{i=1}^{q} C_i = X$?

Da $\mathscr{C}$ nur m-elementige Teilmengen enthält, folgt $C_i \cap C_j = \emptyset$ und somit ist die Überdeckung hier gleich einer Partition der Menge X.

Satz 6.36 UNBIASED DISTRICTING *ist $\mathcal{NP}$-vollständig.*
Beweis: Zunächst wird aufgezeigt, dass in polynomieller Zeit überprüft werden kann, ob eine Distrikteinteilung f unparteiisch ist. Damit wäre UNBIASED DISTRICTING $\in \mathcal{NP}$ gezeigt.
Die beiden Wählermengen der Partei A bzw. B können durch $\{1,\ldots,n_A\}$ und $\{n_a + 1,\ldots,n\}$ dargestellt werden. Dann setzt sich ein Distrikt aus $2k + 1$ unterschiedlichen dieser Zahlen zusammen. Eine Distrikteinteilung f kann durch eine Sequenz von d Distrikten dargestellt werden. Außerdem kann eine Geographie $\mathscr{S}$ durch $2k + 1$, n_A, n_B, $s = |\mathscr{S}|$ und die Sequenzen der zulässigen Distrikten $S_1,\ldots,S_s$ repräsentiert werden. Unter den so kodierten Distrikten kann nun durch Zählen der von Partei A gewonnenen Distrikte überprüft werden, ob die Distrikteinteilung unparteisch ist.
Um $\mathcal{NP}$-Vollständigkeit zu beweisen, wird das schon angesprochene $\mathcal{NP}$-vollständige EXACT COVER BY $2k + 1$ SETS auf UMBIASED DISTRICTING reduziert:

EXACT COVER BY $2k + 1$-SETS $\preceq_p$ UMBIASED DISTRICTING

Sei $(X,q,\mathscr{C})$ eine Instanz für EXACT COVER BY $2k + 1$-SETS. Um die Konstruktion einer daraus entstehenden Instanz $(N,d,\mathscr{S},v)$ für UMBIASED DISTRICTING und die anschließende Argumentation besser nachzuvollziehen, wird zunächst ein Beispiel, visualisiert durch Abbildung 6.16, angegeben.
Dazu sei $(X,q,\mathscr{C})$ eine Instanz für EXACT COVER BY 5-SETS, d.h. es gilt $k = 2$. Die Elemente der gegebenen Menge X werden als kleine, weiße Kreise dargestellt. Diese sind in dem EXAKT COVER Problem durch Mengen aus $\mathscr{C}$ zu überdecken. Das gegebene Mengensystem $\mathscr{C}$ enthält 5-elementige Teilmengen von X. Diese Mengen sind in Abbildung 6.16 nicht eingezeichnet, da sie natürlich von sehr verschiedener Gestalt sein können. Jedes $C_i \in \mathscr{C}$ besteht aus genau 5 weißen Kreisen und diese Mengen sind im weiteren Verlauf beim Anblick von Abbildung 6.16 gedanklich zu ergänzen.
Die weißen Kreise, also Elemente der Menge X, werden als die Wähler der Partei A angesehen. Demnach besteht die Mengenfamilie $\mathscr{C}$ ausschließlich aus

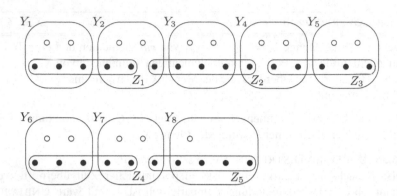

Abbildung 6.16 Beispiel der Konstruktion mit $k = 2, d = 8, n = 40$

Distrikten mit Wählern der Partei A. In der Konstruktion werden nun eine gewisse Anzahl an Wählern der Partei B durch schwarze Kreise ergänzt. Zusammen mit den Wählern der Partei A bilden diese die Wählermenge N. Die Geographie $\mathscr{S}$ setzt sich zusammen aus den Mengen in $\mathscr{C}$ und den wie in Abbildung 6.16 dargestellten Mengen $Y_1, \ldots, Y_8$ sowie $Z_1, \ldots, Z_5$. Die formale Konstruktion wird noch angegeben. Der Abbildung 6.16 ist zu entnehmen, dass $n_A = 15$ und $n_B = 25$ gilt. Daraus lässt sich mit der Annahme $n_A + n_B = n = d(2k + 1)$ folgern, dass $d = 8$ Distrikte einzuteilen sind. Um eine unparteiische Distrikteinteilung zu erhalten, hat diese folglich genau 3 durch die Partei A gewonnene Distrikte zu enthalten.

Die entscheidende Beobachtung ist, dass innerhalb der Geographie $\mathscr{S}$ nur die nicht eingezeichneten $C_1, \ldots, C_{|\mathscr{C}|} \in \mathscr{C}$ durch Partei B gewonnene Distrikte bilden. Des Weiteren kann $\mathscr{C}$ höchstens 3 gegenseitig disjunkte Distrikte enthalten, da $|C_i| = 5$ sowie $|\bigcup_i C_i| = n_A = 15$ gilt. Demzufolge existiert eine unparteiische Distrikteinteilung genau dann, wenn die gegebene Instanz von EXACT COVER BY 5-SETS eine Lösung besitzt.

Im Folgenden wird verallgemeinert die Transformation einer EXACT COVER BY $2k + 1$-SETS-Instanz $(X, q, \mathscr{C})$ in eine Instanz $(N, d, \mathscr{S}, v)$ für UMBIASED DISTRICTING angegeben.

Nach der Problemdefinition existiert ein $c \in \mathbb{N}$, sodass $|X| = (2k + 1)c$ gilt. D.h. in EXACT COVER BY $2k + 1$-SETS ist X durch c-viele Mengen der Mächtigkeit $2k + 1$ zu überdecken. Die Elemente von X seien die Wähler der Partei A, folglich gilt $n_A = |X|$. Die Anzahl der Wähler der Partei B wird wie folgt konstruiert. Dazu sei $a := \left\lfloor \frac{(2k+1)c}{k} \right\rfloor$ und $r := (2k + 1)c \bmod k$. Dann sei

$$n_B = \begin{cases} a(k+1) & \text{falls } r = 0, \\ a(k+1) + 2k + 1 - r & \text{falls } r > 0. \end{cases}$$

Anhand der beispielhaften Abbildung 6.16 lassen sich diese Definitionen nachvollziehen. Es werden später $a = \left\lfloor \frac{(2k+1)c}{k} \right\rfloor$ viele Mengen Y_i mit je k-vielen Wählern der Partei A erstellt. Die $r = (2k+1)c \bmod k$ vielen verbleibenden Wähler der Partei A sind in der späteren Menge Y_{a+1} enthalten. Damit diese Y_i zulässige Distrikte bilden, werden diese um je $k+1$ und ggf. die Menge Y_{a+1} um $2k+1-r$ Wähler der Partei B ergänzt. Dass die Definition von n_B auch der in Abbildung 6.16 beispielhaft aufgezeigten Einteilung in die Mengen Z_i standhält wird im Folgenden gezeigt.

Es wird nun bewiesen, dass n_B durch $2k+1$ teilbar ist. Sei zunächst $r = 0$. Die Gültigkeit von $(2k+1)c = ak$ impliziert

$$\begin{aligned} n_B &= a(k+1) \\ &= (2k+1)c + a \\ &= (2k+1)c + \frac{c}{k}(2k+1). \end{aligned}$$

Es gilt, dass c durch k teilbar ist, da nach dem Euklidischen Algorithmus ggT$(2k+1,k) = $ ggT$(k,1) = 1$ gilt und alle in der Gleichung auftauchenden Zahlen ganzzahlig sind. Folglich ist n_B im Falle von $r = 0$ durch $2k+1$ teilbar.

Sei nun $r > 0$. Die Gültigkeit von $(2k+1)c = ak + r$ impliziert

$$\begin{aligned} n_B &= a(k+1) + 2k + 1 - r \\ &= (2k+1) + 2kk1 - ((2k+1)c - ak) \\ &= (2k+1)(a+1-c). \end{aligned}$$

Folglich ist n_B auch im Falle von $r > 0$ durch $2k+1$ teilbar.

In Anlehnung an die Wähler der Partei A bildenden Menge X bezeichnen wir die Menge der Wähler der Partei B mit Y. Eine Geographie $\mathscr{S}$ auf $N = X \cup Y$ wird durch folgendes Vorgehen konstruiert. Wähle eine Partition $Z_1, \ldots, Z_u$ von Y aus $2k+1$-elementigen Mengen. Dann partitioniere X in k-elementige Mengen $X_1, \ldots, X_a$ und, falls $r > 0$, zusätzlich in eine r-elementige Menge X_{a+1}. Partitioniere außerdem Y in $k+1$-elementige Mengen $Y_1', \ldots, Y_a'$ und, falls $r > 0$, zusätzlich in eine $2k+1-r$-elementige Menge Y_{a+1}'. Dann werden für $i = 1, \ldots, a$ die Mengen $X_i \cup Y_i' =: Y_i$ zusammengeführt, um eine $2k+1$-elementige Menge mit k Wählern der Partei A und $k+1$ Wählern der Partei B zu erhalten. Falls $r > 0$ gilt, führe zusätzlich $X_{a+1} \cup Y'_{a+1} =: Y_{a+1}$ zu einer $2k+1$-elementigen Menge mit Wählern der Parei B als der Partei A zusammen. Sei $t := a$, falls $r = 0$ und $t := a+1$, falls $r > 0$. Dann ist

$$\mathscr{S} = \mathscr{C} \cup \{Y_1, \ldots, Y_t, Z_1, \ldots, Z_u\}$$

die konstruierte Geographie. Die Bedingung ii) der Definition 6.31 einer Geographie wird von $\mathscr{S}$ erfüllt, da die Mengen $Y_1, \ldots, Y_t$ eine Partition von N aus $2k+1$-elementigen Mengen bilden. Dies schließt die Konstruktion einer UNBIASED DISTRICTING-Instanz aus einer beliebigen EXACT COVER BY $2k+1$-SETS-Instanz ab.

Bei jeder unparteiischen Distrikteinteilung gewinnt Partei A genau

$$d \frac{n_A}{n} = d \frac{(2k+1)c}{(2k+1)d} = c$$

Distrikte. Alle von der Partei A gewonnenen Distrikte innerhalb der Geographie $\mathscr{S}$ sind durch die Mengenfamilie $\mathscr{C}$ der EXACT COVER-Instanz gegeben. $\mathscr{C}$ kann höchstens $\frac{n_A}{2k+1} = \frac{|X|}{2k+1} = \frac{(2k+1)c}{2k+1} = c$ gegenseitig disjunkte Distrikte enthalten. Daraus folgt, dass eine unparteiische Distrikteinteilung genau dann existiert, wenn eine Überdeckung von X durch die $2k+1$-elementigen Mengen aus $\mathscr{C}$ existiert. Somit wurde EXACT COVER BY $2k+1$-SETS auf UNBIASED DISTRICTING reduziert.

Schließlich wird noch nachgewiesen, dass die angegebene Reduktion in polynomieller Zeit durchgeführt werden kann. Die gegebene Instanz des EXACT COVER BY $2k+1$-SETS kann als eine Sequenz $C_1, \ldots, C_v \subseteq X$, $v \geq c$ von $2k+1$-elementigen Mengen angegeben werden. Dabei werden die Elemente von X als Zahlen der Menge $\{1, 2, \ldots, n_A\}$ dargestellt. D.h. die Eingabe-Instanz besteht aus $v(2k+1)$ ganzen Zahlen. Die Rekursion fügt $t+u$ weitere $2k+1$-elementige Mengen hinzu. Wobei

$$t = \begin{cases} a = \left\lfloor \frac{(2k+1)c}{k} \right\rfloor = \lfloor 2c + \frac{c}{k} \rfloor = 2c + \lfloor \frac{c}{k} \rfloor & \text{falls } r = 0 \\ a+1 = \left\lfloor \frac{(2k+1)c}{k} \right\rfloor + 1 = \left\lceil \frac{(2k+1)c}{k} \right\rceil = 2c + \lceil \frac{c}{k} \rceil & \text{falls } r > 0 \end{cases}$$

und somit $2c \leq t \leq 3c$ gilt sowie

$$u = \begin{cases} c + \frac{c}{k} & \text{falls } r = 0 \\ a+1-c & \text{falls } r > 0 \end{cases}$$

und somit $u \leq 2c$ gilt. Demnach ist die Anzahl der Berechnungsschritte linear in c und damit auch linear in der Größe der Eingabe.
Dies schließt den Beweis ab: UNBIASED DISTRICTING ist $\mathcal{NP}$-vollständig. □

Die Autoren Puppe und Tasnádi [57] folgern, dass aufgrund dieser Aussage im Allgemeinen nicht davon auszugehen sei, dass eine unabhängige Institution leicht eine unparteiische Einteilung der Wahldistrikte finden könne. Sie selbst schneiden daraufhin einen interessanten, alternativen Weg an. Die politischen Parteien können selbst in einem Spiel mit alternierenden Zügen die Distrikteinteilung erstellen. Abwechselt wird ein Distrikt gewählt, sodass ggf. vorgegebene geographische Nebenbedingungen zu jeder Zeit eingehalten werden und auch in jedem weiteren Verlauf die Möglichkeit besteht diese einzuhalten. Allgemeines zur Spieltheorie ist Peters [54] sowie weiteres zu dem beschriebenen *Districting Game* ist Puppe und Tasnádi [57] zu entnehmen.

In einem späteren Artikel ergänzten Puppe und Tasnádi 2009 [58] ihre Arbeit zum POLITICAL DISTRICTING PROBLEM. Dabei betrachteten sie das Problem der Wahlkreiseinteilung aus der Sicht einer Partei, wie diese *optimales Gerrymandering* betreiben kann. Die in der Literatur bekannte Methode *Pack and Crack* führt unter gewissen Voraussetzungen zu einer Wahlkreiseinteilung, in der die betrachtete Partei maximal viele Wahlkreise für sich entscheidet. In einem System mit zwei Parteien werden dabei die Wähler des gegnerischen Lagers in „nicht-gewinnbare" Distrikte gebündelt (*Pack*) und die eigenen Anhänger derart über die verbleibenden Distrikte verteilt, dass diese von der kleinst möglichen, eigenen Mehrheit gewonnen werden (*Crack*). Puppe und Tasnádi [58] wiesen nach, dass unter Berücksichtigung geographischer Nebenbedingungen die Methode *Pack and Crack* nicht immer zum gewünschten Ergebnis führt.

Außerdem betrachten Puppe und Tasnádi 2009 [58] das Probelm des optimalen Gerrymanderings aus komplexitätstheoretischer Sicht. Sie definieren das Problem m WINNING DISTRICTS und wiesen $\mathcal{NP}$-Vollständigkeit nach.

m WINNING DISTRICTS	$(N, d, m, \mathcal{S}, v)$
Gegeben: Eine Wählermenge $N = \{1, \ldots, n\}$, Anzahl einzuteilender Distrikte d, eine Geographie $\mathcal{S} \subset \mathrm{Pot}(N)$ und eine Abbildung der Wahlabsicht $v : N \to \{A,B\}$. Frage: Existiert eine Distrikteinteilung $f : N \to \{1, \ldots, d\}$, sodass für die Anzahl durch Partei A gewonnener Distrikte $F(f, v, A) \geq m$ gilt?	

Satz 6.37 *Das Problem m WINNING DISTRICTS ist $\mathcal{NP}$-vollständig.*
Beweis: Siehe Puppe und Tasnádi 2009 [58]. □

Teil III
Anwendung

Kapitel 7
Auf der Suche nach der gerechtesten Wahlkreisanzahl

Die Anzahl der Bundestagswahlkreise hat sich seit Bestehen der Bundesrepublik Deutschland mehrmals geändert. Einen Überblick dazu gibt die Tabelle 7.1.

Bundestagswahljahre	#WK
1949, '53	242
1957, '61	247
1965, '69, '72, '76, '80, '83, '87	248
1990, '94, '98	328
2002, '05, '09, '13	299

Tabelle 7.1 Anzahl der Bundestagswahlkreise von 1949 bis heute[53]

Im Jahre 1957 erhöhte sich die Wahlkreisanzahl durch den Wiedereintritt des Saarlandes zur Bundesrepublik Deutschland um fünf Wahlkreise. Zur Wahl im Jahre 1965 kam durch die nach 1949 erstmalig durchgeführte Neuverteilung der Wahlkreise auf die Bundesländer ein Wahlkreis hinzu. 1990 kamen durch die Wiedervereinigung mit den fünf neuen Bundesländern insgesamt 80 Wahlkreise hinzu. Zur Bundestagswahl 2002 wurde die Anzahl der Wahlkreise auf 299 verringert.[54]

Wie schon in Abschnitt 3.1 dargelegt, gibt es Diskussionen darüber, die Wahlkreisanzahl im Zuge einer erneuten Wahlgesetzesänderung zu verringern. Doch welche Anzahl wäre eine gute bzw. die beste Wahl? Das vorliegende Kapitel beschäftigt sich genau mit dieser Frage und der Suche nach der gerechtesten Wahlkreisanzahl für Deutschland.

Das Wahlgesetz schreibt vor, mit dem in Abschnitt 2.5 vorgestellten Sainte-Laguë/Schepers-Verfahren die Wahlkreise auf die Länder zu verteilen. Dadurch entsteht für jedes Bundesland eine durchschnittliche Wahlkreisgröße, diese unterscheidet sich zumeist vom bundesdeutschen Durchschnitt. Somit ist jede Wahl-

---

[53] Wahlkreise, Bundeswahlleiter: `http://goo.gl/xveBcY`, [13.3.2014].

[54] Geschichte des Wahlrechts zum Bundestag, wahlrecht.de: `http://goo.gl/a474iM`, [13.3.2014].

kreiseinteilung innerhalb der Bundesländer schon mit einer gewissen durchschnittlichen Abweichung bzgl. der Wahlkreisgrößen behaftet. Wie in Abschnitt 2.3 dargelegt, schreibt das Wahlgesetz vor, dass eine realisierte Abweichung nicht größer
als ±15% sein soll und nicht größer als ±25% sein darf.

Der Tabelle 2.3 auf Seite 25 ist zu entnehmen, dass bei der Verteilung von 299
Wahlkreisen unter Verwendung neuerer Bevölkerungsdaten u. a. die Bundesländer Bremen (+17,2%), Meckl.-Vorpommern (+6,5%) und das Saarland (-5,8%)
schon vor der eigentlichen Wahlkreiseinteilung große durchschnittliche Abweichungen der Wahlkreisgrößen zu verzeichnen haben. In Bremen wäre es sogar
nicht mehr möglich, die Soll-Bedingung von maximal ±15% Abweichung einzuhalten. Vergleichbares zeigt auch die Tabelle A.1 im Anhang, welche die letzte
offizielle Wahlkreisverteilung zur Bundestagswahl 2013 enthält.

Je besser die Zahl der Wahlkreise in den einzelnen Bundesländern deren Bevölkerungsanteil entspricht, desto mehr wirkt die Verteilung der Wahlkreise dem Entstehen von Überhangmandaten entgegen. Laut wahlrecht.de[55] lassen sich bei
der Bundestagswahl im Jahr 1994 drei der 16 und im Jahr 1998 sogar vier der 13
Überhangmandate allein auf eine ungleichmäßige Verteilung der Wahlkreise auf
die Bundesländer zurückführen.[56]

Warum sollten die in Abschnitt 2.3 behandelten Vorgaben des Bundeswahlgesetzes zur Wahlkreiseinteilung, insbesondere der zweite Punkt

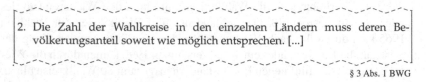

2. Die Zahl der Wahlkreise in den einzelnen Ländern muss deren Bevölkerungsanteil soweit wie möglich entsprechen. [...]

§ 3 Abs. 1 BWG

nicht auch die Gesamtanzahl an Wahlkreisen in Deutschland betreffen? Ist die
aktuelle Anzahl von 299 bestgewählt?

Es stellt sich folglich die Frage, welche Gesamtanzahl an Wahlkreisen bei
Anwendung des Sainte-Laguë/Schepers-Verfahrens die Beschaffenheit, d. h. die
Bevölkerungszahlen der Bundesländer am besten abbildet und so die bei der Ver-
teilung der Wahlkreise entstehenden durchschnittlichen Abweichungen minimiert.
Welches ist die gerechteste bundesdeutsche Wahlkreisanzahl?

---

[55] Ursachen von Überhangmandaten, wahlrecht.de: http://goo.gl/ZQEG1I, [13.3.2014].
[56] Bundeswahlleiter, Glossar, Überhangmandate: http://goo.gl/YqBZtj, [13.3.2014].

Die Software BAZI (*Berechnung von Anzahlen mit Zuteilungsmethoden im Internet*)[57] des Professors Friedrich Pukelsheim und seinem Lehrstuhl für Stochastik und ihre Anwendungen an der Universität Augsburg ermöglicht die Anwendung mehrerer Zuteilungsmethoden, so auch die nach Sainte-Laguë/Schepers. Nach Eingabe der Daten und Auswahl des gewünschten Zuteilungsalgorithmus zeigt das auf der Programmiersprache JAVA basierte Programm das Berechnungsergebnis an..

Mit Hilfe dieser Software wurden die Verteilungen der Wahlkreise mit Wahlkreisgesamtanzahlen von 1 bis 400 berechnet. Dabei wurden die Bevölkerungszahlen des Zensus 2011 als Datengrundlage verwendet. Anschließend wurden für jede Wahlkreisanzahl außerhalb von BAZI für jedes Bundesland die Zielgröße

durchschnittliche Wahlkreisgrößenabweichung in %

sowie die Zielgröße

mit Wahlkreisanzahlen der Bundesländer gewichtete Mittelwert der Beträge der durchschnittlichen Wahlkreisgrößenabweichungen der Bundesländer in %

berechnet. Eine Auswahl der Ergebnisse in Zahlenform ist im Anhang in Tabelle A.2 zu finden. An dieser Stelle werden die Berechnungsergebnisse in Form des Diagramms in Abbildung 7.1 sowie Abbildung 7.2 dargestellt, welches im Folgenden erläutert und interpretiert wird.

Auf der Abszisse des Diagramms in Abbildung 7.1 ist die Gesamtanzahl der zu verteilenden Wahlkreise aufgetragen, diese startet an der Stelle 64, da erst mit dieser Wahlkreisanzahl nach dem Verfahren von Sainte-Laguë/Schepers jedes Bundesland mindestens einen Wahlkreis erhält. Die Ordinate enthält prozentuale Abweichungswerte, berechnet zwischen der durchschnittlichen Wahlkreisgröße der Bundesländer und der bundesweiten durchschnittlichen Wahlkreisgröße $\varnothing_p$. Es wird dabei der Betrag eines Abweichungswertes aufgetragen. Die durchgezogene, schwarze Querlinie repräsentiert die obere Schranke der zulässigen Abweichungen der Wahlkreise in Höhe von 25% (s. Abschnitt 2.3).

Das Diagramm enthält neben einem Intervallplot noch einen Punktplot. Beide Plots assoziieren mit der selben schon erläuterten Wertachse. Zu jeder Wahlkreisanzahl auf der x-Achse gehört ein graues Intervall sowie ein dunklerer Punkt.

Das blaue Intervall verdeutlicht die Spanne in der die durchschnittlichen Wahlkreisgrößenabweichungen der 16 Bundesländer liegen. Sind z. B. 299 Wahlkreise zu verteilen, so bekommt Bremen nach Tabelle 2.3 auf Seite 25 zwei Wahl-

---

[57] BAZI, Berechnung von Anzahlen mit Zuteilungsmethoden im Internet, Universität Augsburg, Lehrstuhl für Stochastik und ihre Anwendungen, 2013: http://www.math.uni-augsburg.de/stochastik/bazi/, [14.3.2014].

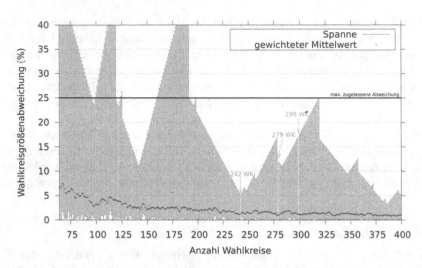

Abbildung 7.1 Spannen und gewichtete Mittelwerte der durchschnittlichen Wahlkreisgrößenabweichungen der Bundesländer in Abhängigkeit der Gesamtanzahl deutscher Wahlkreise

kreise, dadurch weicht die Wahlkreisgröße in Bremen durchschnittlich um 17,2% vom bundesweiten Durchschnitt ab. Da kein Bundesland eine größere Abweichung zu verzeichnen hat, ist das blaue Intervall bei 299 Wahlkreisen nach oben durch 17,2% begrenzt. Die untere Grenze ist analog durch Bayern mit einer minimalen Abweichung von 0,1% gegeben.

Einige Wahlkreisanzahlen, zumeist die < 200, führen zu nicht zulässigen Wahlkreisgrößen, da zwangsläufig Abweichungen von über 25% entstehen. Auch bei der Wahlkreisanzahl 319 ist dies mit 25,02% beim Bundesland Bremen der Fall. Weiter fällt auf, dass die maximale Soll-Abweichungsgrenze von 15% von großen Teilen der Wahlkreisanzahlen überschritten wird. Auf dem Intervall [1; 376] bildet die Wahlkreisanzahl 242 mit einer maximalen Abweichung von 5,2% das Minimum.

Um aussagekräftige Mittelwerte der 16 Abweichungen zu erhalten, wurden diese mit der Wahlkreisanzahl des jeweiligen Bundeslandes gewichtet. So ergibt sich die wirkliche durchschnittliche Größenabweichung eines Wahlkreises in Deutschland bei gegebener Gesamtanzahl an Wahlkreisen, dargestellt durch den Punkteplot. Abbildung 7.2 zeigt zur genaueren Analyse einen kleineren Ausschnitt dieses Punkteplots.

Die gewichteten Mittelwerte pendeln sich bei steigender Wahlkreisanzahl ab etwa 220 Wahlkreisen bei 1% bis 2% ein, später ab etwa 375 Wahlkreise sind es

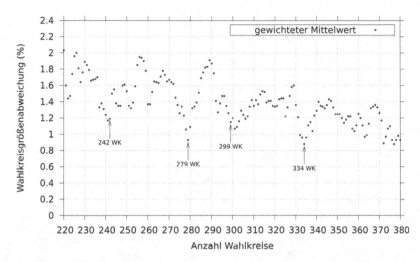

Abbildung 7.2 Gewichtete Mittelwerte der durchschnittlichen Wahlkreisgrößenabweichungen der Bundesländer in Abhängigkeit der Gesamtanzahl deutscher Wahlkreise

ca. 1% durchschnittliche Abweichung. Das Minimum dieser Werte wird auf dem Intervall [1; 333] von der Wahlkreisanzahl 279 mit 0,93% angenommen, auf dem anschließenden Intervall [334; 389] sind es minimale 0,88% bei 334 Wahlkreisen.

Alles in allem wird deutlich, dass es von der aktuell bestehenden Anzahl von 299 abweichende Wahlkreisanzahlen gibt, die nach Anwendung des Verfahrens nach Sainte-Laguë/Schepers die Bevölkerungszahlen der Bundesländer besser abbilden.

Welche Wahlkreisanzahl jedoch am geeignetsten, am besten ist, hängt von dem jeweiligen Ziel ab: Soll die maximale durchschnittliche Abweichung der Wahlkreisgröße auf Bundeslandebene minimiert werden, dann wäre eine Wahlkreisanzahl von 242 sicherlich eine gute Wahl. Bestände das Ziel darin, die wirkliche durchschnittliche Größenabweichung eines deutschen Wahlkreises zu minimieren, könnte die Wahl auf 279 Wahlkreise fallen.

Falls im Zuge einer erneuten Wahlgesetzesänderung die Wahlkreisanzahl modifiziert wird (s. Abschnitt 3.1), sollten die aufgezeigten Berechnungen Beachtung finden. Die Wahlkreisgesamtanzahl hat Einfluss darauf, inwieweit die Zahl der Wahlkreise in den einzelnen Ländern deren Bevölkerungsanteil entspricht – und dies fordern die Grundsätze zur Wahlkreiseinteilung des Bundeswahlgesetzes „soweit wie möglich" einzuhalten (s. Abschnitt 2.3, § 3 Abs. 1 BWG).

Kapitel 8
Daten von Deutschland

Um Wahlkreise für die Deutsche Bundestagswahl einzuteilen werden eine Vielzahl an Daten benötigt. Dies beinhaltet Datensätze über die Bevölkerung möglichst detaillierter Verwaltungseinheiten, sowie Grenzverläufe dieser einzelner Gebiete. Insgesamt kann mit diesen Informationen ein Bevölkerungsgraph aufgestellt werden.

Abschnitt 8.1 beschreibt von welchen Quellen die benötigten Daten von Deutschland beschafft wurden. Außerdem wird vorgestellt, in welchem Format die Informationen vorliegen und welche Angaben sie enthalten.

Die vorgestellten Daten benötigten eine Vielzahl an Aufbereitungsschritten, bevor sie einem Lösungsalgorithmus zur Verfügung gestellt werden können. In Abschnitt 8.2 wird die Datenaufbereitung erläutert. An dessen Ende existiert eine Datenstruktur, die alle für den Bevölkerungsgraphen benötigte Informationen enthält. Des Weiteren wird dargelegt, wie die vorliegenden Daten genutzt werden können, um eine Wahlkreiseinteilung zu visualisieren.

Der Abschnitt 8.3 enthält eine Analyse der Bevölkerungsgraphen. Pro Bundesland werden nicht nur die Knoten- und Kantenanzahlen betrachtet, sondern auch die Verteilung der Bevölkerung auf die Bevölkerungsknoten. Zu zweiterem werden statistische Diagramme zu Rate gezogen.

8.1 Datenbeschaffung

Dem Bundeswahlgesetz (s. Abschnitt 2.3) ist zu entnehmen, dass Ausländer bei der Wahlkreiseinteilung unberücksichtigt bleiben. Aus diesem Grund werden möglichst detaillierte Datensätze über die deutsche Bevölkerung benötigt. In der Verwaltungsgliederung Deutschlands wird u. a. zwischen folgenden aufeinander aufbauenden Verwaltungsebenen unterschieden. Jedes Bundesland ist in Kreise unterteilt, diese werden auch Landkreise oder Verwaltungskreise genannt. Kreisfreie Städte gehören ebenfalls dieser Kreisebene an. Jeder Kreis ist in mehrere Gemeinden und diese wiederum in subkommunale Verwaltungseinheiten wie Bezirke unterteilt. Die Statistische Ämter des Bundes und der Länder stellen von den Ergebnissen des Zensus 2011 deutsche Bevölkerungsdaten auf Gemeindeebene zur Verfügung.

Darüber hinaus werden Daten über die geographische Lage der Gemeindeflächen benötigt, um anhand der Grenzverläufe Nachbarschaftsbeziehungen für den Bevölkerungsgraphen bestimmen zu können. Außerdem werden diese Informationen benötigt, um angestrebte Übereinstimmung von Wahlkreisgrenzen mit Grenzen der Gemeinden, Kreise und kreisfreien Städte modellieren zu können. Schließlich können Daten über die Verwaltungsgrenzen verwendet werden, um berechnete Wahlkreiseinteilungen zu visualisieren.

Bevölkerungsdaten

Am Tag der Veröffentlichung des Zensus 2011 (s. auch Abschnitt 3.2), dem 31. Mai 2013 stellte das Statistische Bundesamt im Internet Tabellenmaterial mit Ergebnissen zum Kernmerkmal Bevölkerung bereit.[58] Die kleinstmögliche Gliederung der Daten ist die Gemeindeebene. Zu jeder der 11.339 deutschen Gemeinden ist die Bevölkerung insgesamt sowie unterteilt nach Geschlecht, Deutsche/Ausländer als auch Altersgruppen mit dem Stand 9. Mai 2011, dem Stichtag der Volkszählung, aufgeführt. Somit liegen insbesondere die gewünschten Angaben der deutschen Bevölkerung einer jeden Gemeinde vor.

Einen Ausschnitt der Bevölkerungsdaten zeigt Tabelle 8.1. Der Aufbau der Daten wird im Folgenden genauer erläutert.

In Spalte A eines jeden Eintrags ist die Kategorie der regionalen Einheit kodiert. Die Bedeutung ist wie folgt. 00: Deutschland, 10: Bundesland, 20: Regierungsbezirk (oder vergleichbare Einheit), 40: Kreis oder kreisfreie Stadt (o. vergleichbare Einheit), 50: Verbandsgemeinde (o. vergleichbare Einheit), 60: Gemeinde.

Die Spalte B enthält einen eineindeutigen Regionalschlüssel. Dieser setzt sich wie folgt zusammen. Die 1. und 2. Stelle repräsentiert das Bundesland, die 3. Stelle den Regierungsbezirk, die 4. und 5. Stelle den Kreis, die 6. bis 9. Stelle den Gemeindeverband und die 10. bis 12. Stelle die Gemeinde. Es existiert somit eine nutzbare Bijektion zwischen der Menge der Gemeinden und den Regionalschlüsseln, auch Gemeinde-ID genannt. Ausnahmen sowie weiteres ist der

---

[58] Zensus 2011: Fakten zur Bevölkerung in Deutschland, Pressekonferenz, http://goo.gl/ KhSHw8, [29.01.2014].

	A	B	C	D	E	F	G	H	I	J	K	L	M
1	Satzart	Regional-schlüssel	Name der regionalen Einheit					Bevölkerung					
2				insgesamt	davon		davon			davon im Alter von ... bis ... Jahre			
3					Männer	Frauen	Deutsche	Ausländer/-innen	Unter 18	18 - 29	30 - 49	50 - 64	65 und älter
4	SATZA	AGS	NAME	EWZ	EW M	EW W	EW D	EW A	ALTER 1	ALTER 2	ALTER 3	ALTER 4	ALTER 5
5	00	00	Deutschland	80 219 695	39 153 540	41 066 140	74 050 320	6 169 360	13 138 580	11 391 700	22 839 880	16 333 080	16 517 450
6	10	01	Schleswig-Holstein	2 800 119	1 360 530	1 439 590	2 683 670	116 450	477 010	362 390	790 060	563 490	607 170
7	20	010	Schleswig-Holstein (fiktiv R	2 800 119	1 360 530	1 439 590	2 683 670	116 450	477 010	362 390	790 060	563 490	607 170
8	40	01001	Flensburg, Stadt	82 258	40 660	41 590	77 140	5 120	12 150	15 640	22 130	15 560	16 770
9	50	01010000	Flensburg, Stadt	82 258	40 660	41 590	77 140	5 120	12 150	15 640	22 130	15 560	16 770
10	60	010010000000	Flensburg, Stadt	82 258	40 660	41 590	77 140	5 120	12 150	15 640	22 130	15 560	16 770
11	40	01002	Kiel, Landeshauptstadt	235 782	113 400	122 380	219 670	16 120	33 940	49 130	67 910	41 730	43 090
12	50	01020000	Kiel, Landeshauptstadt	235 782	113 400	122 380	219 670	16 120	33 940	49 130	67 910	41 730	43 090
13	60	010020000000	Kiel, Landeshauptstadt	235 782	113 400	122 380	219 670	16 120	33 940	49 130	67 910	41 730	43 090
14	40	01003	Lübeck, Hansestadt	210 305	99 880	110 420	197 390	12 910	31 590	31 520	58 380	40 390	48 420
15	50	01030000	Lübeck, Hansestadt	210 305	99 880	110 420	197 390	12 910	31 590	31 520	58 380	40 390	48 420
16	60	010030000000	Lübeck, Hansestadt	210 305	99 880	110 420	197 390	12 910	31 590	31 520	58 380	40 390	48 420
17	40	01004	Neumünster, Stadt	77 249	37 650	39 600	72 470	4 780	12 900	11 320	20 820	15 250	16 960
18	50	01040000	Neumünster, Stadt	77 249	37 650	39 600	72 470	4 780	12 900	11 320	20 820	15 250	16 960
19	60	010040000000	Neumünster, Stadt	77 249	37 650	39 600	72 470	4 780	12 900	11 320	20 820	15 250	16 960
20	40	01051	Dithmarschen	133 900	65 480	68 420	130 720	3 180	23 830	16 270	35 430	27 750	30 620
21	50	010510011	Brunsbüttel, Stadt	12 834	6 360	6 470	12 410	430	2 180	1 610	3 330	2 880	2 840
22	60	010510011011	Brunsbüttel, Stadt	12 834	6 360	6 470	12 410	430	2 180	1 610	3 330	2 880	2 840
23	50	010510044	Heide, Stadt	20 768	9 740	11 030	19 840	930	3 280	3 350	5 300	3 980	4 850
24	60	010510044044	Heide, Stadt	20 768	9 740	11 030	19 840	930	3 280	3 350	5 300	3 980	4 850
25	50	010515163	Burg-St. Michaelisdonn	16 317	8 036	8 281	16 084	233	3 145	1 898	4 348	3 369	3 557
26	60	010515163003	Averlak	615	309	306	603	12	112	76	174	143	110
27	60	010515163006	Brickeln	208	104	105	209	0	62	18	71	25	33
28	60	010515163012	Buchholz	1 060	546	534	1 068	12	253	118	306	222	181
29	60	010515163016	Burg (Dithmarschen)	4 219	2 020	2 199	4 129	90	723	483	979	906	1 128
30	60	010515163022	Dingen	658	331	327	658	0	124	72	183	147	132
31	60	010515163024	Eddelak	1 398	690	708	1 389	9	287	167	440	257	247
32	60	010515163026	Eggstedt	772	388	384	772	0	151	77	229	159	156
33	60	010515163032	Frestedt	374	186	188	362	12	80	37	106	69	82
34	60	010515163037	Großenrade	493	244	248	486	6	84	61	137	108	102
35	60	010515163051	Hochdonn	1 193	576	617	1 184	9	254	97	342	240	260
36	60	010515163064	Kuden	637	330	307	631	6	128	81	183	128	117
37	60	010515163089	Quickborn	201	98	103	201	0	39	25	58	36	43
38	60	010515163097	Sankt Michaelisdonn	3 618	1 795	1 823	3 554	64	672	490	896	769	791
39	60	010515163110	Süderhastedt	851	419	432	838	13	176	96	244	160	175
40	50	010515166	Marne-Nordsee	13 214	6 471	6 743	12 972	242	2 323	1 542	3 412	2 827	3 110
41	60	010515166021	Diekhusen-Fahrstedt	762	347	365	753	9	174	94	234	139	121
42	60	010515166034	Friedrichskoog	2 491	1 216	1 275	2 444	47	401	215	608	566	701

Tabelle 8.1 Ausschnitt aus den Bevölkerungsdaten vom Zensus 2011

Dokumentation der Verwaltungsgebiete vom Bundesamt für Kartographie und Geodäsie[59] zu entnehmen.

Beispiel 8.1 Die Stadt Aachen mit Gemeinde-ID 05 3 34 0002 002 liegt im Bundesland 05 Nordrhein-Westfalen, gehört dem Regierungsbezirk ...3 Köln sowie der ...34 Städteregion Aachen an und bildet den Gemeindeverband ...0002 Aachen sowie die Gemeinde ...002 Aachen.

In den verbleibenden Spalten ist der Name der regionalen Einheit sowie die in der Kopfzeile erläuterten Bevölkerungsdaten angegeben. In der Spalte G stehen mit der deutschen Bevölkerung die für das Problem der Wahlkreiseinteilung benötigten Angaben.

---

[59] Dokumentation Verwaltungsgebiete, Bundesamt für Kartographie und Geodäsie: http://goo.gl/49dpIq, [31.1.2014].

Daten der Verwaltungsgrenzen

Das Internetangebot des Zensus 2011 stellt neben den Ergebnissen auch Begleitmaterial zur Verfügung.[60] Darunter werden Shapefiles der Verwaltungsgrenzen an-
geboten. Diese vom Bundesamt für Kartographie und Geodäsie zusammengestell-
ten Geodaten enthalten die Grenzen der Gemeinden, Verwaltungsgemeinschaften
und Kreise Deutschlands zum 1. Januar 2011. Die schon erläuterten Zensusergebnisse lassen sich an diesen Stand anbinden. Neuere sowie weitere Geodaten können beim Online-Angebot des Dienstleistungszentrums des Bundesamtes[61] herun-
tergeladen werden.

Für die Anwendung auf das Problem der Wahlkreiseinteilung werden die Geodaten VG250_1Jan2011_UTM32 verwendet. Der Datenbestand VG250 umfasst
sämtliche Verwaltungseinheiten aller Verwaltungsebenen vom Staat bis zu den Gemeinden, inkl. ihrer Verwaltungsgrenzen und den eindeutigen Regionalschlüsseln
(Gemeinde-ID). Die Abkürzung UTM steht für das verwendete Koordinatensystem *Universal Transverse Mercator*. Weiteres ist der Dokumentation[62] zu entnehmen.

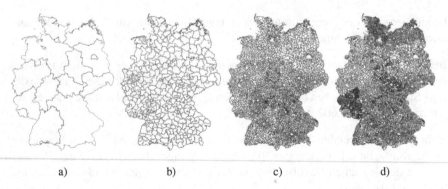

a)   b)   c)   d)

Abb. 8.1 (a) Bundesländer, (b) Kreise, (c) Verw.gemeinschaften, (d) Gemeinden[63]

---

[60] Zensus 2011, Begleitmaterial Ergebnisse: http://goo.gl/VpgKwl, [31.1.2014].

[61] Dienstleistungszentrum Bundesamt für Kartographie und Geodäsie: http://goo.gl/
tey2mP, [31.1.2014].

[62] Dokumentation Verwaltungsgebiete VG250: http://goo.gl/49dpIq, [31.1.2014].

[63] © GeoBasis-DE / BKG 2013 (Daten verändert); Dieser Quellenvermerk und Veränderungs-
hinweis gilt für sämtliche in dieser Arbeit abgedruckten Grenzverläufe.

Shapefile ist ein gängiges Datenformat für geographische Informationssysteme und enthält räumliche Vektordaten wie Punkte, Linien und Polygone. Diese repräsentieren im vorliegenden Fall Gebiete, es könnten aber auch so Flüsse, Straßen und Grundstücke dargstellt werden. Jedes Element besitzt üblicherweise Attribute, die es beschreiben. Hier sind es z. B. die Gemeinde-ID und der Name.

Mit QGIS,[64] einem freien Open-Source-Geographisches-Informationssystem lassen sich die vorliegenden Shapefiles öffnen. Abbildung 8.1 zeigt die verfügbaren Ebenen: Bundesländer, Kreise, Verwaltungsgemeinschaften und Gemeinden. Die Flächen in den Shapefiles sind sogenannte Multipolygone, d. h. jede Fläche kann aus mehreren Einzelflächen bestehen, und jedes dieser Multipolygone entspricht einem Eintrag in den Daten. Die Grenzverläufe können extrahiert werden und so ist es möglich Nachbarschaftsbeziehungen zwischen den Gemeinden zu berechnen, um den Bevölkerungsgraphen aufstellen zu können.

8.2 Datenaufbereitung

Wie aus den Bevölkerungsdaten zusammen mit den Shapefiles ein Bevölkerungsgraph entsteht, wird im folgenden Abschnitt erläutert. Es wird dabei deutlich, dass einige Objekte hierfür eine genauere Betrachtung benötigen. Anschließend wird umrissen, wie eine berechnete Wahlkreiseinteilung visualisiert werden kann.

8.2.1 Erstellen der Bevölkerungsgraphen

Im Folgenden wird beschrieben wie der Bevölkerungsgraph auf Gemeindeebene aufgestellt wird, analog ist dies natürlich auch für andere Verwaltungsebenen wie z. B. die Kreisebene möglich.

Mithilfe eines python-Skripts werden die Gemeinden aus den vorgestellten Zensus-Ergebnissen extrahiert. Durch die Kategorisierung der regionalen Einheit sind Gemeinden anhand des Wertes 60 in der ersten Spalte erkennbar. Zu jeder der insgesamt 11.339 deutschen Gemeinden liegt nun die Gemeinde-ID, der Name und die deutsche Bevölkerung in einem brauchbaren Format vor.

In den Shapefiles sind auf der Gemeindeebene 11.649 Objekte definiert, mehr als es deutsche Gemeinden (11.339) gibt. Es wird erläutert werden, dass durch

---

[64] QGIS Homepage: http://qgis.org, [31.1.2014].

begründete Vernachlässigung der Wasserflächen und umsichtigem Umgang mit den gemeindefreien Gebieten die Anzahl der Objekte auf korrekte 11.339 reduziert werden kann.

Mit der python Shapefile Library pyshp[65] können Shapefiles innerhalb eines python-Skripts gelesen und geschrieben werden. Zu jeder Gemeinde werden anhand der Flächenausmaße die Koordinaten des Mittelpunktes einer umgebenden Box berechnet. In Abbildung 8.2 wird dieser Vorgang beispielhaft für die Stadt Aachen durchgeführt. Der berechnete Punkt wird den Bevölkerungsknoten in dem Bevölkerungsgraphen darstellen. Jeder Knoten besitzt so feste Koordinaten. Es ist klar, dass bei dieser Berechnung der Bevölkerungsknoten nicht immer innerhalb des zugehörigen Gebietes liegen wird.

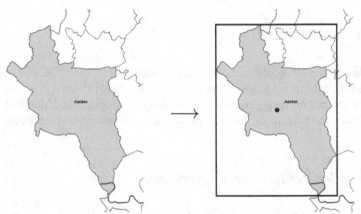

Abb. 8.2 Mittelpunkt einer Aachen umgebenden Box wird Bevölkerungsknoten

Innerhalb von QGIS kann über die programminterne Konsole ein python-Skript ausgeführt werden. Dieses kann auf die geographischen Daten sowie deren Attribute zugreifen und so werden zu jedem gewünschten Polygon die benachbarten Polygone berechnet. Übertragen auf den Bevölkerungsgraphen bedeutet dies, dass die Menge der Nachbarschaftskanten aufgestellt werden kann. Im weiteren Verlauf wird erläutert, wie mit Gemeinden ohne Nachbarn, wie z. B. den Nord- und Osteeinseln, umgegangen wird.

---

[65] Python Shapefile Library pyshp: http://code.google.com/p/pyshp/, [31.1.2014].

Bemerkung 8.2 Obwohl der Kartengraph einer Landkarte das verbreiteste Beispiel eines planaren Graphen ist, wird der hier entstehende Bevölkerungsgraph nicht notwendigerweise planar sein. Da die Flächen einzelner, zusammengehöriger Gebiete nicht zusammenhängend sind, können Nachbarschaftsbeziehungen zwischen Bevölkerungsknoten möglich sein, sodass ein Kreuzen dieser Kanten unvermeidbar ist. Dieser Fall wird jedoch die Ausnahme sein.

Das nachfolgende Beispiel verdeutlicht die in Bemerkung 8.2 beschriebene Begebenheit.

Beispiel 8.3 Das in Abbildung 8.3 schwarz eingefärbte Gebiet einer Gemeinde ist nicht zusammenhängend, jedoch mit allen anderen abgebildeten Gemeinden benachbart. Insgesamt ist der entstehende Bevölkerungsgraph der vollständige Graph K_5 auf 5 Knoten. Dieser ist bekanntlich nicht planar.

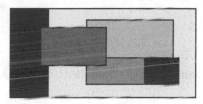

Abbildung 8.3 Landkarte mit nicht planarem Bevölkerungsgraph

Es folgt die angekündigte Betrachtung der Gewässerflächen und gemeindefreien Gebiete in den Shapefiles.

Gewässerflächen

In den Shapefiles wird durch ein Attribut zwischen Gewässer- und Landflächen unterschieden. Insgesamt sind 86 Wasserflächen ausgezeichnet. Es stellt sich die Frage, wie mit den Wasserflächen in Bezug auf den Bevölkerungsgraph umgegangen werden soll.

Beispiel 8.4 Abbildung 8.4 a) zeigt einen Shapefile-Ausschnitt von Mecklenburg-Vorpommern in der Nähe von Rostock. Das obere dunkler hervorgehobene Polygon ist die Gewässerfläche Ribnitz-Damgarten und das untere dunkler hervorgehobene ist die gleichnamige Landfläche. Weitere in den Shapefiles enthaltene Flächen sind in der Abbildung gelblich gefärbt. Mit der Vergleichskarte in Abb. 8.4 b) wird deutlich, dass die obere Fläche in der Tat Gewässer ist.

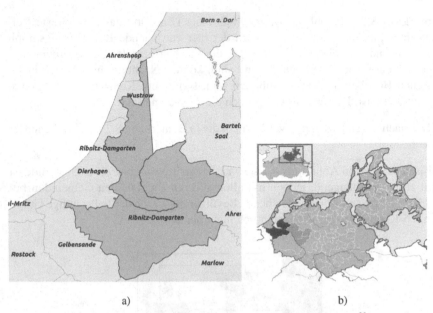

a)   b)

Abb. 8.4 (a) Wasser- und Landfläche Ribnitz-Damgarten, (b) Vergleichskarte[66]

Es wäre eine Möglichkeit, die Wasserfläche Ribnitz-Damgarten mit der zugehörigen Landfläche zu vereinen. Dies hätte zur Folge, dass Ribnitz-Damgarten in
dem Bevölkerungsgraphen mit den nördlich gelegenen Gemeinden Ahrenshoop
sowie Wustnow benachbart wäre. Im Gegensatz dazu, wäre Wustnow nicht mit
der östlich gelegenen Gemeinde Saal benachbart, da die zwischenliegende Gewässerfläche in den Shapefiles nicht definiert ist.

Solche Wasserflächen sind nicht durchgängig und nur vereinzelt in den Shapefiles berücksichtigt. Aus diesem Grund ist es sinnvoller, die Gewässerflächen zu
vernachlässigen. Dabei sind keine Verzerrungen des Bevölkerungsgraphen zu be-
fürchten.

---

[66] (b) Bildquelle: wikimedia.org, Urheberrechtsinhaber: Hagar66.

Gemeindefreie (unbewohnte) Gebiete

Die Shapefiles auf Gemeindeebene enthalten 226 über ein Attribut als gemeindefrei ausgezeichnete Gebiete. Im Verwaltungsrecht[67] ist ein gemeindefreies Gebiet ein abgegrenztes Gebiet, welches zu keiner politischen Gemeinde gehört. Diese Flächen sind zum größten Teil vom Militär genutzte Truppenübungsplätze oder Waldgebiete und sind zumeist unbewohnt.

Bei Abgleich dieser 226 Gebiete mit den Bevölkerungsdaten des Zensus wird deutlich, dass zwei der gemeindefreien Gebiete offiziell bewohnt sind. Es handelt sich dabei um die in Niedersachsen liegenden gemeindefreien Bezirke Lohheide mit 766 deutschen Einwohnern und Osterheide mit 621 deutschen Einwohnern. Zusammen bilden die beiden benachbarten Bezirke den Truppenübungsplatz Bergen. Die beiden bewohnten gemeindefreien Gebiete werden beim Aufbau des Bevölkerungsgraphen jeweils als Gemeinde und so als Bevölkerungsknoten angesehen.

Die verbleibenden 224 gemeindefreien Gebiete erfordern eine genauere Betrachtung und Verarbeitung. In Abbildung 8.5 sind die drei flächengrößten gemeindefreien Gebiete dargestellt. Dies ist zum Einen ein Abschnitt des Mittelgebirges Harz, aufgeteilt auf den Landkreis Goslar sowie Landkreis Osterode, und zum Anderen der Gutsbezirk Reinhardswald. Die unbewohnten Landgebiete einfach zu vernachlässigen, wie die Gewässergebiete ist keine gute Wahl. Dies kann zu „Löchern" im Bevölkerungsgraphen führen. Zwei Gemeinden, die geographisch über einen unbewohnten Waldbezirk gegenseitig direkt erreichbar sind, wären es im Bevölkerungsgraphen möglicherweise nicht mehr. Anhand der Beispiele Harz und Reinhardswald wird deutlich, dass dies eine Reihe von Nachbarschaftsbeziehungen betreffen würde.

Eine einfache Möglichkeit wäre es, für jedes gemeindefreie, unbewohnte Gebiet wie üblich einen Bevölkerungsknoten zu erstellen und diesem eine deutsche Bevölkerung von 0 zuzuweisen. Jedoch würde dieser Knoten aufgrund der geringen Bevölkerung im evtl. angewendeten Preprocessing (s. Abschnitt 9) mit einem einzelnen anderen Knoten zusammengeführt werden. Im Preprocessing wird dies bei bewohnten Gemeinden so gehandhabt, da die ansässige geringe Bevölkerung nicht aufgeteilt werden soll. Unbewohnte Gebiete können da anders behandelt werden. Viele unbewohnte Gebiete erscheinen flächenmäßig zu groß, um sinnvoll nur einer benachbarten Gemeinde zugeordnet zu werden. Solche Gebiete sollten auf mehrere angrenzende Gemeinden aufgeteilt werden. Im Übrigen ist in den gesetz-

---

[67] Staats- und Verwaltungsrecht Freistaat Bayern, Textbuch Deutsches Recht, 2013: http://goo.gl/c6gzA5, [15.3.2014].

lichen Grundsätzen für die Wahlkreiseinteilung (s. Abschnitt 2.3) nicht das Ziel
enthalten, gemeidefreie Gebiete nicht aufzuteilen.

Beispiel 8.5 Es existiere ein gemeindefreies, unbewohntes Gebiet A, welches von
sechs Gemeinden umgeben ist. Für das unbewohnte Gebiet sowie die Gemeinden
werden wie üblich Bevölkerungsknoten K_A und entsprechende Nachbarschaftskanten N_A eingeführt. Der von dem zugehörigen Knoten v_A und allen benachbarten Knoten induzierte Teilgraphen des Bevölkerungsgraphen sei isomorph zu dem
sogenannten *Wheel-Graph* W_6 auf 6 Knoten. Ein solcher ist in Abb. 8.6 a) dargestellt.

In der Graphentheorie sind folgende Begriffe geläufig. Bei einem in der Ebene
eingebetteten Graphen (wie der Bevölkerungsgraph) liegen durch die Kanten des
Graphen begrenzte zusammenhängende *Flächen* vor. Die begrenzenden Kanten
einer Fläche bilden ihren *Rand*. Die unbeschränkte Fläche um den Graphen herum
wird *äußere Fläche* genannt. Die Kanten des durch die Knotenmenge $K_A \setminus \{v_A\}$
induzierten Teilgraphen bilden den Rand der äußeren Fläche. Bei einem Bevölkerungsgraphen lässt sich die Einbettung in die Ebene nicht modifizieren, da die
Bevölkerungsknoten feste Koordinaten besitzen.

Nach Löschen des mittleren Knotens v_A des betrachteten Bevölkerungsgraphen
wäre es auf eine Art sinnvoll wie folgt neue Nachbarschaftsbeziehungen zu generieren. Es werden maximal viele Kanten zwischen je zwei Knoten der Menge
$K_A \setminus \{v_A\}$ hinzugefügt, sodass der betrachtete Graph planar bleibt und keine Kan-

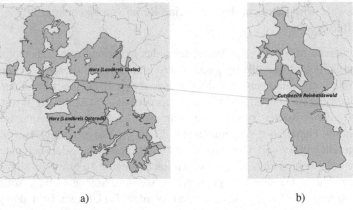

a)   b)

Abb. 8.5 (a) Gemeindefreie, unbewohnte Gebiete Harz und (b) Reinhardswald

a)   b)

Abbildung 8.6 a) Bevölkerungsgraph rund um das unbewohnte Gebiet A, b) maximal außenplanarer Graph

ten innerhalb der äußeren Fläche verlaufen. Der hier entstehende Graph ist in Abb. 8.6 b) dargestellt.

Ein Graph mit den gerade beschriebenen Eigenschaften heißt *maximal außenplanar*. Die Definition *außerplanarer Graphen* geht auf Chartrand und Harary 1967 [13] zurück.

Definition 8.6 Ein Graph heißt *außenplanar*, wenn sich dieser so in die Ebene einbetten lässt, dass alle seine Knoten auf dem Rand der äußeren Fläche liegen. Ein *maximaler außenplanarer Graph* ist ein außenplanarer Graph, der durch Hinzufügen einer Kante seine Außenplanarität verliert.

Außerdem ist ein Graph genau dann außenplanar, wenn der um einen neuen Knoten, welcher mit allen Knoten adjazent ist, ergänzte Graph planar ist. Dies ist schnell einzusehen, da kein Knoten eines außenplanaren Graphen vollständig von Kanten umgeben sein kann. Die Anzahl der Kanten eines maximal außenplanaren Graphen wurde von Kedlaya 1996 [38] nachgewiesen und entspricht bei Zugrundelegung des Wheel-Graphen der maximalen Anzahl an Nachbarschaftsbeziehungen die beim Aufteilen eines unbewohnten Gebietes zwischen dessen Nachbarn hinzukämen.

Satz 8.7 *Ein außenplanarer Graph auf n Knoten hat maximal $2n - 3$ Kanten.*
Beweis: Sei $G = (V_G, E_G)$ ein außenplanarer Graph und $H = (V_H, E_H)$ der Graph, der aus G entsteht, wenn ein neuer zu allen anderen Knoten adjazente Knote hinzugefügt wird. Da G genau dann außenplanar ist, wenn H planar ist und für planare Graphen $|E_H| \leq 3|V_H| - 6$ gilt, folgt, dass $|E_G| + n \leq 3(n+1) - 6$ gilt. Dies impliziert die behauptete Aussage $|E_G| \leq 2n - 3$. □

Durch die in Beispiel 8.5 beschriebene Vorgehensweise nach dem Löschen des unbewohnten Bevölkerungsknotens einen maximal außenplanaren Graphen auf den im Kreis angeordneten Nachbarn aufzustellen, wird das unbewohnte Gebiet derart auf die benachbarten Gemeinden verteilt, dass maximal viele neue Nachbarschaftsbeziehungen entstehen, jedoch der Kartencharakter des Bevölkerungsgraphen nicht durch zusätzliches Missachten der Planarität (s. Bemerkung 8.2) verloren geht.

In der Realität sind die betreffenden Teilgraphen des Bevölkerungsgraphen jedoch nicht mit einem solchen einfachen wie eindeutigen Muster zu beschreiben. Es liegen nicht automatisch Wheel-Graphen vor. Als Beispiel wird im Folgenden der Teilgraph um den schon in Abbildung 8.5 b) kennengelernten Gutsbezirk Reinhardswald studiert.

Beispiel 8.8 Die elf Nachbarn des unbewohnten Gutsbezirk Reinhardswald sind in der Abbildung 8.7 links verschieden eingefärbt, um die Zusammengehörigkeit der Gebiete zu erkennen. Die Bevölkerungsknoten sind an dieser Stelle nicht nach dem beschriebenen Vorgehen (s. Abb. 8.2) positioniert worden, sondern ohne Berechnung manuell innerhalb des entsprechenden Gebietes. Dies reicht im Folgenden aus.

Der entstehende Bevölkerungsgraph ist offensichtlich kein Wheel-Graph. Nach Löschen des mittleren Knotens kann keine Außenplanarität vorliegen, da die Knoten feste Koordinaten besitzen und zwei Knoten nicht auf dem Rand der äußeren Fläche liegen.

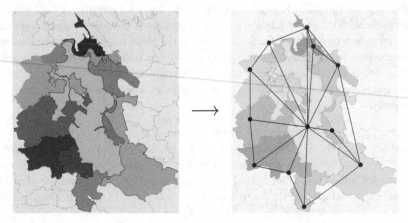

Abb. 8.7 Bevölkerungsgraph um den unbewohnten Gutsbezirk Reinhardswald

Es ist somit notwendig, ein anderes Vorgehen zu definieren, dass auf allen auftretenden Teilgraphen möglichst gut neue Beziehungen zwischen den Nachbarn des unbewohnten Gebietes entstehen lässt. Dabei soll die vorgestellte Überlegung im Falle eines Wheel-Graphen für allgemeinere Fälle adaptiert werden. Es wird ein Algorithmus angegeben, der ein unbewohntes Gebiet auf die benachbarten Gemeinden aufteilt, sodass die Distanzen zwischen den Bevölkerungsknoten miteinbezogen werden, möglichst viele neue Kanten zwischen den Nachbarn des unbewohnten Knotens hinzukommen und außerdem ein vorzugsweise planarer Graph in der Umgebung des unbewohnten Gebietes vorliegt.

Für die Vorstellung des Algorithmus sind zunächst einige Definitionen nötig.

Sei v ein unbewohnter Bevölkerungsknoten des Bevölkerungsgraphen $G_{\text{Bev}} = (K, N)$. Für je zwei Bevölkerungsknoten i und j existiert ein Wert $\text{dist}(i, j)$, der die Distanz zwischen diesen Knoten beschreibt. In der Umsetzung wird die euklidische Distanz verwendet. Weiter sei $K_v := \{i \in K : (i, v) \in N\}$ die Nachbarschaft von v sowie $N_v \subseteq N$ die Kantenmenge des induzierten Teilgraphen $G_{\text{Bev}}[K_v]$. Es sei

$$K_v^2 := \{i \in K \setminus \{v\} : \exists j \in K_v \text{ mit } (i, j) \in N\}$$

die Nachbarschaft von K_v ohne v selbst und

$$N_v^2 := \{e \in N : \exists i \in K_v^2 \exists j \subset K_v \text{ mit } e = (i, j)\}$$

die Menge aller Kanten zwischen genau je einem Knoten aus K_v und K_v^2.

Algorithmus 5 : Aufteilen von unbewohntem Gebiet auf Nachbargemeinden

---

input : Bevölkerungsgraph $G_{\text{Bev}} = (K, N)$,
 unbewohnter Bevölkerungsknoten $v \in K$
output : Bevölkerungsgraph G_{Bev} ohne Knoten $v \in K$

1 **compute** $L_v := \left(\{(i, j) : i, j \in K_v \text{ und } (i, j) \notin N\}, \leq_{\text{dist}} \right)$,

2   wobei $(i_1, j_1) \leq_{\text{dist}} (i_2, j_2) \iff \text{dist}(i_1, j_1) \leq \text{dist}(i_2, j_2)$

3 **set** $E \leftarrow \emptyset$

4 **for** $l = 1, \ldots, |L_v|$ **do**

5 $\quad e \leftarrow L_v[l]$

6 $\quad$ **if** e „kreuzt" keine Kante aus $E \cup N_v \cup N_v^2$ **then**

7 $\qquad E \leftarrow E \cup \{e\}$

8 $G_{\text{Bev}} \leftarrow G_{\text{Bev}} \setminus \{v\}$

9 $G_{\text{Bev}} \leftarrow G_{\text{Bev}} \cup E$

Die geordnete Menge L_v in Algorithmus 5 besteht aus allen in $G_{Bev}[K_v]$ nicht benachbarten Paaren von Knoten der Menge K_v, aufsteigend sortiert nach der Distanz zwischen den beiden Knoten des Paares. Es werden Kanten aus L_v auf Hinzunahme überprüft, dabei werden im Sinne der Ordnungsrelation zuerst nah beieinander liegende Knotenpaare als mögliche Endknoten einer neuen Kante behandelt.

Eine Kante wird in den Bevölkerungsgraphen aufgenommen, falls diese mit keiner schon im Laufe des Algorithmus hinzugenommenen Kante (Menge E) und mit keiner Kante des Graphen $G_{Bev}[K_v]$ sowie mit keiner Kante aus N_v^2 *kreuzt*. Dabei kreuzen sich zwei Kanten, wenn die beiden kürzesten Verbindungsstrecken zwischen den Knoten einen Schnittpunkt ungleich der Endknoten besitzen. Mit dieser Bedingung soll eine Art und nicht genauer definierte *Ausschnitts-Planarität* des Bevölkerungsgraphen gewährleistet sein. Auch wenn der Bevölkerungsgraph nicht notwendigerweise planar ist (s. Bemerkung 8.2), soll in diesem Algorithmus keine Kante hinzufügt werden, die eine in der Umgebung des unbewohnten Bevölkerungsknoten liegende Kante schneidet. Es soll so gefördert werden, dass das unbewohnte Gebiet umsichtig auf die benachbarten Gemeinden aufgeteilt wird.

Der beschriebene Algorithmus 5 wird im folgenden Beispiel durchgeführt.

Beispiel 8.9 Bei der Anwendung von Algorithmus 5 auf den Graphen um den unbewohnten Gutsbezirk Reinhardwald aus Abb. 8.7 entsteht der in Abb. 8.8 dargestellte Graph. Die grau gefärbten Kanten sind in der angegebenen Reihenfolge hinzugekommen.

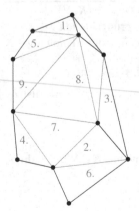

Abb. 8.8 Ausgabegraph

Algorithmus 5 wurde in einer beliebigen Reihenfolge auf die 224 unbewohnten Gebiete der Shapefiles angewendet. Dabei würden zwei unbewohnte Gebiete identifiziert, die keinen Nachbarn besitzen. Es handelt sich dabei um die ostfriesische Inseln Lütje Hörn und Memmert. Im Laufe der Durchführung war bei 49 unbewohnten Gebieten die Menge L_v leer, weil alle verbleibenden Nachbargemeinden schon jeweils miteinander verbunden waren. Insgesamt wurden 423 neue Kanten gesetzt. Von diesen haben es nicht alle in den letztendlichen Bevölkerungsgraphen geschafft, da zwei unbewohnte Gebiete nebeneinander liegen können und so bei Bearbeitung des zweiten Gebietes, zuvor entstandene Kanten entfernt werden können.

Insgesamt wurde durch umsichtige Verarbeitung der Gewässerflächen und unbewohnten Gebiete die Objektanzahl innerhalb der Shapefiles von 11.649 auf 11.339 reduziert. Dies entspricht exakt der Anzahl der deutschen Gemeinden nach dem Zensus 2011. Folgende Rechnung fasst die Reduzierung der Objekte zusammen.

$$
\begin{array}{rl}
 & 11.649 \text{ Shapefile-Objekte} \\
- & 86 \text{ Wasserflächen} \\
- & 224 \text{ unbewohnte Gebiete} \\
\hline
 & 11.339 \text{ Gemeinden}
\end{array}
$$

Eine Überprüfung mittels eines python-Skripts zeigt, dass die aus den Shapefiles extrahierten Gemeinden mit den Gemeinden aus den Zensus Daten übereinstimmen.

Gemeinden ohne Nachbar bzw. Festland-Nachbar

Nachdem die Nachbarschaftsbeziehungen in QGIS berechnet wurden, wird deutlich, dass 16 bewohnte Gemeinden existieren, dessen Gebiete keine Nachbarn besitzen. Dies sind zum einen zahlreiche Nord- und Ostseeinseln sowie zum anderen die in dieser Arbeit schon angesprochene Exklave Büsingen am Hochrhein, die umgeben von schweizer Staatsgebiet ist.

Jeder solche Bevölkerungsknoten wird innerhalb der kleinsten vorliegenden Verwaltungseinheit mit dem am nächsten liegenden Bevölkerungsknoten verbunden, solange dieser selbst Nachbarn besitzt und nicht nur Mitglied einer weiteren kleinen Zusammenhangskomponente ist. Solche Komponenten werden von den Gemeinden auf den Inseln Amrum, Föhr sowie Rügen und Usedom gebildet. Diese besitzen lediglich inselinterne Nachbargemeinden. Auch hier werden Kanten eingeführt, um die Inseln mit dem Festland zu verbinden.

Daten des Bevölkerungsgraphen

Insgesamt wird eine Datenstruktur erstellt, die zu jeder Gemeinde alle für den Bevölkerungsgraphen benötigten Informationen enthält:

- Gemeinde-ID
- Gemeindename
- deutsche Einwohner
- Koordinaten des Bevölkerungsknoten
- Liste der Nachbargemeinden

Darüberhinaus kann aus der Gemeinde-ID, wie oben schon erläutert, die Zugehörigkeit zu anderen Verwaltungseinheiten wie Bundesland, Regierungsbezirk oder Kreis abgelesen werden.

Mithilfe des `python` Standardmoduls `pickle` kann diese allumfassende Datenstruktur als eine Datei abgespeichert werden. Diese kann jeder Zeit und unkompliziert in einem `python`-Skript geladen werden und so zu jedem benötigten Eingabeformat für beispielsweise einen Algorithmus verarbeitet werden.

8.2.2 Visualisierung einer Wahlkreiseinteilung

Um eine Wahlkreiseinteilung in einem ansehnlichen Rahmen darstellen zu können, werden zusätzlich die Grenzen einer jeden Verwaltungsebene mittels eines `python`-Skripts aus den Shapefiles extrahiert. Eine Grenze besteht aus einer Menge von Punkten, von denen jeweils zwei Punkte miteinander verbunden werden. Diese Informationen werden einem `gnuplot`-Skript zur Verfügung gestellt, welches zusammen mit den Daten des Bevölkerungsgraphen eine visuelle Einbettung des Graphen in die Grenzverläufe produziert.

In Abbildung 8.9 sind neben dem Bevölkerungsgraphen von dem Bundesland Nordrhein-Westfalen sämtliche Kreisgrenzen eingezeichnet. Weitere Bevölkerungsgraphen sind im Abschnitt 8.3 sowie im Anhang A.3 angegeben.

Da die Verläufe der Gemeindegrenzen vorliegen, kann sich bei der Visualisierung einer Wahlkreiseinteilung vom Bevölkerungsgraphen gelöst werden. Anschaulicher werden alle einen Wahlkreis bildenden Flächen gleichfarbig eingefärbt.

Abbildung 8.9 Bevölkerungsgraph von Nordrhein-Westfalen

8.3 Analyse der Bevölkerungsgraphen

Die Bevölkerungsgraphen der Bundesländer bilden die Eingabeinstanzen für Algorithmen zur Lösung des Problems der Wahlkreiseinteilung für die Deutsche Bundestagswahl. In diesem Abschnitt wird ein genauerer Blick auf die mithilfe von Bevölkerungsdaten und Shapefiles aufgestellten Graphen geworfen.

Tabelle 8.2 gibt einen Überblick darüber, wie groß die Graphen der Flächenländer auf Gemeindeebene in Bezug auf Knoten- und Kantenanzahl sind. Die Stadtstaaten Berlin und Hamburg bestehen jeweils nur aus einem sowie Bremen aus zwei Bevölkerungsknoten. Eine Betrachtung der Stadtstaaten ist erst sinnvoll, wenn Daten einer kleineren Ebene, wie eine Unterscheidung der Stadtbezirke vorliegen. Für die vollständige Feststellung der Größe der Partitionierungsprobleme sind zusätzlich die Anzahl der einzuteilenden Wahlkreise angegeben. Die Zahlen sind aus den Zensus-Daten und einer Gesamtanzahl von 299 Wahlkreisen in Tabelle 2.3 auf Seite 25 berechnet worden. Außerdem ist jeweils die durchschnittliche Bevölkerung eines Knotens angegeben.

	Knoten	Kanten	#WK	$\varnothing p_i$
Schleswig-Holstein	1 116	3 191	11	2 405
Niedersachsen	1 024	2 907	30	7 179
Nordrhein-Westfalen	396	1 084	64	40 230
Hessen	426	1 164	21	12 469
Rheinland-Pfalz	2 306	6 848	15	1 612
Baden-Württemberg	1 101	3 227	38	8 495
Bayern	2 056	5 919	46	5 537
Saarland	52	128	4	17 949
Brandenburg	419	1 142	12	5 760
Meckl.-Vorpommern	808	2 207	6	1 958
Sachsen	470	1 299	16	8 468
Sachsen-Anhalt	219	584	9	10 264
Thüringen	942	2 681	9	2 288

Tabelle 8.2 Anzahl Knoten, Kanten, Wahlkreise und durchschnittliche deutsche Bevölkerung pro Knoten der Bevölkerungsgraphen der Flächenländer

Es wird deutlich, dass die Graphen überwiegend eine große Anzahl an Knoten und Kanten besitzen. Dies sprengt alle Graphgrößen, die in der Literatur mit einem exakten Verfahren gelöst werden konnten (s. Kapitel 5). Die Betrachtung der Bevölkerungszahlen zeigt, dass jeder Bevölkerungsknoten im Durchschnitt lediglich ein Dorf bzw. eine Kleinstadt darstellt.

Im Anhang A.3 sind sämtliche Bevölkerungsgraphen der Flächenländer abgebildet.

Großstädte wie z. B. Köln im Bevölkerungsgraph von Nordrhein-Westfalen (s. Abb. 8.9 auf Seite 137) oder München in Bayern (s. Anhang Abb. A.7 auf Seite 215) lassen sich sehr gut identifizieren. Sie sind zu sehr vielen Gemeinden benachbart und es existiert in der näheren Umgebung kein weiterer Bevölkerungsknoten.

In dem Bevölkerungsgraph von Schleswig-Holstein (s. Abb. 8.10) ist die Insel Helgoland mit einer solch langen Kante mit dem Festland verbunden, da Helgoland zu dem dort hauptsächlich liegenden Kreis Pinneberg gehört.

In allen Bevölkerungsgraphen sind sehr viele graphenteoretische Gebiete durch einen Kreis der Länge 3 umrandet. D. h. durch jeweils drei Kanten werden sehr viele Dreiecke gebildet. Nur sehr vereinzelt schneiden sich zwei Kanten und zerstören so z. T. die Planarität. Insgesamt ist der Kartencharakter der Bevölkerungsgraphen gut zu erkennen.

Bei Betrachtung der Graphen festigt sich der Eindruck, dass zahlreiche Teile der Bundesländer sehr detailliert in viele Bevölkerungsknoten unterteilt sind und diese womöglich jeweils nur eine geringe Anzahl an deutscher Bevölkerung repräsentieren.

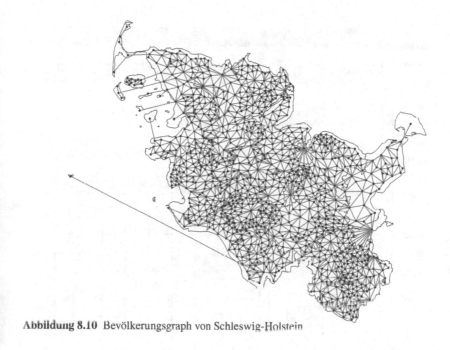

Abbildung 8.10 Bevölkerungsgraph von Schleswig-Holstein

Im Folgenden wird die Verteilung der Bevölkerung auf die Knoten der einzelnen Flächenländer genauer untersucht.

Für dieses Vorhaben wurde der Box-Whisker-Plot in Abbildung 8.11 erstellt. Als Datenwerte wurden die deutschen Bevölkerungszahlen der Bevölkerungsknoten zugrunde gelegt. Es ist zu beachten, dass die Werteachse in vier verschieden skalierte Abschnitte unterteilt ist. Aufgrund der breit gefächerten Bevölkerungsdaten wäre ansonsten eine aussagekräftige Darstellung nicht gewährleistet. Für Deutschland sowie jedes Flächenland lässt sich dem Diagramm entnehmen, in welchem Bereich die jeweiligen Bevölkerungsdaten liegen und wie sich diese über selbigen verteilen. Es sind jeweils der kleinste Datenwert, das untere Quartil, der Median, das obere Quartil sowie der größte Datenwert ablesbar.

Der maximale deutsche Bevölkerungswert von knapp unter drei Millionen ist in keinem der angegebenen Bundesländer wieder zu finden, da erneut die Stadtstaaten Berlin, Hamburg und Bremen in diesem Diagramm als Einzelbetrachtung nicht vertreten sind. Bayern ist das einzige Flächenland, welches mit München eine Stadt mit mehr als einer Millionen deutscher Einwohner enthält.

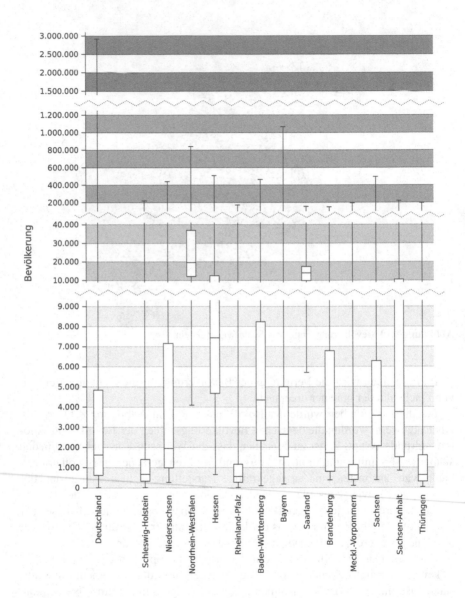

Abbildung 8.11 Box-Whisker-Plot der Bevölkerungsdaten von Deutschland und jedem Flächenland

Abbildung 8.11 zeigt, dass über ganz Deutschland gesehen, $\frac{3}{4}$ aller Bevölkerungsknoten nur jeweils eine deutsche Bevölkerung von maximal 4.843 enthalten. Ein solcher Wert entspricht bei 299 deutschen Wahlkreisen weniger als 2% der durchschnittlichen Wahlkreisgröße. Wird nur das Bundesland Schleswig-Holstein, Rheinland-Pfalz, Meckl.-Vorpommern (s. auch Abb. 8.12) oder Thüringen betrachtet, fällt diese Größe noch sehr viel kleiner aus. Bei genauerer Betrachtung der Abbildung 8.1 auf Seite 124 fällt auf, dass in besonders diesen vier Bundesländern die erneute Unterteilung von der Ebene der Verwaltungsgemeischaften (Abb. 8.1 c)) zu den Gemeinden (Abb. 8.1 d)) stark ausgeprägt ist.

Eine genauere Aufschlüsselung der bevölkerungsarmen Knoten liefert Abbildung 8.13. In Abhängigkeit von geringen Prozentsätzen der durchschnittlichen Wahlkreisgröße $\varnothing_p$ bei insgesamt 299 Wahlkreisen, zeigt das Säulendiagramm den Anteil der Bevölkerungsknoten.

Knapp über 90% der Bevölkerungsknoten in ganz Deutschland repräsentieren jeweils eine Bevölkerung von weniger als 5% der durchschnittlichen Wahlkreisgröße. Bei einer Bevölkerung von maximal 1% von $\varnothing_p$ sind es allein mehr als 60% der deutschen Knoten. Der Wert 5% $\varnothing_p$ beträgt 12.381 und 1% $\varnothing_p$ sind gleich 4.952.

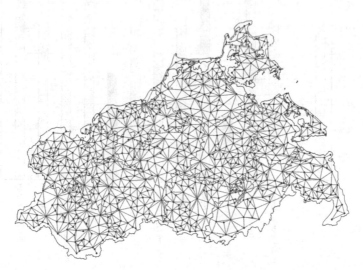

Abbildung 8.12 Bevölkerungsgraph von Meckl.-Vorpommern

Auch in diesem Diagramm zeigt sich, dass besonders Schleswig-Holstein, Rheinland-Pfalz, Meckl.-Vorpommern und Thürigen fast ausschließlich aus sehr kleinen Gemeinden besteht. Lediglich Nordrhein-Westfalen und das Saarland offenbaren eine stark abweichende Bevölkerungsstruktur. Bei diesen beiden Bundesländern sind Knoten mit einer Bevölkerung von maximal 5% $\varnothing_p$ in der Minderheit. Nordrhein-Westfalen besteht als bevölkerungsreichstes Bundesland aus den drittwenigsten Bevölkerungsknoten unter den Flächenländern – nach dem Saarland und Sachsen-Anhalt. So repräsentiert in NRW jeder der 396 Knoten eine vergleichsweise große deutsche Bevölkerung.

Insgesamt eröffnet die Verteilung der Bevölkerungswerte – analysiert anhand der Abbildungen 8.11 sowie 8.13 – die Möglichkeit, die Anzahl der Knoten der

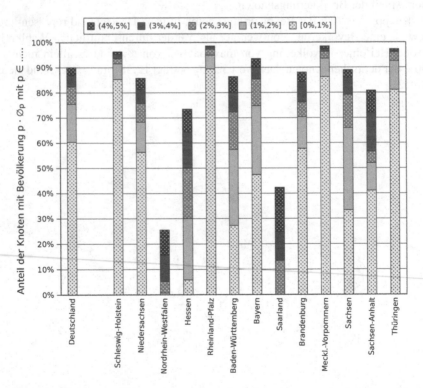

Abbildung 8.13 Anteil der Bevölkerungsknoten mit im Vergleich zur durchschnittlichen Wahlkreisgröße $\varnothing_p$ (bei 299 Wahlkreisen) geringer Bevölkerung

Bundesländer zu verringern, ohne in einem unangemessenen Ausmaß Genauigkeit beim Lösen der Instanz zu verlieren. In einem Preprocessing auf den Daten werden bevölkerungsarme Knoten mit jeweils einem benachbarten Knoten verschmolzen. Dabei kann ein Knoten als bevölkerungsarm gelten, wenn dieser weniger als 1% der durchschnittlichen Wahlkreisgröße repräsentiert. Bei einer solchen Grenze können, wie gesehen, bis zu 60% der Knoten mit einem anderen zusammengeführt werden.

Tabelle 8.3 klassifiziert die bevölkerungsreichen Knoten ab einer Bevölkerung von $25\% \varnothing_p$. Es existieren einige Bevölkerungsknoten, die mehr deutsche Einwohner repräsentieren, als ein Wahlkreis maximal enthalten darf. Die größtmögliche Bevölkerung eines Wahlkreises beträgt bei 299 Wahlkreisen laut Wahlgesetz (s. Abschnitt 2.3) $125\% \varnothing_p$, das entspricht einer Bevölkerung von knapp über 300.000. Knoten dieser Größe müssen auf jeden Fall aufgeteilt oder schon einem Wahlkreis zugewiesen werden, um eine zulässige Wahlkreiseinteilung garantieren zu können. Somit werden auch die bevölkerungsreichen Knoten Inhalt des Preprocessing sein, welches im nun anschließenden Kapitel 9 genauer erläutert wird.

	{Knoten mit Bevölkerung aus Intervall ...}			
	$[\frac{25}{100}\varnothing_p, \varnothing_p]$	$[\frac{75}{100}\varnothing_p, \infty)$	$[\varnothing_p, \infty)$	$(\frac{125}{100}\varnothing_p, \infty)$
Schleswig-Holstein	5	2	–	–
Niedersachsen	11	2	1	1
Nordrhein-Westfalen	39	15	10	6
Hessen	7	2	1	1
Rheinland-Pfalz	6	–	–	–
Baden-Württemberg	12	3	2	1
Bayern	8	3	2	2
Saarland	1	–	–	–
Brandenburg	3	–	–	–
Meckl.-Vorpommern	3	1	–	–
Sachsen	3	3	2	2
Sachsen-Anhalt	3	2	–	–
Thüringen	3	1	–	–

Tabelle 8.3 Klassifizierung bevölkerungsreicher Knoten der Flächenländer

Kapitel 9
Preprocessing auf den Bevölkerungsgraphen

Dieses Kapitel umfasst Algorithmen, die auf den Bevölkerungsgraphen angewendet werden können, bevor dieser als Eingabegraph einem Lösungsalgorithmus für das Problem der Wahlkreiseinteilung übergeben wird. Hierbei verfolgt das Preprocessing verschiedene Ziele, in Abhänigkeit der vorgesehenen Weiterverwendung des Bevölkerungsgraphen. Abbildung 9.1 enthält einen Überblick.

Wie schon in Abschnitt 8.3, der Analyse der Bevölkerungsgraphen angedeutet, führen bevölkerungsreiche Knoten – unter der Annahme, dass Bevölkerungsknoten nicht auf mehrere Wahlkreise aufgeteilt werden dürfen – dazu, dass keine zulässige Wahlkreiseinteilung existiert. Diese Annahme wurde bei der Definition des Problems der Wahlkreiseinteilung (s. Abschnitt 4.1) getroffen. Preprocessingschritte in Abschnitt 9.1 sowie anteilig in Abschnitt 9.6 verfolgen das Ziel, durch bevölkerungsreiche Knoten verursachte Unzulässigkeit zu beseitigen.

Dem Einblick in die Literatur in Kapitel 5 ist zu entnehmen, dass die Bevölkerungsgraphen zumeist zu viele Knoten und Kanten enthalten, als dass eine optimale Wahlkreiseinteilung mit einem exakten Verfahren z. B. Ganzzahliger Linearer Programmierung gefunden werden kann. Preprocessingschritte in Abschnitt 9.2, Abschnitt 9.3 sowie Abschnitt 9.4 und anteilig Abschnitt 9.6 verfolgen das Ziel, den Bevölkerungsgraphen ohne bzw. mit wenig Verlust der Genauigkeit zu verkleinern. Zum Einen können die kleinsten Gemeinden mit jeweils einer benachbarten Gemeinde zu einem Bevölkerungsknoten zusammengefasst werden. Zum Anderen können aufgrund der Graphenstruktur einzelne Kanten vernachlässigt werden.

Es zahlt sich in einigen Fällen aus, einem Modell bzw. Lösungsalgorithmus zusätzliche Informationen zu geben. Der Preprocessingschritt in Abschnitt 9.5 berechnet für jeden Bevölkerungsknoten v die Menge an Knoten, mit denen v einen Wahlkreis teilen kann. Die Motivation ist dabei, dass zu weit voneinander entfernte Bevölkerungsknoten nicht in dem selben Wahlkreis einthalten sein werden und so diese Möglichkeit in einem Lösungsalgorithmus im Vorhinein ausgeschlossen wird.

Schließlich werden in Abschnitt 9.6 lösungsorientiertere Preprocessingschritte vorgestellt. Es werden große Städte oder Kreise erkannt, denen mit wenig Abweichung von der durchschnittlichen Wahlkreisgröße eine bestimmte Anzahl an

Wahlkreisen zugeordnet werden kann. Dadurch wird schon ein Teil der Wahlkreiseinteilung festgelegt und der verbleibende Bevölkerungsgraph verkleinert sich.

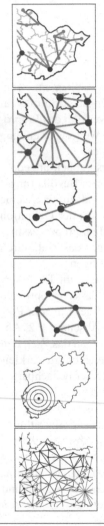

9.1 Bevölkerungsarme Knoten
Knoten mit sehr geringer Bevölkerung wird mit ausge-
wähltem, benachbarten Knoten zusammengeführt.

9.2 Bevölkerungsreiche Knoten
Knoten mit viel Bevölkerung wird in mehrere bevölker-
ungsärmere Knoten geteilt.

9.3 Knoten mit Knotengrad eins
Knoten mit nur einem Nachbarn und nicht allzu viel Bevölkerung wird mit Nachbar zusammengeführt.

9.4 Knoten mit Grad zwei auf Kreis der Länge drei
In bestimmten Fällen kann eine Kante eines Kreises der
Länge drei vernachlässigt werden.

9.5 Knoten, die in untersch. Wahlkreisen liegen
Nur die Knoten in der Umgebung eines Bevölkerungsknotens können mit diesem im gleichen Wahlkreis liegen.

9.6 Lösungsorientiertes Preprocessing
Städte und Kreise mit passender Bevölkerung werden eine bestimmte Anzahl an Wahlkreisen zugeordet und so
wird schon ein Teil der Wahlkreiseinteilung festgelegt.

Abbildung 9.1 Überblick der Preprocessingabschnitte

Die Preprocessingschritte 9.1 bis 9.4 werden jeweils auf den originalen Bevölkerungsgraphen aller Flächenländer ausgeführt. Welche Graphen dabei entstehen bzw. wie sich die Knoten- und Kantenanzahl ändert, ist in den Abschnitten angegeben.

Es wird an dieser Stelle motivierend vorweggenommen, wie sich die Größe der Bevölkerungsgraphen verändert hat, wenn die Preprocessingschritte nacheinander ausgeführt wurden. Tabelle 9.1 liefert hierzu die Zahlen. Als erstes wird Schritt 9.1 auf dem origianlen Bevölkerungsgraphen ausgeführt. Auf dem jeweils entstehenden Graphen wird anschließend solange Schritt 9.2, Schritt 9.3 sowie Schritt 9.4 wiederholt, bis keiner der Schritte mehr eine Änderung erwirkt.

Die Bundesländer Nordrhein-Westfalen, Hessen und das Saarland haben eine Vergrößerung des Bevölkerungsgraphen erfahren, weil in Schritt 9.2 bevölkerungsreiche Knoten geteilt wurden. Schon bei der Analyse der Bevölkerungsgraphen in Abschnitt 8.3 wurde festgestellt, dass Nordrhein-Westfalen vergleichsweise wenige, aber dafür größtenteils bevölkerungsreiche Knoten enthält.

Die Abbildung 9.2 enthält beispielhaft den Bevölkerungsgraph von Rheinland-Pfalz nach dem angegebenen Preprocessing. In Schritt 9.2 geteilte Knoten liegen genau aufeinander, sodass diese nicht einzeln zu erkennen sind. Zusätzlich sind alle Gemeindegrenzen eingezeichnet, so ist erkennbar, wo Knoten zusammengeführt wurden.

	originaler Graph		nach Preprocessing 9.1, 9.2, 9.3, 9.4			
	Knoten	Kanten	Knoten		Kanten	
Schleswig-Holstein	1 116	3 191	−82%	196	−83%	551
Niedersachsen	1 024	2 907	−55%	458	−52%	1 401
Nordrhein-Westfalen	396	1 084	+29%	512	+170%	2 931
Hessen	426	1 164	−18%	349	+5%	1 218
Rheinland-Pfalz	2 306	6 848	−86%	313	−87%	906
Baden-Württemberg	1 101	3 227	−44%	618	−36%	2 053
Bayern	2 056	5 919	−56%	914	−46%	3 215
Saarland	52	128	+2%	53	+15%	147
Brandenburg	419	1 142	−59%	170	−62%	439
Meckl.-Vorpommern	808	2 207	−86%	114	−87%	289
Sachsen	470	1 299	−47%	251	−29%	925
Sachsen-Anhalt	219	584	−39%	134	−32%	397
Thüringen	942	2 681	−82%	172	−82%	475

Tabelle 9.1 Knoten-, Kantenanzahl vor und nach dem angegebenen Preprocessing

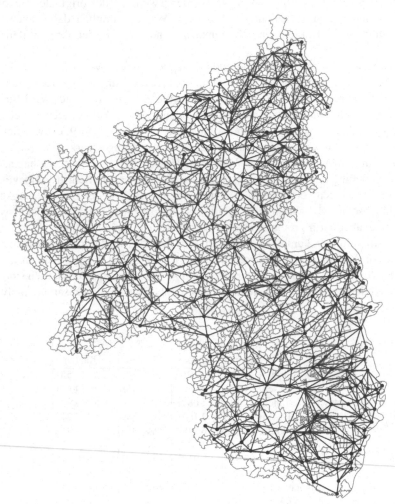

Abbildung 9.2 Bevölkerungsgraph von Rheinland-Pfalz nach Preprocessing

9.1 Bevölkerungsarme Knoten

Wie in Abschnitt 8.3 gesehen, enthalten die Bevölkerungsgraphen der Flächenländer sehr viele, sogar bis zu 2.300 Knoten und dabei repräsentieren zum Teil bis zu 90% der Knoten jeweils nur eine Bevölkerung von maximal 1% der durchschnittlichen Wahlkreisgröße $\varnothing_p$. Die Bevölkerungsgraphen sind zu groß, um auf diesen mit exakten Algorithmen eine optimale Wahlkreiseinteilung berechnen zu können.

Die Bevölkerungsstruktur der Gemeindeebene lässt zu, Gemeinden zusammenzufassen. Damit der Genauigkeitsverlust möglichst gering ist, werden nur die kleinsten Gemeinden mit einer benachbarten zusammengefasst. Mehrotra, Johnson und Nemhauser 1998 [48] schlagen in ihrem auch in Abschnitt 5.5 vorgestellten Artikel vor, Gemeinden mit einer Bevölkerung kleiner als 2% $\varnothing_p$ mit der bevölkerungsärmsten benachbarten Gemeinde zu vereinigen.

In Abschnitt 8.3 ist der Abbildung 8.13 zu entnehmen, dass durch diese Grenze von 2% schon die meisten kleinen Gemeinden miteinbezogen sind. Eine Erhöhung auf 3%, 4% oder 5% würde bei den meisten Bundesländern nicht wesentlich mehr Gemeinden beinhalten.

Die Vereinigung zweier Gemeinden repräsentiert die Summe der beiden Bevölkerungen. Außerdem werden die Nachbarschaftsmengen ebenfalls vereinigt, so dass der entstehende Bevölkerungsknoten mit genau den Knoten benachbart ist, die zuvor Nachbar eines der vereinigten Gemeinden waren. Bildlich gesprochen werden so zwei Bevölkerungsknoten über eine Kante ineinander überführt und zu einem Bevölkerungsknoten vereinigt.

Die Auswahl des Vereinigungspartners einer kleinen Gemeinde, soll im Vergleich zu Mehrotra et al. [48] spezifizierter geschehen. Da Daten über verschiedenste Verwaltungsebenen vorliegen, werden diese mit einbezogen. Vereinigungspartner ist die bevölkerungsärmste, benachbarte Gemeinde innerhalb der kleinstmöglichen Verwaltungsebene. Dabei sollen primär originale Nachbarnbeziehungen, also keine durch dieses Vorgehen neu erschaffene verwendet werden. Die kleinste Ebene nach der Gemeindeebene wird durch die Gemeindeverbände gebildet. Die nächst allgemeinere Ebene enthält die Kreise sowie kreisfreien Städte. Es besteht die Möglichkeit, dass vereinigte Gemeinden erneut klein sind. Damit Gemeinden letzendlich nicht über mehrere Nachbarschaftsbeziehungen zu weit „weitergereicht" werden, ist dies durch die Kreisgrenzen begrenzt.

Nach Betrachtung der Bevölkerungsdaten wird festgestellt, dass die kreisfreie Stadt Zweibrücken in Rheinland-Pfalz mit 32.560 (ca. 13% $\varnothing_p$) deutschen Einwohnern das bevölkerungsärmste Objekt der Kreisebene in ganz Deutschland ist. Aus diesem Grund ist die Einschränkung möglich, dass Gemeinden nicht über

Kreisgrenzen hinaus vereinigt werden dürfen. Ausnahme ist Buxheim (Schwaben), eine Exklave des Landkreises Unterallgäu.

Mit der Auswahl des Vereinigungspartners wird einerseits der Bevölkerungsgraph nicht allzu sehr verzerrt und es wird andererseits gefördert, die Kreisgrenzen, wie im Wahlgesetz gefordert, bei der Wahlkreiseinteilung möglichst einzuhalten.

In einem Algorithmus zusammengefasst werden kleine Gemeinden wie folgt miteinander vereinigt.

Algorithmus 6 : `coalesce_small_nodes` $(G_{\text{Bev}} = (K, N), \varnothing_p)$

---

input   : Bevölkerungsgraph $G_{\text{Bev}} = (K, N)$ eines Bundeslandes,
               durchschnittliche Wahlkreisgröße $\varnothing_p$
output : Graph G_{Bev} mit $p_v \geq 2\% \, \varnothing_p$ für alle $v \in K$

---

1   $N^{\text{neu}} \leftarrow \emptyset$

2   **while** $\exists v \in K$ mit $p_v < \frac{2}{100} \varnothing_p$ **do**

3      $v \leftarrow \arg\min_{i \in K} p_i$

4   **compute** $K_v = \{i \in K : (v, i) \in N\}$

5   **compute** $K_v^{\text{neu}} = \{i \in K : (v, i) \in N \text{ oder } (v, i) \in N^{\text{neu}}\}$

6   **compute** $K_v^{\text{Gvb}} = \{i \in K : i, v \text{ im selben Gemeindeverband}\}$

7   **compute** $K_v^{\text{Krs}} = \{i \in K : i, v \text{ im selben Kreis}\}$

8   **if** $K_v \cap K_v^{\text{Gvb}} \neq \emptyset$ **then**

9         $K_v^{\text{Knd}} \leftarrow K_v \cap K_v^{\text{Gvb}}$

10   **else if** $K_v^{\text{neu}} \cap K_v^{\text{Gvb}} \neq \emptyset$ **then**

11        $K_v^{\text{Knd}} \leftarrow K_v^{\text{neu}} \cap K_v^{\text{Gvb}}$

12   **else if** $K_v \cap K_v^{\text{Krs}} \neq \emptyset$ **then**

13        $K_v^{\text{Knd}} \leftarrow K_v \cap K_v^{\text{Krs}}$

14   **else if** $K_v^{\text{neu}} \cap K_v^{\text{Krs}} \neq \emptyset$ **then**

15        $K_v^{\text{Knd}} \leftarrow K_v^{\text{neu}} \cap K_v^{\text{Krs}}$

16     $\text{knd} \leftarrow \arg\min_{i \in K_v^{\text{Knd}}} p_i$

17     $p_{\text{knd}} \leftarrow p_{\text{knd}} + p_v$

18     $N^{\text{neu}} \leftarrow N^{\text{neu}} \cup \{(\text{knd}, i) : i \in K_v\}$

19     $K \leftarrow K \setminus \{v\}$

     $N \leftarrow N \cup N^{\text{neu}}$

Die Schleife in Algorithmus 6 (ab Zeile 2) wird so lange wiederholt, bis kein kleiner Bevölkerungsknoten mehr existiert. Die Knotenmengen K_v bzw. K_v^{neu} beschreiben die Nachbarschaftsmenge von $v \in K$ bzgl. der originalen Kanten bzw.

der originalen und im Laufe des Algorithmus schon hinzugekommene Kanten. Die Mengen K_v^{Gvb} bzw. K_v^{Krs} beschreiben die Knotenmenge des Gemeindeverbandes von v bzw. des Kreises von v. Die Menge K_v^{Knd} enthält die Vereinigungskandidaten für die kleine Gemeinde $v \in K$. Letzendlich wird in Zeile 16 der bevölkerungsärmste Kandidat als Vereinigungsknoten gewählt. In der Anwendung auf die Bevölkerungsgraphen der Bundesländer ist dies immer möglich, da die Menge K_v^{Knd} an dieser Stelle nie leer ist. Nach Durchführung des Algorithmus 6 enthält der Bevölkerungsgraph nur noch Knoten mit einer Mindestbevölkerung von 2% $\varnothing_p$.

Abbildung 9.3 bzw. Abbildung 9.4 zeigt den Bevölkerungsgraphen von Niedersachen bzw. Thüringen nach Anwendung des Algorithmus 6. Die roten Knoten wurden über orangene Kanten mit benachbarten Knoten zusammengeführt. Es sind auch Zusammenführungswege und -bäume zu erkennen. Die schwarzen Knoten und grauen Kanten bilden den entstandenen Bevölkerungsgraph. Tabelle 9.2 zeigt die entstandenen Graphgrößen aller Flächenländer.

Abbildung 9.3 Bevölkerungsgraph von Niedersachsen nach `coalesce_small_nodes`

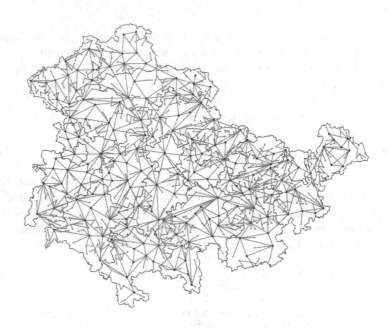

Abbildung 9.4 Bevölkerungsgraph von Thüringen nach `coalesce_small_nodes`

	originaler Graph		nach coalesce_small_nodes	
	Knoten	Kanten	Knoten	Kanten
Schleswig-Holstein	1 116	3 191	−83% 194	484
Niedersachsen	1 024	2 907	−57% 438	1 188
Nordrhein-Westfalen	396	1 084	−1% 393	1 076
Hessen	426	1 164	−21% 335	915
Rheinland-Pfalz	2 306	6 848	−87% 305	844
Baden-Württemberg	1 101	3 227	−46% 596	1 723
Bayern	2 056	5 919	−57% 887	2 514
Saarland	52	128	±0% 52	128
Brandenburg	419	1 142	−60% 167	418
Meckl.-Vorpommern	808	2 207	−86% 117	276
Sachsen	470	1 299	−51% 232	621
Sachsen-Anhalt	219	584	−42% 127	330
Thüringen	942	2 681	−82% 169	441

Tabelle 9.2 Knoten-, Kantenanzahl vor und nach dem Preprocessingschritt 9.1

9.2 Bevölkerungsreiche Knoten

Bevölkerungsknoten mit einer zu großen Bevölkerung können dafür verantwortlich sein, dass der zugrundeliegende Bevölkerungsgraph keine zulässige Lösung im Sinne der Definition 4.1 des Problems der Wahlkreiseinteilung besitzt. Außerdem schränken bevölkerungsreiche Knoten die Variabilität der Wahlkreisgestaltung ein.

Beispiel 9.1 Die niedersächsische Landeshauptstadt Hannover besitzt eine deutsche Bevölkerung von 439.460 und wird von einem Bevölkerungsknoten repräsentiert. In Hannover wohnen mehr Deutsche, als ein Wahlkreis laut Wahlgesetz maximal umfassen darf. In Zahlen ausgedrückt: $439.460 > 125\% \varnothing_p = 309.534$. Dies hat zur Folge, dass der Bevölkerungsgraph keine zulässige Wahlkreiseinteilung ermöglicht.

Bevölkerungsreiche Knoten sind im Vorfeld in mehrere kleine zu unterteilen. Da keine Daten zu Bevölkerung und Nachbarschaftsbeziehungen der Stadtbezirke oder -teile der Großstädte vorliegen, wird folgend beschriebenes Vorgehen verwendet.

Mehrotra, Johnson und Nemhauser 1998 [48] schlagen in dem auch in Abschnitt 5.5 vorgestellten Artikel vor, den Bevölkerungsgraphen im Vorfeld so zu modifizieren, dass kein Knoten mehr als $25\% \varnothing_p$ repräsentiert. Dazu wird jeder bevölkerungsreiche Knoten in soviele gleichgroße neue Bevölkerungsknoten unterteilt, sodass jeder der Knoten die Bevölkerungsgrenze von $25\% \varnothing_p$ einhält. In einer von den Autoren nicht ausgeführten Prozedur werden die Knoten platziert und Nachbarschaftsbeziehungen definiert.

Der Einfachheit halber gleichen sich an dieser Stelle die Nachbarschaftsbeziehungen der entstehenden Knoten mit den Beziehungen des geteilten Knotens. Außerdem bilden die entstehenden Knoten untereinander einen vollständigen Graphen.

Das Vorgehen wird in Algorithmus 7 formal beschrieben. In Zeile 5 wird die Anzahl s berechnet, in die der bevölkerungsreiche Knoten v geteilt wird. Da die Bevölkerungsaufteilung nicht immer gleichmäßig ganzzahlig möglich ist, gibt es bei der Bevölkerungszuweisung die Unterscheidung zwischen Zeile 7 und 10.

Tabelle 9.3 gibt an, wie die Größe der Bevölkerungsgraphen durch Ausführung des Algorithmus verändert wurde.

Algorithmus 7 : `split_nodes` $(G_{\text{Bev}} = (K,N), \varnothing_p)$

input : Bevölkerungsgraph $G_{\text{Bev}} = (K,N)$ eines Bundeslandes,
durchschnittliche Wahlkreisgröße $\varnothing_p$
output : Graph G_{Bev} mit $p_i \leq 25\% \varnothing_p$ für alle $i \in K$

1 **for all** $v \in K$
2   **if** $p_v > \frac{25}{100} \varnothing_p$ **then**
3   **compute** $K_v = \{i \in K : (v,i) \in N\}$
4          $s \leftarrow \left\lceil \frac{p_v}{25\% \varnothing_p} \right\rceil$
5   **for all** $j = 1, \ldots, s$
6              $K \leftarrow K \cup \{v_j\}$
7   **if** $j \neq s$ **then**
8                  $p_{v_j} \leftarrow \left\lfloor \frac{p_v}{s} \right\rfloor$
9   **else**
10                 $p_{v_j} \leftarrow p_v - (s-1)\left\lfloor \frac{p_v}{s} \right\rfloor$
11         $N \leftarrow N \cup \{(v_i,v_j) : 1 \leq i \neq j \leq s\}$
12         $K \leftarrow K \setminus \{v\}$

---

	originaler Graph		durch `split_nodes` hinzugekomen	
	Knoten	Kanten	Knoten	Kanten
Schleswig-Holstein	1 116	3 191	+ 9	+ 148
Niedersachsen	1 024	2 907	+ 22	+ 253
Nordrhein-Westfalen	396	1 084	+ 90	+ 1.862
Hessen	426	1 164	+ 18	+ 319
Rheinland-Pfalz	2 306	6 848	+ 8	+ 115
Baden-Württemberg	1 101	3 227	+ 26	+ 370
Bayern	2 056	5 919	+ 33	+ 740
Saarland	52	128	+ 2	+ 23
Brandenburg	419	1 142	+ 4	+ 47
Meckl.-Vorpommern	808	2 207	+ 5	+ 73
Sachsen	470	1 299	+ 19	+ 331
Sachsen-Anhalt	219	584	+ 7	+ 72
Thüringen	942	2 681	+ 5	+ 106

Tabelle 9.3 Knoten-, Kantenanzahl vor und nach dem Preprocessingschritt 9.2

9.3 Knoten mit Knotengrad eins

Bevölkerungsknoten die innerhalb eines Bundeslandes
nur einen Nachbarknoten haben und keine zu große Bevölkerung repräsentieren, können mit diesem eindeutigen Nachbarn vereinigt werden. Es ist offensichtlich,
dass durch diese Vereinigung keine zulässige Wahlkreiseinteilung ausgeschlossen wird. Das folgende Beispiel verdeutlicht den Vorgang.

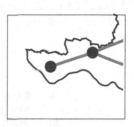

Beispiel 9.2 Am nordwestlichen Ende von Branden- **Abb. 9.5** Brandenburg
burg liegt die Gemeinde Lenzerwische mit 479 deut-
schen Einwohnern. Diese besitzt mit Lenzen (Elbe), 2.322 deutsche Einwohner,
nur genau einen Nachbarn innerhalb des selben Bundeslandes. Da Lenzerwische
zu klein ist, um einen eigenen Wahlkreis zu bilden und die Bundeslandgrenzen
strikt einzuhalten sind, muss diese Gemeinde dem selben Wahlkreis wie Lenzen
(Elbe) angehören. Aus diesem Grund können die beiden Bevölkerungsknoten zusammengeführt werden.

Formal sei dieses Vorgehen wie folgt definiert.

Algorithmus 8 : `coalesce_degree_1_nodes` $(G_{\text{Bev}} = (K, N), \varnothing_p)$

---

input : Bevölkerungsgraph $G_{\text{Bev}} = (K, N)$ eines Bundeslandes,
durchschnittliche Wahlkreisgröße $\varnothing_p$
output : Graph G_{Bev} ohne bevölkerungsarme Knoten mit Grad eins

1 **while** $\exists\, i \in K$ mit $\deg(i) = 1$ und $p_i < \frac{75}{100}\,\varnothing_p$ **do**
2 $\quad$ $i \leftarrow \arg\min_{i \in K, \deg(i)=1} p_i$
3 $\quad$ $j \leftarrow$ eindeutiger Nachbar von i
4 $\quad$ **if** $p_i + p_j < \frac{125}{100}\,\varnothing_p$ **then**
5 $\quad\quad$ $p_j \leftarrow p_j + p_i$
6 $\quad\quad$ $K \leftarrow K \setminus \{i\}$
7 $\quad$ **else**
8 $\quad\quad$ **print** „Bevölkerungsgraph unzulässig"
9 $\quad\quad$ **stop**

Die Schleife ab Zeile 1 wird so oft wiederholt, wie passende eingradige Knoten
in dem Bevölkerungsgraphen existieren. So werden auch Wege mit eingradigem

Endknoten beachtet. Mit der Unterscheidung in Zeile 4 bis 9 können Eingabegraphen erkannt werden, auf denen keine zulässige Wahlkreiseinteilung existiert.

Tabelle 9.4 liefert einen Überblick, wie sich die originalen Bevölkerungsgraphen durch Ausführung von Algorithmus 8 verändert haben.

	originaler Graph		Änderung durch coalesce_degree_1_nodes	
	Knoten	Kanten	Knoten	Kanten
Schleswig-Holstein	1 116	3 191	− 18	− 18
Niedersachsen	1 024	2 907	− 9	− 9
Nordrhein-Westfalen	396	1 084	± 0	± 0
Hessen	426	1 164	− 4	− 4
Rheinland-Pfalz	2 306	6 848	− 6	− 6
Baden-Württemberg	1 101	3 227	− 8	− 8
Bayern	2 056	5 919	− 6	− 6
Saarland	52	128	− 1	− 1
Brandenburg	419	1 142	− 2	− 2
Meckl.-Vorpommern	808	2 207	− 11	− 11
Sachsen	470	1 299	± 0	± 0
Sachsen-Anhalt	219	584	± 0	± 0
Thüringen	942	2 681	− 10	− 10

Tabelle 9.4 Knoten-, Kantenanzahl vor und nach Preprocessingschritt 9.3

9.4 Knoten mit Knotengrad zwei auf Kreis der Länge drei

In diesem Preprocessingschritt werden Kanten des Bevölkerungsgraphen identifiziert, die für den Zusammenhang von Wahlkreisen nicht von Bedeutung sind. Falls die Kantenbeziehungen also in einem direkt anschließenden Lösungsalgorithmus lediglich für die Modellierung des Zusammenhangs der Wahlkreise verwendet werden, können diese Kanten entfernt und der Graph so verkleinert werden. Unter diesen Voraussetzungen werden keine zulässigen Wahlkreiseinteilungen ausgeschlossen.

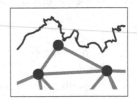

Abb. 9.6 Sachsen

Dieser Schritt darf erst durchgeführt werden, wenn auf dem Graph kein weiteres Preprocessing durchgeführt wird, in dem Nachbarschaftsbeziehungen ver-

wendet werden. Ansonsten kann der Bevölkerungsgraph verzerrt werden. Es ist also mit Sorgfalt zu prüfen, wann und ob dieser Preprocessingschritt problemlos durchgeführt werden kann.
Das Vorgehen wird anhand des folgenden Beispiels motiviert.

Beispiel 9.3 Im Norden von Sachsen liegt die Stadt Dommitzsch mit 2.711 deutschen Einwohnern. Der zugehörige Bevölkerungsknoten ist von Grad zwei und hat als Nachbargemeinden Trossin (1.353 dt. Einw.) sowie Elsnig (1.471 dt. Einw.). Dommitzsch wird mit mindestens einer Nachbargemeinde in einem Wahlkreis liegen. Falls alle drei Knoten in dem selben Wahlkreis enthalten sind, ist der Zusammenhang durch die beiden Kanten mit Endknoten Dommitzsch gesichert. Falls Dommitzsch mit genau einer Nachbargemeinde einen Wahlkreis teilt, ist der Zusammenhang dieses Wahlkreises durch eine der Kanten mit Endknoten Dommitzsch gesichert. In beiden Fällen kann die Kante zwischen Trossin und Elsnig vernachlässigt werden.

Für die Verallgemeinerung dieses Vorgehens ist eine genauere Fallunterscheidung vonnöten. Je nachdem, ob das Dreieck einen oder zwei Knoten mit Grad eins enthält, ist anders zu verfahren. Es wird angenommen, dass zu den jeweils in den folgenden Sätzen gegebenen Bevölkerungsgraphen eine zulässige Wahlkreiseinteilung existiert.
Zuerst wird in Satz 9.4 der Fall aus dem Beispiel 9.3 behandelt, wenn also ein Kreis der Länge drei mit genau einem Knoten mit Grad eins vorliegt.

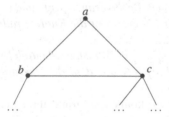

Abbildung 9.7 Kreis der Länge 3 mit genau einem Knoten von Grad 1

Satz 9.4 *Sei* $G_{Bev} = (K,N)$ *ein Bevölkerungsgraph und* $C = \{a,b,c\} \subseteq K$ *die Knotenmenge eines Kreises der Länge 3. Für die Knotengrade gelte* $deg(a) = 2$, $deg(b) > 2$ *sowie* $deg(c) > 2$.
Dann gilt: Falls $p_a < \frac{75}{100} \varnothing_p$ *erfüllt ist, wird durch Entfernen der Kante* $(b,c) \in N$ *aus dem Bevölkerungsgraph der Zusammenhang keines Wahlkreises zerstört.*

Beweis: Die Aussage ist mit Beispiel 9.3 schnell einzusehen. Es soll an dieser Stelle zusätzlich gezeigt werden, dass die Behauptung zum Einen weder für die Kante (a,b) noch für (a,c) gilt und zum Anderen i. A. nicht ohne die Bedingung $p_a < \frac{75}{100} \varnothing_p$ gilt.

Sei $\{W_i : W_i$ Wahlkreis$\}$ eine zulässige Wahlkreiseinteilung. Falls $\{a,b\} \subseteq W_j$ und gleichzeitig $\{c\} \subseteq W_k$ für zwei verschiedene Wahlkreise $W_j \neq W_k$ gilt, wird die Kante (a,b) für den Zusammenhang von Wahlkreis W_j benötigt. Der zweite Fall folgt analog.

Falls $p_a \geq \frac{75}{100} \varnothing_p$ gilt, könnte Knoten a alleine einen Wahlkreis bilden. In diesem Fall kann nicht im Allgemeinen ausgeschlossen werden, dass die Kante (b,c) für den Zusammenhang eines Wahlkreises benötigt wird. □

Darüber hinaus existieren in den aufgestellten Bevölkerungsgraphen der Bundesländer auch Kreise der Länge drei mit genau zwei Knoten mit Grad zwei. Ein solcher Fall wird in Satz 9.5 betrachtet.

Abbildung 9.8 Kreis der Länge 3 mit genau zwei Knoten von Grad 1

Satz 9.5 *Sei $G_{Bev} = (K,N)$ ein Bevölkerungsgraph und $C = \{a,b,c\} \subseteq K$ die Knotenmenge eines Kreises der Länge 3. Für die Knotengrade gelte $deg(a) = 2$ sowie $deg(b) = 2$ und $deg(c) > 2$.*
Dann gilt: Falls $p_a + p_b < \frac{75}{100} \varnothing_p$ erfüllt ist, wird durch Entfernen von genau einer der Kanten $(a,b),(a,c),(b,c) \in N$ aus dem Bevölkerungsgraph der Zusammenhang keines Wahlkreises zerstört.

Beweis: Die Knoten a und b können aufgrund ihrer geringen Bevölkerung weder zusammen noch einzeln alleine einen Wahlkreis bilden. Sie werden beide mit Knoten c in einem Wahlkreis liegen. Es ist schnell einzusehen, dass eine beliebige Kante des Kreises C entfernt werden kann, ohne den Zusammenhang des Wahlkreises zu zerstören. □

In der Umsetzung wird stets Kante (a,b) vernachlässigt werden. Durch anschließendes Anwenden von Preprocessingschritt 9.3 werden Knoten a, b und c zusammengeführt. Eine Betrachtung des Falles $p_a + p_b \geq \frac{75}{100} \varnothing_p$ unter den Voraussetzungen von Satz 9.5 ist nicht durchzuführen, da der Fall aufgrund des vor-

her durchgeführten Preprocessingschrittes 9.2 nicht eintreten kann. Die Ungleichung $p_a + p_b \geq \frac{75}{100} \varnothing_p$ impliziert $\max\{p_a, p_b\} \geq \frac{1}{2} \frac{75}{100} \varnothing_p = 37,5\% \varnothing_p$. Doch nach Schritt 9.2 gilt $p_i \leq 25\% \varnothing_p$ für alle Knoten $i \in K$.
Insgesamt ist dieser Preprocessingschritt wie folgt definiert.

Algorithmus 9 : delete_edge_in_C3 $(G_{Bev} = (K, N), \varnothing_p)$

input : Bevölkerungsgraph $G_{Bev} = (K, N)$ eines Bundeslandes,
durchschnittliche Wahlkreisgröße $\varnothing_p$
output : Graph G_{Bev} mit weniger Kanten, ohne Verlust von Lösungen

1 **for all** $C = \{a, b, c\} \subseteq K$
2   **if** $G_{Bev}[C] = K_3$ **then**
3   **if** $\deg(a) = 2$, $\deg(b) > 2$ *und* $\deg(c) > 2$ **then**
4   **if** $p_a < \frac{75}{100} \varnothing_p$ **then**
5              $N \leftarrow N \setminus \{(b, c)\}$
6   **if** $\deg(a) = 2$, $\deg(b) = 2$ *und* $\deg(c) > 2$ **then**
7   **if** $p_a + p_b < \frac{75}{100} \varnothing_p$ **then**
8              $N \leftarrow N \setminus \{(a, b)\}$

Tabelle 9.5 gibt an, wie sich die originalen Bevölkerungsgraphen durch Ausführung von Algorithmus 9 verändert haben.

	originaler Graph		Änderung durch delete_edge_in_C3	
	Knoten	Kanten	Knoten	Kanten
Schleswig-Holstein	1 116	3 191	± 0	− 20
Niedersachsen	1 024	2 907	± 0	− 14
Nordrhein-Westfalen	396	1 084	± 0	− 11
Hessen	426	1 164	± 0	− 18
Rheinland-Pfalz	2 306	6 848	± 0	− 32
Baden-Württemberg	1 101	3 227	± 0	− 18
Bayern	2 056	5 919	± 0	− 30
Saarland	52	128	± 0	− 4
Brandenburg	419	1 142	± 0	− 12
Meckl.-Vorpommern	808	2 207	± 0	− 26
Sachsen	470	1 299	± 0	− 12
Sachsen-Anhalt	219	584	± 0	− 13
Thüringen	942	2 681	± 0	− 20

Tabelle 9.5 Knoten-, Kantenanzahl vor und nach dem Preprocessingschritt 9.4

9.5 Bevölkerungsknoten, die in unterschiedlichen Wahlkreisen liegen

In vielen Lösungsalgorithmen aus der Literatur zu dem Problem der Wahlkreiseinteilung (s. Kapitel 5) sowie zu den zugrundeliegenden Partitionsproblemen ist es zunächst prinzipiell möglich, dass jeder Bevölkerungsknoten mit jedem anderen in dem selben Wahlkreis enthalten sein kann. Durch die an die Wahlkreisbevölkerung gestellten Bedingungen, der geforderte Zusammenhang als auch die Strafkosten bei unkompakten Wahlkreisen wird implizit eine große Menge an möglicher Partitionsmengen der Bevölkerungsknoten ausgeschlossen. Oftmals ist es zielführend solche Teillösungen im Vorhinein zu erkennen, dem Lösungsalgorithmus mitzugeben und so direkt auszuschließen.

In diesem Abschnitt wird das Ziel verfolgt zu jedem Bevölkerungsknoten eine Menge an Knoten zu finden, mit denen dieser Knoten in demselben Wahlkreis liegen könnte. Anders ausgedrückt bedeutet dies, dass Paare von Bevölkerungskoten gefunden werden sollen, die nicht oder nur mit einer sehr geringen Wahrscheinlichkeit zusammen in einem Wahlkreis liegen werden.

Im ersten Ansatz wird der Vorhaben durch die Berechnung von kürzesten Wegen zwischen allen Knotenpaaren (*All-pairs shortest path*) umgesetzt. In einem zweiten Ansatz wird in Kauf genommen, dass unwahrscheinlich verwendete, weil unkompakte Wahlkreise ausgeschlossen werden. Die verfolgte Idee wird in einem dritten Ansatz modifiziert und, in Abhängigkeit der genauen Anwendung, evtl. verbessert.

Kürzeste Wege auf modifiziertem Bevölkerungsgraph

Es sei $G_{\text{Bev}} = (K, N)$ ein Bevölkerungsgraph. Aus diesem entsteht durch folgende Prozedur der gerichtete Graph $G_{\leftrightarrow} = (K_{\leftrightarrow}, N_{\leftrightarrow})$. Für die Menge der Knoten gilt die Gleichheit $K = K_{\leftrightarrow}$. Aus jeder Kante $(i, j) \in N$ des Bevölkerungsgraphen entstehen zwei gerichtete Kanten (i, j) und (j, i) in $G_{\leftrightarrow}$. Es gilt somit

$$N_{\leftrightarrow} = \{(i, j), (j, i) : (i, j) \in N\}.$$

Die Gewichtung der Knoten durch die deutsche Bevölkerung p_v, $v \in K$ wird wie folgt auf die Kanten in $G_{\leftrightarrow}$ übertragen. Für die Kante $(i, j) \in N_{\leftrightarrow}$ sei $p_{(i,j)} := p_j$ definiert. Die gerichtete Kante erhält also die deutsche Bevölkerung des Zielknotens als Gewicht.

Mithilfe des Graphen $G_{\leftrightarrow}$ ist folgende Aussage leicht einzusehen.

Satz 9.6 *Es sei* $G_{Bev} = (K,N)$ *ein Bevölkerungsgraph mit Knotengewichten* p_v, $v \in K$ *und* $G_{\leftrightarrow} = (K_{\leftrightarrow}, N_{\leftrightarrow})$ *der wie beschrieben daraus entstehende gerichtete Graph mit Kantengewichten* $p_{(v,w)}$, $(v,w) \in N_{\leftrightarrow}$. *Für zwei Bevölkerungsknoten* $v, w \in K$ *sei* $l(v,w)$ *die Länge eines kürzesten Weges von* v *nach* w *im Graphen* $G_{\leftrightarrow}$ *bzgl. der Kantengewichte* $p_{(.,.)}$. *Weiter sei* $\varnothing_p$ *die durchschnittliche Wahlkreisgröße. Dann gilt:*

$$\nexists \text{ zulässiger Wahlkreis } W_i \text{ mit } v, w \in W_i \Longleftrightarrow p_v + l(v,w) > \frac{125}{100} \varnothing_p$$

Beweis: Ein Wahlkreis $W_i \subseteq K$ ist zulässig, wenn $G_{Bev}[W_i]$ zusammenhängend ist sowie $\frac{75}{100} \varnothing_p \leq \sum_{v \in W_i} p_v \leq \frac{125}{100} \varnothing_p$ erfüllt ist. Der bevölkerungsärmste zulässige Wahlkreis, der die Bevölkerungsknoten v und w enthält ist offensichtlich durch alle Bevölkerungsknoten auf einem kürzesten Weg zwischen v und w im Graphen $G_{\leftrightarrow}$ bzgl. der Kantengewichte $p_{(.,.)}$ gegeben. □

Mit dem Satz folgt, dass die Menge $K_v^{Wk} := \{w \in K : p_v + l(v,w) \leq \frac{125}{100} \varnothing_p\}$ alle Knoten umfasst, mit denen der Bevölkerungknoten $v \in K$ im gleichen Wahlkreis liegen kann. Wird bei der Lösung des Problems der Wahlkreiseinteilung die Auswahl des Wahlkreises eines jeden Knotens auf eine solche Menge eingeschränkt, wird keine zulässige Wahlkreislösung ausgeschlossen.

Die Wahlkreise, die nur aus einem Weg bestehen, genügen jedoch nicht dem Ziel kompakte und Kreisgrenzen einhaltende Wahlkreise einzuteilen. Aus diesem Grund wird im Folgenden im Kauf genommen, „extreme" Wahlkreise, die mit nur sehr geringer Wahrscheinlichkeit in der optimalen Wahlkreiseinteilung enthalten sind, auszuschließen, aber dafür die Kompaktheit mehr zu beachten.

Wachsender Kreis um Bevölkerungsknoten

Ein Wahlkreis wird als kompakt angesehen, wenn er einem Kreis oder Quadrat ähnelt. Aus dem Grund können die Knoten in der Umgebung eines Bevölkerungsknotens als dessen mögliche Wahlkreispartner angesehen werden. Am einfachsten kann diese Umgebung als ein Kreis um den Bevölkerungsknoten verstanden werden.

Es sei $G_{Bev} = (K,N)$ ein Bevölkerungsgraph und $v \in K$ ein Bevölkerungsknoten mit Koordinaten (x_v, y_v). Weiter sei C_v ein geometrischer Kreis mit Mittelpunkt (x_v, y_v) und Radius r_v. Initialisiert wird der Radius mit $r_v = 0$. Der Kreis wird durch Erhöhung des Radius so lange vergrößert, bis er Knoten mit einer Bevölkerungssumme von mehr als $\frac{x}{100} \varnothing_p$, $x \geq 100$ umfasst. Dabei *umfasst* der Kreis

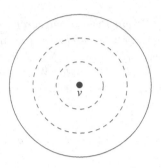

Abbildung 9.9 Kreis C_v

einen Bevölkerungsknoten $w \in K$, wenn dessen Koordinanten (x_w, y_w) innerhalb der Kreisfläche liegen.

Mit diesem Ansatz enthält die Menge $K_v^{\mathrm{Wk}} := \{w \in K : C_v \text{ umfasst } w\}$ alle Knoten, mit denen der Bevölkerungsknoten $v \in K$ im gleichen Wahlkreis liegen kann.

Die Wahl von x in der Bevölkerungsgrenze $\frac{x}{100} \varnothing_p$ ist nicht trivial. Bei der Wahl von $x = 125$ werden womöglich Wahlkreise ausgeschlossen, bei denen der betrachtete Bevölkerungsknoten am Rand des Wahlkreises liegt und der Wahlkreis über die Grenzen des gebildeten Kreises verläuft. Dies ist z. B. der Fall, wenn in dem Lösungsalgorithmus hart gefordert wird, dass Knoten v nur mit einer Teilmenge der durch C_v umfassenden Bevölkerungsknoten einen Wahlkreis in der Wahlkreiseinteilung bilden darf. Falls jedoch dieses Vorgehen genutzt werden soll, um heuristisch eine große Menge an zulässigen Wahlkreisen zu berechnen, von denen in einem anschließenden Schritt eine kleine Teilmenge für eine zulässige Wahlkreiseinteilung ausgewählt wird, ist $x = 125$ eine vorstellbare Wahl. Für den heuristischen Schritt werden für jeden Knoten $w \in K$ mehrere zulässige Wahlkreise auf $G_{\mathrm{Bev}}[K_w^{\mathrm{Wk}}]$ gebildet. Dadurch, dass sich viele Kreise C_w, $w \in K$ schneiden, werden auch kreisübergreifende Wahlkreise gebildet, sodass z. B. auch der Knoten v am Rand eines zulässigen Wahlkreises liegen kann, der über die Grenzen des Kreises C_v hinaus verläuft. Auf jeden Fall ist in Anhängigkeit der genauen Anwendung der Parameter x mit Vorsicht zu wählen.

Darüberhinaus sollte das Umfassen eines Bevölkerungsknoten durch einen Kreis in Abhängigkeit des durch den Bevölkerungsknoten repräsentiert Polygons stehen. Der Bevölkerungsknoten und dessen Koordinaten spiegeln nur sehr bedingt die Gestalt der z. B. Gemeindefläche wieder.

Ein Ansatz, der beide genannten Problematiken verbessert, wird im Folgenden vorgestellt.

Blume mit wachsenden Blättern um Bevölkerungsknoten

Es sei $v \in K$ ein Bevölkerungsknoten des Bevölkerungsgraphen $G_{\text{Bev}} = (K, N)$.
Die Koordinaten des Knoten v seien (x_v, y_v). Weiter sei C ein geometrischer Kreis
mit Mittelpunkt (x_C, y_C) und Radius r_C.

Der Kreis wird initialisiert mit dem Bevölkerungsknoten als Mittelpunkt $(x_C, y_C) = (x_v, y_v)$ und Radius $r_C = 0$. Es wird der Kreis so lange vergrößert,
wobei Knoten v immer auf dem Rand des Kreises verbleibt und die erste Koordinate des Mittelpunktes $x_C = x_v$ fest bleibt, bis er Knoten mit einer
Bevölkerungssumme von mehr als $\frac{125}{100} \varnothing_p$ umfasst.
Dabei *umfasst* der Kreis einen Knoten, wenn zwi-
schen der Kreisfläche und der durch den Bevölkerungsknoten repräsentierten Fläche (z. B. Gemeindefläche) ein nichtleerer Schnitt besteht. Der entstehende Kreis sei mit C_v^0 benannt. Der beschriebene Vorgang ist in Abbildung 9.10 verdeutlicht.

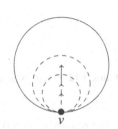

Abb. 9.10 erster Kreis

Anschließend wird ein weiterer Kreis mit diesem Vorgehen gebildet. Jedoch
mit dem Unterschied, dass der Kreis nicht vertikal nach oben wächst sondern in
einem 45° Winkel zu der Vertikalen. Dieser Winkel sei auch *Wachstumswinkel*
genannt. Der entstehende Kreis sei mit C_v^{45} bezeichnet und ist möglicherweise
flächenmäßig kleiner oder größer als Kreis C_v^0. Das Entstehen des zweiten Kreises
ist in Abbildung 9.11 dargestellt.

Der beschriebene Vorgang wird schließlich für die Kreise C_v^d mit Wachstumswinkel $d°$ für $d \in \{90, 135, 180, 225, 270, 315\}$ durchgeführt. Letztendlich ent-

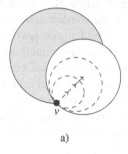

a)

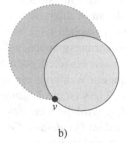

b)

Abbildung 9.11 Entstehung des zweiten Kreises C_{45}

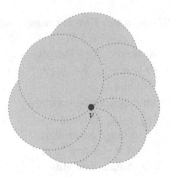

Abbildung 9.12 Vereinigung aller Kreise C_d (grau) um Knoten v

steht eine *Blume* um den Bevölkerungsknoten v (s. Abb. 9.12), wenn die Kreise C_v^d als Blätter dieser Blume erkannt werden.

Die Vereinigung aller Kreise C_v^d umfasst eine Menge an Knoten. Höchstwahrscheinlich wird Bevölkerungsknoten v mit einer Teilmenge dieser Knoten einen Wahlkreis bilden. Selbstverständlich kann dieses Vorgehen noch beliebig verfeinert oder aber auch nur für die Winkel $0°$, $90°$, $180°$ und $270°$ durchgeführt werden. Bei diesem Ansatz ergibt sich $K_v^{Wk} := \{w \in K : \bigcup_d C_v^d \text{ umfasst } w\}$ als Menge der Bevölkerungsknoten, die mit $v \in K$ in einem Wahlkreis liegen können.

9.6 Lösungsorientiertes Preprocessing

Anders als in den vorherigen Preprocessingschritten, wird in diesem Abschnitt das Ziel verfolgt, im Vorhinein bestimmten Gebieten wie z.B. großen Städten eine Anzahl an Wahlkreisen zuzuweisen. Diese Gebiete werden dem originalen Bevölkerungsgraphen $G_{Bev} = (K,N)$ entnommen und bilden nun jeweils selber einen Bevölkerungsgraphen, auf dem das Problem der Wahlkreiseinteilung mit einer bestimmten einzuteilenden Wahlkreisanzahl zu lösen ist. Ist auf einem Teilproblem nur ein Wahlkreis einzuteilen, ist es automatisch gelöst. Bei echt mehr als einem Wahlkreis ist ein Lösungsalgorithmus auf dem Teilproblem anzuwenden. In Kapitel 11 wird die Idee dieses lösungsorientierten Preprocessings aufgegriffen und ein auf dem *Divide-and-Conquer-Prinzip* basierende Lösungsmethode für das Problem der Wahlkreiseinteilung entwickelt.

Wie das nachfolgende Beispiel zeigt, ist Düsseldorf ein passendes solches Gebiet.

Beispiel 9.7 Düsseldorf, die Landeshaupstadt von Nordrhein-Westfalen, umfasst 491.580 deutsche Einwohner. Mit weniger als 1% durchschnittliche Abweichung von der durchschnittlichen Wahlkreisgröße $\varnothing_p$ kann Düsseldorf in zwei Wahlkreise eingeteilt werden:

$$\left| \frac{491.580}{2} - \varnothing_p \right| < 1\% \varnothing_p$$

Als Kandidaten zur Entnahme werden im weiteren Verlauf dieses Abschnittes Kreise und kreisfreie Städte betrachtet. Dies korrespondiert mit dem im Wahlgesetz verankerten Ziel, bei der Wahlkreiseinteilung neben den Gemeindegrenzen möglichst die Grenzen der Kreise und kreisfreien Städte einzuhalten. Natürlich ist das Preprocessing analog auch auf einzelnen Städten innerhalb eines Kreises anwendbar.

Ein Kreis, eine kreisfreie Stadt oder allgemein ein Gebiet $A \subseteq K$ bestehend aus den Bevölkerungsknoten $a_1, \ldots, a_{|A|} \in K$ ist passend für eine solche Entnahme, wenn der Bevölkerungsteilgraph $G_{\text{Bev}}[A]$ zusammenhängend ist und die durchschnittliche Bevölkerung der auf diesem Gebiet einzuteilenden Wahlkreise die Toleranzgrenze aus dem Wahlgesetz von maximal 15% Abweichung einhält. Laut Wahlgesetz sind Wahlkreise mit einer Abweichung von bis zu 25% zwar zulässig, jedoch zu vermeiden. Das Einhalten der Toleranzgrenze bei der Entnahme von Kreisen und kreisfreien Städten steht im Einklang mit dem Ziel, möglichst gleichgroße Wahlkreise einzuteilen.

Die nachfolgende Definition fasst die Bedingung zur Entnahme passende Gebiete formal zusammen.

Definition 9.8 Ein Gebiet $A = \{a_1, \ldots, a_{|A|}\} \subseteq K$ des Bevölkerungsgraphen $G_{\text{Bev}} = (K, N)$ ist *passend zur Entnahme*, wenn $G_{\text{Bev}}[A]$ zusammenhängend ist und

$$\exists wk \in \mathbb{N} : \left| \frac{\sum_{a \in A} p_a}{wk} - \varnothing_p \right| \leq 15\% \varnothing_p$$

gilt. Ist dies der Fall, bezeichnet die natürlich Zahl $wk(A)$ definiert durch

$$wk(A) := \arg \min_{wk \in \mathbb{N}} \left| \frac{\sum_{a \in A} p_a}{wk} - \varnothing_p \right|$$

die Anzahl der auf das Gebiet A entfallenden Wahlkreise.

Beispiel 9.9 Dass mehrere Wahlkreisanzahlen die Bedingung in Definition 9.8 erfüllen, ist z. B. bei der bayrischen Landeshauptstadt München der Fall:

$$\frac{1.067.090}{4} - \varnothing_p = 7,7\% \varnothing \quad \text{sowie} \quad \frac{1.067.090}{5} - \varnothing_p = -13,8\% \varnothing$$

Den originalen Bevölkerungsgraphen können bei Anwendung dieses lösungsorientierten Preprocessings einige Teilprobleme in Form von Kreisen und kreisfreien Städten entnommen werden. Tabelle 9.6 gibt einen Überblick über die Ergebnisse des lösungsorientierten Preprocessings. Für jedes Flächenland ist die Größe des originalen Problems sowie die Änderung duch das Preprocessing angegeben. Ausschnittsweise sind Gebiete notiert, die im Zuge dieses Verfahrens entnommen werden konnten. Auch dort sind Knotenanzahl, zugewiesene Wahlkreisanzahl und durchschnittliche Wahlkreisgrößenabweichung der Kreise bzw. kreisfreien Städte angegeben.

Wenigen Bundesländern konnten im Zuge dieses Preprocessings keine Gebiete erfolgreich entnommen werden. Zumeist ist das bevölkerungsreichste Objekt der jeweiligen Kreisebene zu klein, um einen Wahlkreis bilden zu können. Er ist zu erkennen, dass zahlreichen Bundesländern auf diese Weise schon bis zu über der Hälfte der Wahlkreise den entnommenen Gebieten zugewiesen werden können. Den Großteil der entnommenen Kreise und kreisfreien Städte wurde abweichungsminimal nur genau ein Wahlkreis zugewiesen, sodass diese Teilprobleme schon gelöst sind. Die Region Hannover sowie die Stadt München erhielten mit vier Wahlkreisen die meisten einem einzelnen Gebiet zugewiesenen Wahlkreise.

Das Vorgehen lässt sich ausweiten, indem nicht nur einzelnen Kreisen und kreisfreien Städten eine Anzahl an Wahlkreisen zugeordnet wird, sondern auch mehreren untereinander benachbarten. Die Weiterverfolgung dieser Idee führt zu dem in Kapitel 11 dieser Arbeit vorgestellten Divide-and-Conquer-Verfahren zum Lösen des Problems der Wahlkreiseinteilung. Die ebenfalls dort vorgestellten Rechenergebnisse offenbaren, dass dieses Vorgehen im Sinne der Vorgaben gute Wahlkreiseinteilungen liefert.

	original Problem			Änderung durch lösungsorientiertes Prepro.		
	Knoten	Kanten	Wk.	Knoten	Kanten	Wk.
Schleswig-Holstein	1 116	3 191	11	− 356	− 1.171	− 5
u.a. entnommen: (Knoten;Wk;Abw.) Krs. Segeberg (95 ; 1 ; 0,7%) Krs. Rendsburg-E. (165 ; 1 ; 6,2%) Kiel (1 ; 1 ; 11,3%)						
Niedersachsen	1 024	2 907	30	− 133	− 474	8
u.a. entnommen: (Knoten;Wk;Abw.) Region Hannover (21 ; 4 ; 1,0%) Krs. Harburg (42 ; 1 ; 7,7%) Braunschweig (1 ; 1 ; 9,1%)						
Nordrhein-Westfalen	396	1 084	64	− 200	− 647	−33
u.a. entnommen: (Knoten;Wk;Abw.) Städteregion Aachen (10 ; 2 ; 2,3%) Münster (1 ; 1 ; 8,4%) Krs. Warendorf (13 ; 1 ; 3,9%)						
Hessen	426	1 164	21	− 178	− 580	−11
u.a. entnommen: (Knoten;Wk;Abw.) Krs. Kassel (29 ; 1 ; 8,6%) Frankfurt a. Main (1 ; 2 ; 2,3%) Krs. Bergstraße (22 ; 1 ; 3,7%)						
Rheinland-Pfalz	2 306	6 848	15	± 0	± 0	± 0
Baden-Württemberg	1 101	3 227	38	− 360	− 1.203	−16
u.a. entnommen: (Knoten;Wk;Abw.) Krs. Esslingen (44 ; 2 ; 11,5%) Krs. Ravensburg (39 ; 1 ; 1,4%) Karlsruhe (1 ; 1 ; 0,4%)						
Bayern	2 056	5 919	46	− 123	− 453	−8
u.a. entnommen: (Knoten;Wk;Abw.) Krs. Augsburg (46 ; 1 ; 9,5%) Krs. Rosenheim (46 ; 1 ; 7,3%) München (1 ; 4 ; 7,7%)						
Saarland	52	128	4	± 0	± 0	± 0
Brandenburg	419	1 142	10	± 0	± 0	± 0
Meckl.-Vorpommern	808	2 207	6	± 0	± 0	± 0
Sachsen	470	1 299	16	− 213	− 644	−10
u.a. entnommen: (Knoten;Wk;Abw.) Krs. Görlitz (57 ; 1 ; 7,2%) Leipzig, Stadt (1 ; 2 ; 2,8%) Dresden (1 ; 2 ; 0,3%)						
Sachsen-Anhalt	219	584	9	− 22	− 80	−3
entnommen: (Knoten;Wk;Abw.) Krs. Harz (20 ; 1 ; 9,5%) Magdeburg (1 ; 1 ; 11,0%) Halle (Saale) (1 ; 1 ; 10,9%)						
Thüringen	942	2 681	9	± 0	± 0	± 0

Tabelle 9.6 Problemgrößenänderung durch lösungsorientierten Preprocessingschritt 9.6

Kapitel 10
Modellierungen mit Gemischt-Ganzzahligen Linearen Programmen

Zum Lösen von Optimierungsproblemen werden häufig ganzzahlige lineare Programme verwendet. Das optimale Lösen solcher Modelle ist in der Praxis eine schwierige Aufgabe, die je nach Beschaffenheit und Größe des zu lösenden Problems sowohl eine geschickte Modellierung als auch vorherige Analyse des Lösungsraumes erfordert. Eine Einführung in die Theorie der ganzzahligen linearen Optimierung kann Wolsey [72] entnommen werden.

In diesem Kapitel werden zwei ganzzahlige lineare Programme vorgestellt, die das Problem der Wahlkreiseinteilung beschreiben. Beide Modelle sind nach eigener Recherche in der Form nicht in der Literatur enthalten. In der Formulierung in Abschnitt 10.1 wird ein den Bevölkerungsgraphen aufspannender Wald gesucht, sodass jeder Baum einen Wahlkreis repräsentiert. Zu diesem Modell werden auch Erfahrungen aus ersten Rechenstudien dargelegt. In Abschnitt 10.2 wird eine Idee von Rubin [61] auf das Problem der Wahlkreiseinteilung übertragen. Dabei wird der Bevölkerungsgraph als Netzwerk angesehen, durch welches pro Wahlkreis ein Fluss geführt wird, sodass jeder Bevölkerungsknoten von genau einem Fluss besucht wird.

Insgesamt offenbaren sich bei der Erarbeitung dieser Formulierungen folgende Schwierigkeiten.

Es bleibt die Frage offen, welche Modellierung die effektivste ist, um den Zusammenhang von ausgewählten Teilgraphen zu garantieren. Dies ist Inhalt vieler Optimierungsprobleme und so ist die Erfassung von weiterer Literatur und Erarbeitung von Ergebnissen sicherlich ein für die Zukunft verbleibender Forschungsansatz.

Beide im Folgenden vorgestellen Formulierungen enthalten keinen direkten Ansatz, die Kompaktheit der Wahlkreise zu fördern. Wie schon angedeutet existiert zahlreiche Literatur zu der Fragestellung, wie Kompaktheit gemessen werden kann (s. Kapitel 5). Es besteht die Hoffnung, Formulierungsansätze der Literatur zu entnehmen oder in folge dessen erarbeiten zu können.

Das Problem der Wahlkreiseinteilung enthält nach der Definition in dieser Arbeit mehrere untereinander zunächst unvergleichbare Zielfunktionen. Wie bei jeder multikriteriellen Optimierung ist eine Gewichtung der Zielfunktionskomponenten nicht eindeutig und von Instanz zu Instanz evtl. anzupassen.

Die nachfolgend vorgestellten Formulierungen enthalten jeweils binäre Variablen die aussagen, ob ein Bevölkerungsknoten v dem k-ten Wahlkreis angehört oder nicht. Dies impliziert einen gewissen Färbungscharakter: Der Knoten v wird mit dem k-te Wahlkreisindex „gefärbt" oder nicht. Es entsteht eine Symmetrie zwischen den Lösungen der Modelle. Die Wahlkreisindizes sind unter den eingeteilten Wahlkreisen austauschbar und so repräsentieren viele Modelllösungen ein und die selbe Wahlkreiseinteilung. Eine solche Symmetrie zieht zumeist eine Verlangsamung des Lösungsprozesses mit sich. Es besteht ein weiterer Forschungsansatz darin, die Symmetrie innerhalb dieser Modelle erfolgreich zu beseitigen.

10.1 Aufspannender Wald Modell mit Subtour-Eliminationsbedingungen

Der Ansatz, einen Wahlkreis innerhalb des Bevölkerungsgraphen als graphentheoretischen Baum anzusehen, wurde schon von Mehrotra et al. [48] und Yamada [73] verfolgt. Beide Arbeiten sind in Abschnitt 5.5 sowie 5.6 dargelegt. Während Mehrotra et al. [48] im Pricing-Problem des Column-Generation-Ansatzes Wahlkreise als Teilbäume von Kürzeste-Wege-Bäumen generiert, entwickelte Yamada [73] eine Heuristik, die eine Wahlkreiseinteilung als ein aufspannenden Wald ansieht.

In diesem Abschnitt wird ein gemischt-ganzzahliges lineares Programm vorgestellt, welches den Ansatz des aufspannenden Waldes aufnimmt. Ingesamt wird auf dem Bevölkerungsgraph ein aufspannender Wald gesucht, sodass die Wahlkreise möglichst geringe Abweichungen besitzen und sich über möglichst wenige Kreise erstrecken.

Es sei $G_{\text{Bev}} = (K, N)$ ein Bevölkerungsgraph und $W = \{1, \ldots, wk\}$ die Indexmenge der einzuteilenden Wahlkreise. Es werden binäre Variablen $x(i, w) \in \{0, 1\}$ für alle Knoten $i \in K$ und alle Wahlkreise $w \in W$ sowie binäre Variablen $y(i, j, w)$ für alle Kanten $(i, j) \in N$ und alle Wahlkreise $w \in W$ eingeführt. Die Belegung dieser Entscheidungsvariablen wird wie folgt interpretiert.

$$x(i, w) = 1 \iff \text{Bevölkerungsknoten } i \text{ gehört zu Wahlkreis } w$$

$$y(i, j, w) = 1 \iff \text{Kante } (i, j) \text{ gehört zu dem Baum, der Wahlkreis } w \text{ repräsentiert}$$

Die nachfolgend angegebenen Nebenbedingungen (10.1) und (10.2) modellieren die Beziehung zwischen den Kanten- und Knotenvariablen. Gehört eine Kante zu dem Baum, der einen Wahlkreis repräsentiert, müssen auch die beiden Endknoten dieser Kante in dem Wahlkreis liegen. Andererseits: Wenn adjazente Knoten zu einem Wahlkreis gehören, besteht die Möglichkeit, dass die verbindende Kante für den aufspannenden Baum dieses Wahlkreises verwendet wird. Die Nebenbedingungen (10.3) stellen sicher, dass jedem Bevölkerungsknoten genau ein Wahlkreis zugeordnet wird.

$$x(i,j,w) \leq y(i,w) \quad \forall\, i,j \in K, w \in W \tag{10.1}$$

$$x(i,j,w) \leq y(j,w) \quad \forall\, i,j \in K, w \in W \tag{10.2}$$

$$\sum_{w \in W} y(i,w) = 1 \quad \forall\, i \in K \tag{10.3}$$

Um die relative Abweichung der Wahlkreisbevölkerung vom Durchschnittswert $\varnothing_p$ zu erfassen, werden für alle Wahlkreise $w \in W$ die kontinuierlichen Variablen $a_{\text{pos}}(w) \geq 0$ und $a_{\text{neg}}(w) \geq 0$ eingeführt. Die Berechnung des Betrages $\left| \frac{1}{\varnothing_p} \left(\sum_{i \in K} p_i y(i,w) \right) - 1 \right|$ kann wie in Nebenbedingungen (10.4) angegeben linearisiert werden. Bei positiver Abweichung nimmt $a_{\text{pos}}(w)$ den Wert an, ansonsten $a_{\text{neg}}(w)$. Es wird später klar werden, dass im entscheidenden Fall für einen Wahlkreis $w \in W$ entweder a_{pos} oder a_{neg} einen von Null verschiedenen Wert trägt.

$$\frac{1}{\varnothing_p} \left(\sum_{i \in K} p_i y(i,w) \right) - 1 = a_{\text{pos}}(w) - a_{\text{neg}}(w) \; \forall\, w \in W \tag{10.4}$$

In diesem Modell soll die maximale Abweichung minimiert werden. Aus diesem Grund werden die kontinuierliche Variable $a_{\text{max}} \geq 0$ sowie die Nebenbedingungen (10.5) und (10.6) eingeführt. Die Variable a_{max} wird einen positiven Faktor in der zu minimierenden Zielfunktion erhalten. Dadurch ist auch sichergestellt, dass mindestens für den Wahlkreis $w \in W$ mit der betragsmäßig größten relativen Abweichung (> 0) entweder $a_{\text{pos}}(w) > 0$ oder $a_{\text{neg}}(w) > 0$ gilt.

$$a_{\text{pos}}(w) + a_{\text{neg}}(w) \leq a_{\text{max}} \quad \forall\, w \in W \tag{10.5}$$

$$a_{\text{max}} \leq 0{,}25 \tag{10.6}$$

Um zulässige Wahlkreise in dieser Formulierung zu garantieren, ist der Zusammenhang noch zu modellieren. Dazu wird die Menge der Bevölkerungsknoten eines Wahlkreises von einem Baum aufgespannt. Bekanntlich ist ein Graph $G = (V, E)$ genau dann ein Baum, wenn dieser keinen Kreis enthält und

$|E| = |V| - 1$ erfüllt. Die zweite Bedingung ist wie in (10.7) angegeben für jeden Wahlkreis leicht zu modellieren. Um Kreisfreiheit zu erhalten, werden die Subtour-Eliminationsbedingungen verwendet. Bekannt aus einer klassischen Formulierung des Problems des Handlungsreisenden (*Travelling Salesman Problem*, TSP) stellen diese Bedingungen sicher, dass innerhalb jeder Knotenteilmenge $\emptyset \neq S \subset V$ maximal $|S| - 1$ Kanten verwendet werden. In der TSP-Formulierung wird dies genutzt, um keine Subtouren, sondern nur eine Tour zu generieren. In diesem Wahlkreismodell werden sie verwendet, um Kreisfreiheit und so den Zusammenhang der Wahlkreise sicherzustellen. Die entsprechenden Nebenbedingungen sind in (10.8) angegeben.

$$\sum_{i \in K} y(i,w) - 1 = \sum_{i,j \in K} x(i,j,w) \quad \forall\, w \in W \qquad (10.7)$$

$$\sum_{i,j \in S, w \in W} x(i,j,w) \leq |S| - 1 \quad \forall\, \emptyset \neq S \subset K \qquad (10.8)$$

Die exponentiell vielen Nebenbedingungen (10.8) können als *Lazy Constraints*, also als zu separierende Modellungleichungen implementiert werden.

Neben der Minimierung der maximalen Wahlkreisabweichung wird in der Zielfunktion auch das Einhalten von Kreisgrenzen gefördert. Aus diesem Grund werden für jede Kante $(i,j) \in N$ Kosten $p(i,j)$ eingeführt. Dabei gilt:

$$p(i,j) > 0 \iff (i,j) \in N, i \text{ und } j \text{ liegen in unterschiedlichen Kreisen}$$

D. h. Kreisgrenzen übergreifende Kanten erhalten positive Kosten und für alle kreisinternen Kanten $(i,j) \in N$ gilt $p(i,j) = 0$.

Das Aufspannender Wald Modell mit Subtour-Eliminationsbedingungen zur Lösung des Problems der Wahlkreiseinteilung ist im Folgenden in der Gesamtheit angegeben. Da die Zielfunktion zwei verschiedene Komponenten enthält, wird eine Gewichtung dieser von Nöten sein. Hierfür sind die Parameter α_1 sowie α_2 vorgesehen.

$$\min \ \alpha_1 \, a_{\max} + \alpha_2 \sum_{i,j \in K, w \in W} p(i,j) x(i,j,w) \tag{10.9}$$

$$\textbf{s.t. } x(i,j,w) \leq y(i,w) \qquad\qquad \forall \, i,j \in K, w \in W \tag{10.10}$$

$$x(i,j,w) \leq y(j,w) \qquad\qquad \forall \, i,j \in K, w \in W \tag{10.11}$$

$$\sum_{w \in W} y(i,w) = 1 \qquad\qquad \forall \, i \in K \tag{10.12}$$

$$\sum_{i \in K} y(i,w) - 1 = \sum_{i,j \in K} x(i,j,w) \qquad\qquad \forall \, w \in W \tag{10.13}$$

$$\sum_{i,j \in S, w \in W} x(i,j,w) \leq |S| - 1 \qquad\qquad \forall \, \emptyset \neq S \subset K \tag{10.14}$$

$$\frac{1}{\emptyset_p} \left(\sum_{i \in K} p_i y(i,w) \right) - 1 = a_{\mathrm{pos}}(w) - a_{\mathrm{neg}}(w) \ \forall \, w \in W \tag{10.15}$$

$$a_{\mathrm{pos}}(w) + a_{\mathrm{neg}}(w) \leq a_{\max} \qquad\qquad \forall \, w \in W \tag{10.16}$$

$$a_{\max} \leq 0,25 \tag{10.17}$$

$$x(i,j,w) \in \{0,1\} \qquad\qquad \forall \, i,j \in K, w \in W \tag{10.18}$$

$$y(i,w) \in \{0,1\} \qquad\qquad \forall \, i, \in K, w \in W \tag{10.19}$$

$$a_{\mathrm{pos}}(w), a_{\mathrm{neg}}(w), a_{\max} \geq 0 \qquad\qquad \forall \, w \in W \tag{10.20}$$

Im Vorfeld der Masterarbeit wurde dieses Modell im Rahmen des in der Einleitung angesprochenen Seminars implementiert. Dabei wurde die Lösungssoftware SCIP[68] und die Programmiersprache C++ verwendet. Es konnten dabei lediglich nicht zufriedenstellende Rechenergebnisse erzielt werden. Es erschien unmöglich, eine optimale Lösung für den mit Abstand kleinsten Bevölkerungsgraphen eines deutschen Flächenlandes, dem Saarland (52 Knoten, 128 Kanten), zu berechnen. Vereinzelt konnten zulässige Lösungen nach zusätzlichem Eingriff in die Formulierung gefunden werden. Dazu würden etwa Bevölkerungsknoten schon im Vorfeld Wahlkreisen zugewiesen. Zudem war es schwierig, die beiden Zielfunktionskomponenten passend zu gewichten. Außerdem fiel auf, dass dieses Modell, außer im Ansatz durch die Bestrafung von Kreisübergreifenden Kanten, nicht die Kompaktheit der Wahlkreise fördert. Eine weitere Problematik dieser Formulierung ist die Symmetrie der Lösungen. Mehrere verschiedene Lösungen repräsentieren die selbe Wahlkreiseinteilung. Der Grund dafür ist, dass jeder Wahlkreis jeden Index der Menge W annehmen kann. Außerdem existieren auch zahlreiche Möglichkeiten einen aufspannenden Baum einer Knotenmenge zu bilden.

---

[68] SCIP (Solving Constraint Integer Programs): http://scip.zib.de, [16.3.2014].

Insgesamt verstärkte sich der schon im Literatur-Kapitel 5 entstandene Eindruck, dass bei dem Problem der Wahlkreiseinteilung ein einfacher MIP-Ansatz nicht zielführend ist. Die zugrundeliegenden Bevölkerungsgraphen der Gemeindeebene sind zu groß, als dass passende Wahlkreiseinteilungen so berechenbar sind.

In dem Aufspannenden Wald Modell wird der Zusammenhang der Wahlkreise durch eine Bedingung an die Anzahl der Kanten und Knoten der Wahlkreis aufspannenden Bäume sowie die Subtour-Eliminierungsbedingungen sichergestellt. Im folgenden Abschnitt 10.2 wird die Möglichkeit vorgestellt, den Zusammenhang eines Wahlkreises mithilfe von Flüssen zu gewährleisten.

10.2 Wahlkreis-Fluss Modell

Paul Rubin [61] veröffentlichte im Juli 2013 den Eintrag „*Extracting a Connected Graph*" in seinem Blog.[69] Er erläuterte eine Idee, wie das Extrahieren eines zusammenhängenden Teilgraphen mithilfe von linearer Programmierung modellierbar ist. Er verfolgt dabei den Ansatz, den Zusammenhang durch einen Fluss über die Kanten sicherzustellen. Im Folgenden wird diese Idee genauer erläutert und anschließend auf das Problem der Wahlkreiseinteilung angewendet.

Es sei $G = (V, E)$ ein ungerichteter Graph. Für jeden Knoten $v \in V$ wird die binäre Variable $x_v \in \{0, 1\}$ sowie für jede Kante $(v, w) \in E$ die binäre Variable $y_{(v,w)} \in \{0, 1\}$ eingeführt. Für die Interpretation der Belegung dieser Variablen gilt:

$$x_v = 1 \iff \text{Knoten } v \text{ gehört zum extrahierten Teilgraphen}$$

$$y_{(v,w)} = 1 \iff \text{Kante } (v, w) \text{ gehört zum extrahierten Teilgraphen}$$

Die folgenden Nebenbedingungen (10.21) und (10.22) modellieren die bekannte Beziehung zwischen den Knoten- und Kantenvariablen. Falls eine Kante ausgewählt wird, müssen auch die beiden Endknoten ausgewählt sein. Sowie: Sind beide Endknoten einer Kante ausgewählt, ist es auch möglich, die Kante auszuwählen.

$$
\begin{aligned}
y_{(v,w)} &\leq x_v & \forall\, (v, w) \in E & \quad\quad (10.21) \\
y_{(v,w)} &\leq x_w & \forall\, (v, w) \in E & \quad\quad (10.22)
\end{aligned}
$$

---

[69] Paul Rubin, OR in an OB World: http://http://orinanobworld.blogspot.de, [16.3.2014].

Diese Nebenbedingungen können durch (10.23) ersetzt werden. Dies hat zur Folge, dass die Anzahl der Nebenbedingungen zwar kleiner ist, jedoch verringert sich die Stärke der Formulierung.

$$2y_{(v,w)} \leq x_v + x_w \qquad \forall\, (v,w) \in E \qquad (10.23)$$

Der Zusammenhang des extrahierten Teilgraphen wird mithilfe eines Flusses über den ausgewählten Knoten und Kanten sichergestellt. Der Fluss kann jeweils eine der beiden möglichen Richtungen einer Kante nutzen. Außerdem verringert sich die Flussstärke an jedem ausgewählten Knoten um eine Einheit. Hierfür werden für jede Kante $(v,w) \in E$ die kontinuierlichen Variablen $f_{(v,w)} \geq 0$ sowie $f_{(w,v)} \geq 0$ eingeführt, diese geben die Flussstärke auf der jeweiligen Kante an. Da höchstens an jedem Knoten des Graphen eine Flusseinheit abfließen kann, beträgt die maximale Flussstärke $|V|$. Somit kann der Fluss auf einer ausgewählten Kante mit den Nebenbedingungen (10.24) und (10.25) beschränkt werden.

$$f_{(v,w)} \leq |V|\, y_{(v,w)} \qquad \forall\, (v,w) \in E \qquad (10.24)$$
$$f_{(w,v)} \leq |V|\, y_{(v,w)} \qquad \forall\, (v,w) \in E \qquad (10.25)$$

Für die Quelle des Flusses wird imaginär ein neuer Knoten dem Graphen G hinzugefügt. Dieser Quellknoten beliefert genau einen ausgewählten Knoten $v \in V$ mit ausreichend Flussstärke. Dazu wird für jeden Knoten $v \in V$ die kontinuierliche Variable $g_v \in [0, |V|]$ eingeführt, diese gibt die Flußstärke an, die Knoten $v \in V$ direkt von dem Quellknoten erhält. D. h. der Fluss durchläuft vorher keine Kante des originalen Graphen G. Die Bedingungen zur Flusserhaltung („eingehender Fluss gleich ausgehender Fluss") sind in (10.26) angegeben.

$$g_v + \sum_{(v,w)\in E} f_{(w,v)} = \sum_{(v,w)\in E} f_{(v,w)} + x_v \qquad \forall\, v \in V \qquad (10.26)$$

Ist ein Knoten $v \in V$ nicht ausgewählt, gilt also $x_v = 0$, ist nach (10.21) und (10.22) $y_{(v,w)} = y_{(w,v)} = 0 \;\forall\, w \in V$ erfüllt, daraus folgt mit (10.24) und (10.25) $f_{(v,w)} = f_{(w,v)} = 0 \;\forall\, w \in V$ und dies impliziert $g_v = 0$ in (10.26). Also fließt kein Fluss von der externen Quelle in einen nicht ausgewählten Knoten. Ist ein Knoten $v \in V$ ausgewählt, gilt also $x_v = 1$, modelliert (10.26) die Flusserhaltung in v, inkl. des Abfließens von einer Einheit.

Es verbleibt zu modellieren, dass für nur genau einen Knoten $v \in V$ die Aussage $g_v > 0$ gilt. Hierfür sei eine beliebige Totalordnung $\preceq$ auf der Knotenmenge V gegeben. Durch die Nebenbedingungen (10.27) wird sichergestellt, dass nur der bzgl. $\preceq$ erste ausgewählte Knoten Fluss von dem Quellknoten erhält.

$$g_v \leq |V|\,(1 - x_w) \qquad\qquad \forall\, v, w \in V \text{ mit } w \prec v \qquad (10.27)$$

Mit (10.27) gilt für alle $v \in V$ $g_v = 0$, außer für den bzgl. $\preceq$ minimalen ausgewählten Knoten $\bar{v} \in V$. Für diesen gilt $g_{\bar{v}} \leq |V|$. Der Knoten $\bar{v}$ wird Flusseingangsknoten genannt.

Da jeder andere ausgewählte Knoten von diesem Fluss über ausgewählte Kanten zwischen ausgewählten Knoten erreicht wird, existiert zwischen je einem ausgewählten Knoten und dem Flusseingangsknoten ein Weg über ausgewählte Kanten. Dies hat zur Folge, dass der ausgewählte Teilgraph zusammenhängend ist.

Diese Möglichkeit der Modellierung des Zusammenhangs wird nun auf das Problem der Einteilung von wk Wahlkreisen auf dem Bevölkerungsgraphen $G_{\text{Bev}} = (K, N)$ übertragen. Dabei werden wk viele Flüsse durch den Graphen fließen.

Es sei $W = \{1, \dots, wk\}$ die Menge der einzuteilenden Wahlkreise. Das Wahlkreis-Fluss Modell besteht aus wk Kopien der zuvor dargelegten Variablen und Nebenbedingungen. Die entsprechenden Variablen erhalten intuitiv $k \in W$ als zusätzlichen Index. Darüberhinaus werden die Nebenbedingungen (10.28) hinzugefügt, damit jeder Bevölkerungsknoten genau in einem Wahlkreis enthalten ist.

$$\sum_{k \in W} x_{v,k} = 1 \qquad\qquad \forall\, v \in V \qquad (10.28)$$

Außerdem werden für jeden Wahlkreis $k \in W$ die kontinuierlichen Variablen $a_{\text{pos}}(k) \geq 0$, $a_{\text{neg}}(k) \geq 0$ sowie $a_{\max} \geq 0$ und die Nebenbedingungen (10.29), (10.30) und (10.31) hinzugefügt. Diese sind schon aus Abschnitt 10.1 bekannt.

$$\frac{1}{\varnothing_p}\left(\sum_{v \in K} p_v x_{v,k}\right) - 1 = a_{\text{pos}}(k) - a_{\text{neg}}(k) \qquad\qquad \forall\, k \in W \qquad (10.29)$$

$$a_{\text{pos}}(k) + a_{\text{neg}}(k) \leq a_{\max} \qquad\qquad \forall\, k \in W \qquad (10.30)$$

$$a_{\max} \leq 0{,}25 \qquad\qquad\qquad (10.31)$$

In der Zielfunktion werden wie in Abschnitt 10.1 die maximale Wahlkreisgrößenabweichung sowie Anzahl der Kreisgrenzen überschreitenden, ausgewählten Kanten minimiert.

Insgesamt ergibt sich das folgende gemischt-ganzzahlige lineare Programm.

$$\mathbf{min}\ \alpha_1\, a_{\max} + \alpha_2 \sum_{v,w \in K, k \in W} p(v,w)\, y_{(v,w),k} \tag{10.32}$$

$$\mathbf{s.t.}\ y_{(v,w),k} \leq x_{v,k} \qquad\qquad\qquad\quad \forall\, (v,w) \in N, k \in W \tag{10.33}$$

$$y_{(v,w),k} \leq x_{w,k} \qquad\qquad\qquad\quad \forall\, (v,w) \in N, k \in W \tag{10.34}$$

$$f_{(v,w),k} \leq |K|\, y_{(v,w),k} \qquad\qquad\quad \forall\, (v,w) \in N, k \in W \tag{10.35}$$

$$f_{(w,v),k} \leq |K|\, y_{(v,w),k} \qquad\qquad\quad \forall\, (v,w) \in N, k \in W \tag{10.36}$$

$$g_{v,k} + \sum_{(v,w) \in N} f_{(w,v),k} = \sum_{(v,w) \in N} f_{(v,w),k} + x_{v,k} \quad \forall\, v \in K, k \in W \tag{10.37}$$

$$g_{v,k} \leq |V|\, (1 - x_{w,k}) \qquad\qquad\quad \forall\, k \in W, v, w \in K : w \prec v \tag{10.38}$$

$$\sum_{k \in W} x_{v,k} = 1 \qquad\qquad\qquad\qquad \forall\, v \in K \tag{10.39}$$

$$\frac{1}{\varnothing_p} \Big(\sum_{v \in K} p_v\, x_{v,k} \Big) - 1 = a_{\mathrm{pos}}(k) - a_{\mathrm{neg}}(k)\ \forall\, k \in W \tag{10.40}$$

$$a_{\mathrm{pos}}(k) + a_{\mathrm{neg}}(k) \leq a_{\max} \qquad\qquad \forall\, k \in W \tag{10.41}$$

$$a_{\max} \leq 0,25 \tag{10.42}$$

$$y_{(v,w),k} \in \{0,1\} \qquad\qquad\qquad\quad \forall\, (v,w) \in N, k \in W \tag{10.43}$$

$$x_{v,k} \in \{0,1\} \qquad\qquad\qquad\qquad \forall\, v \in K, k \in W \tag{10.44}$$

$$f_{(v,w,k)}, f_{(w,v,k)} \geq 0 \qquad\qquad\qquad \forall\, (v,w) \in N, k \in W \tag{10.45}$$

$$g_{v,k} \geq 0 \qquad\qquad\qquad\qquad\qquad \forall\, v \in K, k \in W \tag{10.46}$$

$$a_{\mathrm{pos}}(k), a_{\mathrm{neg}}(k), a_{\max} \geq 0 \qquad\qquad \forall\, k \in W \tag{10.47}$$

Kapitel 11
Lösungsverfahren nach dem Divide-and-Conquer-Prinzip

Das Prinzip *„Divide and Conquer"* umfasst das Vorgehen, ein großes Problem in mehrere kleinere und möglichst disjunkte Teilprobleme aufzuteilen, diese Teilprobleme zu lösen und schließlich die Lösungen der Teilprobleme zu einer Lösung des großen Problems zusammenzufügen.

In diesem Abschnitt wird ein Lösungsalgorithmus für das Problem der Wahlkreiseinteilung entwickelt, welcher auf dem Divide-and-Conquer-Prinzip basiert. Der Algorithmus wird aus mehreren Lösungsebenen bestehen, die aufeinander aufbauen und zumeist aus der Lösung der übergeordneten Ebene entstehen. Jede Lösungsebene kann einer Verwaltungsebene zugeordnet werden.

Die Aufteilung des Problems der Wahlkreiseinteilung auf der Ebene der Bundesländer ist, wie in Abschnitt 2.3 vorgestellt, laut Bundeswahlgesetz vorgeschrieben. Die Wahlkreiseinteilung für die gesamte Bundesrepublik wird aus Wahlkreiseinteilungen der 16 Bundesländer gebildet. Das in Abschnitt 2.5 präsentierte Sainte-Laguë/Schepers-Verfahren teilt den Bundesländern ihre Wahlkreisanzahl zu.

Die nächst detaillierte Verwaltungsebene wird durch die Regierungsbezirke gebildet. Die bevölkerungsreichen Bundesländer Nordrhein-Westfalen, Bayern, Baden-Württemberg und Hessen sind jeweils in Regierungsbezirke partitioniert. Bei der Betrachtung der Wahlkreiseinteilung zur letzten Bundestagswahl 2013[70] wird deutlich, dass die Wahlkreise überwiegend die Grenzen der Regierungsbezirke einhalten. Nach eigenen Recherchen bestehen lediglich drei der 169 Wahlkreise in den genannten Bundesländern aus Gemeinden, die jeweils zwei verschiedenen Regierungsbezirken zugeordnet sind. Ein solcher Wahlkreis ist im Norden von Baden-Württemberg sowie je einer im Westen und Osten von Hessen zu finden. In Rheinland-Pfalz, Sachsen-Anhalt, Niedersachsen und Sachsen wurden bis zum Jahr 2008 die Einteilung in Regierungsbezirke abgeschafft. Zumeist aus Kostengründen wurden diese Verwaltungsebene aufgegeben und bestehende Aufgaben

---

[70] Bundeswahlleiter, Wahlkreiseinteilung für die Wahl zum 18. Deutschen Bundestag: `http://goo.gl/T3dkXC`, [16.3.2014].

entweder auf die Kreis- oder Landesebene übertragen.[71] Die aktuelle Wahlkreis-einteilung hält viele Grenzen der ehemaligen Regierungsbezirke ein. Alle nicht genannten Bundesländer waren nie in solch übergeordnete Verwaltungseinheiten eingeteilt.

Es drängt sich der Gedanke auf, das Problem der Wahlkreiseinteilung je Regierungsbezirk zu lösen. Die einem Bundesland zugesprochene Wahlkreisanzahl kann ebenso mit dem Sainte-Laguë/Schepers-Verfahren auf die Regierungsbezirke aufgeteilt werden. Der Vorteil aus algorithmischer Sicht ist, dass das Problem verkleinert wird und so besser gelöst werden kann – ganz im Sinne des Divide-and-Conquer-Prinzips. Außerdem besteht der Vorteil aus Ergebnissicht darin, dass die Wahlkreise die Regierungsbezirkgrenzen einhalten. Dies wird zwar laut Wahlgesetz nicht ausdrücklich gefordert, doch die aktuelle Einteilung zeigt, dass dies sehr wohl gewünscht und verfolgt wird.

Das Einhalten der Grenzen der Kreise und kreisfreien Städte ist jedoch in den Grundsätzen zur Wahlkreiseinteilung (s. Abschnitt 2.3) als Ziel angegeben. Um dem gerecht zu werden, wird in der nächsten Lösungsebene die Verwaltungsebene der Kreise und kreisfreien Städte betrachtet. Es werden Teilmengen der Kreise und kreisfreien Städte gesucht, innerhalb derer eine Einteilung von $k \in \mathbb{N}$ Wahlkreisen möglich ist. An dieser Stelle wird auf das lösungsorientierte Preprocessing aus Abschnitt 9.6 aufgebaut. Es werden nicht mehr nur einzelne Kreise und kreisfreie Städte alleine betrachtet, sondern z. B. auch drei untereinander benachbarte Kreise, auf denen eine Einteilung von zwei Wahlkreisen mit sehr geringer Abweichung von der durchschnittlichen Wahlkreisgröße möglich ist. All diese Teilmengen der Kreise und kreisfreien Städte sind Grundlage für ein *Set Partitioning Problem* auf dem Bevölkerungsgraph der Kreisebene. Eine Lösung ist folglich eine Partition der Kreise und kreisfreien Städte und jeder Partitionsmenge ist eine Anzahl an Wahlkreisen zugeordnet. Enthält die Lösung Partitionsmengen, denen echt mehr als ein Wahlkreis zugeordnet wurde, werden diese Wahlkreise auf den verbleiben-

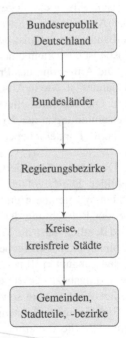

Abb. 11.1 Ebenen

---

[71] Hamburger Abendblatt, Niedersachsen löste seine Regierungsbezirke auf, 26.04.06, `http://goo.gl/3zMWlB` [20.02.2014].

den, detaillierteren Ebenen (Gemeindeverbände und Gemeinden) in einem nächsten Lösungsschritt eingeteilt.

Insgesamt wird in diesem Kapitel ein mehrstufiges Divide-and-Conque-Verfahren zum Lösen des Problems der Wahlkreiseinteilung vorgestellt. Die einzelnen Ebenen sind in Abbildung 11.1 zusammengefasst.

In Abschnitt 11.1 wird detailliert beschrieben, wie die einzelnen Ebenen aussehen und mit welchen Methoden sie gelöst werden können. Abbildung 11.2 liefert dazu einen Überblick über diesen Abschnitt.

In Abschnitt 11.2 werden zahlreiche Ergebnisse und weitere Details zur Umsetzung des vorgestellten Verfahrens angegeben.

In dem anschließenden Abschnitt 11.3 werden Möglichkeiten zur Verbesserung des Verfahrens dargelegt.

11.1 Ebenenweises Vorgehen

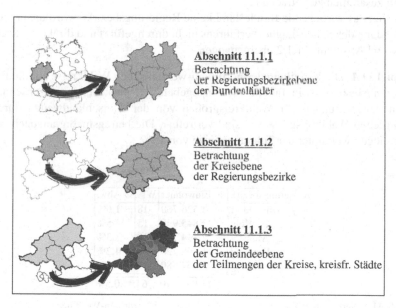

Abschnitt 11.1.1
Betrachtung
der Regierungsbezirkebene
der Bundesländer

Abschnitt 11.1.2
Betrachtung
der Kreisebene
der Regierungsbezirke

Abschnitt 11.1.3
Betrachtung
der Gemeindeebene
der Teilmengen der Kreise, kreisfr. Städte

Abbildung 11.2 Überblick des Abschnitts 11.1

Die letztendliche Einteilung der Wahlkreise wird in Abschnitt 11.1.3 beschrieben und findet auf der Gemeindeebene einer zuvor ausgewählten Teilmenge der Kreise und kreisfreien Städte statt. Die Auswahl dieser Teilmengen wird in Abschnitt 11.1.2 dargelegt und auf der Kreisebene eines, falls vorliegend, Regierungsbezirks (s. Abschnitt 11.1.1) und ansonsten Bundeslandes vollzogen.

11.1.1 Ebene der Regierungsbezirke

Ist das betrachtete Bundesland in Regierungsbezirke oder ähnlich grobe Verwaltungseinheiten eingeteilt, wird die Wahlkreisanzahl des Bundeslandes auf diese umgelegt. Dabei wird das Sainte-Laguë-Verfahren (s. Abschnitt 2.5) verwendet. Falls sich hierbei Regierungsbezirke offenbaren, dessen geplante Wahlkreiseinteilung übermäßig große durchschnittliche Abweichungen der Wahlkreisgrößen zur Folge haben, ist zu überlegen, betroffene Regierungsbezirke vor dem nächsten Schritt zusammen zu betrachten.

Besitzt das vorliegende Bundesland keine Regierungsbezirke, wird die erneute Anwendung des Sainte-Laguë-Verfahrens nicht durchgeführt und direkt zur Kreisebene und Abschnitt 11.1.2 übergegangen.

Beispiel 11.1 Die Verteilung der nordrhein-westfälischen Wahlkreise auf die fünf Regierungsbezirke ist in Tabelle 11.1 angegeben. Die entstehenden durchschnittlichen Abweichungen der Wahlkreisgrößen von der deutschlandweiten durchschnittlichen Wahlkreisgröße $\varnothing_p$ sind vertretbar. Die betragsmäßig angegebenen Werte liegen weit unter der Toleranzgrenze von 15%.

Regierungsbezirk	dt. Einwohner	Wk.	$\varnothing$ Abw.
Düsseldorf	4.526.760	18	1,6%
Köln	3.845.990	15	3,5%
Münster	2.394.720	10	3,3%
Detmold	1.898.720	8	4,2%
Arnsberg	3.264.980	13	1,4%
	15.931.170	64	0,5%

Tabelle 11.1 Verteilung der Wahlkreise auf Reg.bezirke in Nordrhein-Westfalen

In Bayern bzw. Baden-Württemberg ergibt sich bei der Verteilung der Wahlkreise auf die sieben bzw. vier Regierungsbezirke ein mit Nordrhein-Westfalen vergleichbares Bild. Die entstehenden durchschnittlichen Abweichungen der Wahlkreisgrößen sind akzeptabel.

Beispiel 11.2 Wie Tabelle 11.2 zu entnehmen ist, entstünde in Hessen im Regierungsbezirk Kassel eine durchschnittliche Abweichung von über 15%. Es ist ratsam die Regierungsbezirke Gießen und Kassel zusammen zu betrachten und dabei 8 Wahlkreise einzuteilen. In dem Fall entsteht eine durchschnittliche Abweichung von 6,1%.

Regierungsbezirk	dt. Einwohner	Wk.	∅ Abw.
Darmstadt	3.210.100	13	0,3%
Gießen	956.990	4	3,4%
Kassel	1.144.630	4	15,6%
	5.311.720	21	2,1%

Tabelle 11.2 Verteilung der Wahlkreise auf Regierungsbezirke in Hessen

11.1.2 Ebene der Kreise und kreisfreien Städte

Nun werden auf dem Bevölkerungsgraph der Kreisebene – zumeist eingeschränkt auf einen Regierungsbezirk – Knotenteilmengen gesucht, die zusammenhängende Teilgraphen induzieren und auf denen die Einteilung einer bestimmten Anzahl an Wahlkreisen mit geringer Abweichung möglich ist. Mit der Auswahl einiger dieser Teilmengen wird anschließend eine Zielfunktion minimierende Partition der Kreise und kreisfreien Städte gebildet, sodass die für den Bevölkerungsgraph vorgesehene Wahlkreisanzahl durch die Partitionsmengen erfüllt wird.

Es sei ein Bevölkerungsgraph $G_{Bev} = (K, N)$ der Kreisebene gegeben. Außerdem seien $wk \in \mathbb{N}$ Wahlkreise auf diesem Bevölkerungsgraphen einzuteilen. Die folgende Definition ist grundlegend für diesen Abschnitt.

Definition 11.3 Eine Teilmenge $A \subseteq K$ der Bevölkerungsknoten, die Kreise und kreisfreie Städte repräsentieren, ist ein *zulässiges Gebiet zur Einteilung von k Wahlkreisen*, mit $k \in \mathbb{N}$, wenn gilt:

i) $G_{\text{Bev}}[A]$ zusammenhängend

ii) $\left| \frac{\sum_{v \in A} p_v}{k} - \varnothing_p \right| \leq 25\% \, \varnothing_p$

Ein zulässiges Gebiet zur Einteilung von k Wahlkreisen, mit $k \in \mathbb{N}$, wird auch schlicht *zulässiges Gebiet* genannt. Weiter seien für ein solches Gebiet A die Parameter

$$\text{wk}(A) := k \quad \text{und} \quad \text{abw}(A) := \left| \frac{\sum_{v \in A} p_v}{k} - \varnothing_p \right|$$

definiert. Außerdem sei $A(v) = 1$ genau dann, wenn $v \in A$ gilt, sonst sei $A(v) = 0$.

Beispiel 11.4 Die nordrhein-westfälischen Kreise Olpe und Märkischer-Kreis sind benachbart und umfassen in der Summe 509.140 deutsche Einwohner. Bei Einteilung von zwei Wahlkreisen entsteht eine durchschnittliche Abweichung von $\left| \frac{509.140}{2} - \varnothing_p \right| = 2,8\% \, \varnothing_p$ und somit bilden diese beiden Kreise ein zulässiges Gebiet zur Einteilung von 2 Wahlkreisen.

Anhand von Definition 11.3 wird die Menge aller zulässigen Gebiete zur Einteilung von Wahlkreisen auf einem gegebenen Bevölkerungsgraphen G_{Bev} der Kreisebene aufgestellt. Diese Menge sei mit W bezeichnet.

$$W := \left\{ A \subseteq K : G_{\text{Bev}}[A] \text{ zshg.}, \exists k \in \mathbb{N} \text{ s.d. } \left| \frac{\sum_{v \in A} p_v}{k} - \varnothing_p \right| \leq 25\% \, \varnothing_p \right\}$$

Zu jedem $A \in W$ werden Kosten c_A berechnet. Wie dies geschehen kann, wird noch in diesem Abschnitt erläutert. Die Menge W bildet die Grundlage für das folgende Set Partitioning Problem mit zusätzlicher Bedingung, formuliert als binäres lineares Programm. Es werden kostenminimal zulässige Gebiete aus W ausgewählt, sodass eine passende Partition der Bevölkerungsknoten entsteht.

$$\min \sum_{A \in W} c_A x_A \tag{11.1}$$

$$\text{s.t.} \sum_{A \in W} A(v) x_A = 1 \qquad \forall v \in K \tag{11.2}$$

$$\sum_{A \in W} wk(A) x_A = wk \tag{11.3}$$

$$x_A \in \{0, 1\} \qquad \forall A \in W \tag{11.4}$$

Dabei bedeutet die Variablenbelegung $x_A = 1$, dass das Gebiet A in der gesuchten Partition der Knotenmenge Verwendung findet. In der Zielfunktion (11.1) wird die Kostensumme der ausgewählten Gebiete minimiert. Die Nebenbedingungen (11.2) stellen sicher, dass jeder Knoten des Bevölkerungsgraphen in genau einem gewählten Gebiet enthalten ist. In der Nebenbedingung (11.3) wird gefordert, dass die Summe der Wahlkreisanzahl der ausgewählten Gebiete gleich der Anzahl der auf dem Bevölkerungsgraphen einzuteilenden Wahlkreise ist.

Die Kosten c_A eines zulässigen Gebietes sind zunächst nicht eindeutig definierbar. Im Folgenden werden Richtlinien genannt, die bei der Berechnung der Kosten eines zulässigen Gebietes Beachtung finden können. Diese stehen u. a. im Einklang mit dem Ziel, Grenzen der Kreisebene möglichst einzuhalten und Abweichungen der Wahlkreisgrößen zu minimieren.

Bemerkung 11.5 Nachfolgend sind mögliche Richtlinien für die Berechnung der Kosten c_A eines zulässigen Gebietes A aufgelistet.

- Je geringer die durchschnittliche Abweichung der Wahlkreisgröße eines zulässigen Gebietes ist, desto eher wird es für die Partition gewählt.
- Durchschnittliche Abweichungen über 15% werden vergleichsweise mehr bestraft als unter 15%.
- Zulässige Gebiete mit weniger enthaltenen Kreisen und kreisfreien Städten sind zu bevorzugen.
- Zulässige Gebiete mit weniger einzuteilenden Wahlkreisen sind zu bevorzugen.
- Zulässige Gebiete mit nur einem Wahlkreis sind zu bevorzugen.
- Zulässige Gebiete, bestehend aus nur einem Kreis oder einer kreisfreien Stadt sind zu bevorzugen.
- Zulässige Gebiete, die eine Einteilung von nicht-kompakten Wahlkreisen implizieren, sind zu bestrafen.

In Abschnitt 11.2 wird neben Berechnungsergebnissen auch vorgestellt, wie die Kosten der zulässigen Gebiete berechnet wurden. Dabei wurden die in Bemerkung 11.5 genannten Richtlinien beachtet.

Am Ende dieser Lösungsebene liegt eine Partition der Kreise und kreisfreien Städte vor, sodass die Partitionsmengen zusammenhängende Teilgraphen auf dem Bevölkerungsgraphen der Kreisebene induzieren und die Anzahl einzuteilender Wahlkreise auf diese Partitionsmengen aufgeteilt ist. Die Partitionsmengen, denen echt mehr als ein Wahlkreis zugewiesen wurde, werden in der nächsten Lösungsebene weiter betrachtet. Alle anderen Partitionsmengen bilden jeweils schon einen Wahlkreis.

11.1.3 Ebene der Gemeinden

Diese Lösungsebene wird mit einer Menge von Kreisen und/oder kreisfreien Städten A aufgerufen, auf der $wk(A) \in \mathbb{N}$ Wahlkreise einzuteilen sind. Voraussetzung ist, dass die Menge einen zusammenhängenden Teilgraphen bzgl. des Bevölkerungsgraphen der Kreisebene induziert.

Es wird im Folgenden der Bevölkerungsgraph der Gemeindeebene betrachtet, eingeschränkt auf die Kreise und kreisfreien Städte der Menge A. Um eine vollständige und letzendlich verwendbare Wahlkreiseinteilung zu erhalten sind Daten der Stadtteile und -bezirke der Großstädte von Nöten. Diese Daten zählen im Folgenden mit zur Gemeindeebene, liegen jedoch im Rahmen dieser Arbeit nicht vor.

Die Einteilung der Wahlkreise auf dieser Lösungsebene kann mit nahezu allen in dieser Arbeit vorgestellten Modellen und Algorithmen durchgeführt werden. Neben Formulierungen als Gemischt-Ganzzahliges Lineares Programm (s. Kapitel 5 und 10) mit ggf. vorangestelltem Preprocessing (s. Kapitel 9) können an dieser Stelle auch schnelle Heuristiken (s. Kapitel 5) oder ein abgewandeltes Set Partitioning Problem aus der Lösungsebene der Kreise und kreisfreien Städte zum Einsatz kommen.

Für die Anwendung in dieser Arbeit wurde eine Greedy-Heuristik implementiert. Diese wird im nachfolgenden Abschnitt genauer erläutert.

11.2 Umsetzung und Ergebnisse

Das vorgestellte Divide-and-Conquer-Verfahren kann auf die Bevölkerungsdaten und -graphen der Bundesrepublik Deutschland angewendet werden. In diesem Abschnitt werden zunächst weitere Details der Implementierung des Verfahrens vorgestellt und anschließend Berechnungsergebnisse angegeben.

Viele Bundesländer enthalten Großstädte, die bei den berechneten Wahlkreiseinteilungen auf mehrere Wahlkreise aufgeteilt werden. Aufrund des Fehlens de-
taillierterer Daten dieser Städte und des Ziels, anwendbare Wahlkreise in dieser
Arbeit einzuteilen, werden diese Bundesländer nicht bis in die letzte Ebene gelöst.
Nordrhein-Westfalen und Bayern tauchen trotzdem in den folgenden Ergebnissen
auf, um einen Eindruck zu gewinnen, welche Wahlkreise diese Methode berechnen
wird.

Set Partitioning Problem

Die Menge aller zulässigen Gebiete zur Einteilung von Wahlkreisen, zuvor W genannt, wird nicht vollständig aufgestellt. Aufgrund der implementierten Kosten c_A
reicht es aus, passende Teilmengen $A \subseteq K$ der Kreise und kreisfreien Städte zu be-
rechnen, sodass die Kardinalität $|A|$ nicht größer als eine Konstante ist. Für jedes
Bundesland wurde hier

$$\text{round}\left(3 \cdot \frac{\text{Anzahl Kreise und kreisfreie Städte}}{\text{Anzahl Wahlkreise}}\right) + 1$$

als maximale Kardinalität eines zulässigen Gebiets gewählt. Hierfür wurde eine
einfache Baumsuche implementiert. Falls ein zulässiges Gebiet in mehr als eine Anzahl an Wahlkreise eingeteilt werden kann, wird nur die Möglichkeit mit
der betragsmäßig kleinsten Abweichung der Wahlkreisgröße in Betracht gezogen.
Das Aufstellen der Menge der zulässigen Gebiete nahm bei allen in den Ergebnissen betrachteten Regierungsbezirken und Bundesländer wenige Sekunden in
Anspruch. Bundesländer bzw. Regierungsbezirke mit vergleichsweise vielen Kreisen und dabei wenig einzuteilenden Wahlkreisen benötigen hierbei jedoch einen
enormen Zeitaufwand. Es besteht Bedarf, das Problem der Erstellung zulässiger
Gebiete zur Einteilung von Wahlkreisen genauer zu untersuchen, um effizientere
Implementierungen zu ermöglichen.

Die Kosten c_A eines zulässigen Gebietes A werden wie in Algorithmus 10 angegeben berechnet. Nachfolgend wird der Algorithmus näher erklärt.

Algorithmus 10 : Kosten eines zulässigen Gebiets

input   : zulässiges Gebiet A, Konstanten α, β
output : Kosten des Gebiets A

1 **if** $|A| = 1 \wedge (\text{wk}(A) > 1 \vee \#\text{Gemeinden in } A = 1) \wedge \text{abw}(A) \leq 15\% \oslash_p$ **then**
2 $\quad$ **return** $-100 \cdot \frac{1}{\text{abw}(A)}$
3 **else**
4 $\quad$ **if** $\text{abw}(A) \leq 15\% \oslash_p$ **then**
5 $\quad\quad$ **if** $\text{abw}(A) \leq 1\% \oslash_p$ **then**
6 $\quad\quad\quad$ **return** $\text{wk}(A) \cdot 1 + (\text{wk}(A) - 1) \cdot \alpha$
7 $\quad\quad$ **else**
8 $\quad\quad\quad$ **return** $\text{wk}(A) \cdot \text{abw}(A)^{\beta} + (\text{wk}(A) - 1) \cdot \alpha$
9 $\quad$ **else**
10 $\quad\quad$ **return** $\text{wk}(A) \cdot \text{abw}(A)^{1,25} + (\text{wk}(A) - 1) \cdot \alpha$

Es ist folgender Trade-Off für alle zulässigen Gebiete A mit Mächtigkeit $|A| > 1$ festgelegt worden: Das Missachten einer Grenze der Kreisebene, d. h. ein Kreis wird auf mehrere Wahlkreise aufgeteilt, ist gleichgesetzt mit $\alpha\%$ Abweichung der Wahlkreisgrößen in diesem zulässigen Gebiet. D. h. das Missachten einer Grenze der Kreisebene soll in Kauf genommen werden, wenn dadurch in der Summe mehr als $\alpha\%$ Abweichung eingespart werden kann. Es wurde geschätzt, dass ein zulässiges Gebiet zur Einteilung von k Wahlkreisen $k - 1$ Grenzen der Kreisebene missachtet. Für α wurde mit Werten aus dem Intervall $[7, 5\,;\,10]$ gearbeitet.

Zulässigen Gebieten mit genau einem Knoten auf der Gemeindeebene werden unter bestimmten Bedingungen negative Kosten zugeordnet. Damit wird das Ziel verfolgt, große kreisfreie Städte allein in eine Anzahl von Wahlkreisen einzuteilen, falls die Toleranzgrenze der Abweichung eingehalten wird.

Eine zweite Konstante β, die hier aus dem Intervall $[1\,;\,1, 05]$ gewählt wurde, legt die Gewichtung der Abweichung innerhalb der Kosten fest. In einigen Fällen führt es zu besseren Ergebnissen, wenn die Abweichung nicht nur linear in die Kosten eingeht. Im Allgemeinen fällt die Abweichung der Wahlkreisgröße bei einem Wert von über 15% stärker ins Gewicht.

Das zugehörige binäre lineare Programm (11.1) - (11.4) wurde mit GAMS modelliert und mit CPLEX 12.4 gelöst. Dies war jeweils in Bruchteilen einer Sekunde möglich.

Greedy-Heuristik

Um auf einem zulässigen Gebiet Wahlkreise einzuteilen wird eine Greedy-Heuristik verwendet, die im Folgenden genauer erläutert wird. Zuvor werden auf dem Bevölkerungsgraph der Gemeinde – eingeschränkt auf das zulässige Gebiet – die Preprocessing-Schritte aus Abschnitt 9.3 und Abschnitt 9.4 angewendet. Darüberhinaus werden die Bevölkerungsknoten eines Kreises, falls diese weniger als $90\% \varnothing_p$ Bevölkerung umfassen und eine Herausnahme dieser Knoten nicht den Zusammenhang des Graphen zerstört, zu einem Knoten zusammengefasst.

Es werden auf dem zugrundeliegenden Bevölkerungsgraphen von bevölkerungsreichen Knoten aus wachsende Wahlkreise mithilfe einer Baumsuche nach und nach eingeteilt. Dabei ist der Zusammenhang der Wahlkreise sichergestellt. Außerdem wird das Ziel verfolgt, dass Wahlkreise Knoten aus möglichst wenigen verschiedenen Kreisen und kreisfreien Städten enthalten. Die Wachstumsrichtung eines Wahlkreises, gestartet mit einem bevölkerungsreichen Knoten, ist so definiert, dass möglichst kompakte Wahlkreise entstehen. Über allem steht jedoch das primäre Ziel, möglichst abweichungsminimale Wahlkreise einzuteilen.

Der Vorteil dieser Heuristik liegt darin, dass sie schnell recht ansehnliche Ergebnisse liefert. Wie schon angesprochen, kann an dieser Stelle beliebig viel Arbeit investiert werden, um einen Algorithmus zu definieren, der perfekte Wahlkreise einteilt. Darüberhinaus sind noch weitere Möglichkeiten eines Preprocessings gegeben. Wird ein Bevölkerungsgraph (wie z. B. der des Rhein-Sieg-Kreis) als 2-fach kantenzusammenhängend erkannt, kann womöglich ein Teil des Graphen zu nur einem Bevölkerungsknoten zusammen gefasst werden.

Ergebnisse

In den folgenden Abschnitten werden (Teil)-Ergebnisse der mit diesem Verfahren berechneten Wahlkreiseinteilungen der Bundesländer Nordrhein-Westfalen, Bayern, Saarland und Sachsen-Anhalt vorgestellt. Da die beiden letzten Bundesländer keine zu großen Städte enthalten, wurden sie ausgewählt, um vollständige Wahlkreiseinteilungen zu berechnen.

Insgesamt wird deutlich, dass mit dem vorgestellten Divide-and-Conquer-Verfahren dem Wahlgesetz entsprechende, gute Wahlkreise eingeteilt werden können. Es offenbart sich jedoch auch, dass das Verfahren noch verbessert werden kann. Überlegungen und zukünftige Arbeitsansätze dazu sind im Abschnitt 11.3 formuliert.

11.2.1 Nordrhein-Westfalen

Das Bundesland Nordrhein-Westfalen (NRW) ist in fünf Regierungsbezirke eingeteilt. Auf der Kreisebene entstehen die in Abbildung 11.3 dargestellten Bevölkerungsgraphen. Tabelle 11.3 zeigt die Größe der offenen Teilprobleme, nachdem die Wahlkreise von NRW auf die Regierungsbezirke umgelegt wurden.

Abbildung 11.3 Nordrhein-Westfalen

Das Lösen der fünf Set Partitioning Probleme konnte jeweils innerhalb von Bruchteilen einer Sekunde durchgeführt werden. Zusammen mit dem Erstellen der Mengen der zulässigen Gebiete wird für das Durchführen dieser Lösungsebene insgesamt 20 Sekunden benötigt. Jede Zusammenhangskomponente des in Abbildung 11.4 dargestellten Graphen bildet eine Partitionsmenge der Lösungen. Pro Komponente ist die auf ihr einzuteilende Anzahl an Wahlkreisen, sowie die daraus entstehende durchschnittliche Abweichung der Wahlkreisgröße angegeben.

Es wird deutlich, dass alle durchschnittlichen Abweichungen unter der Toleranzgrenze von 15% liegen. Außerdem sind 14 Wahlkreise schon fertig eingeteilt. Den restlichen 18 Partitionsmengen wurden echt mehr als ein Wahlkreis zugeordnet, diese werden in der nächsten Lösungsebene eingeteilt. Des Weiteren existiert keine Zusammenhangskomponente mit nur einem oder zwei Wahlkreisen, die lediglich aus einem Weg mit mehreren (etwa ≥ 4) Knoten besteht. Wäre dem so, würden die entstehenden Wahlkreise auch eher langgezogen sein als einem Kreis bzw. Quadrat ähnlich sein. Der Komponente mit dem Weg auf vier Knoten in der

Regierungsbezirk	Knoten	Kanten	Wk.	∅ Abw.
Düsseldorf	15	30	18	1,6%
Köln	11	18	15	3,5%
Münster	8	12	10	3,3%
Detmold	7	12	8	4,2%
Arnsberg	12	21	13	1,4%

Tabelle 11.3 Regierungsbezirke von Nordrhein-Westfalen auf Kreisebene

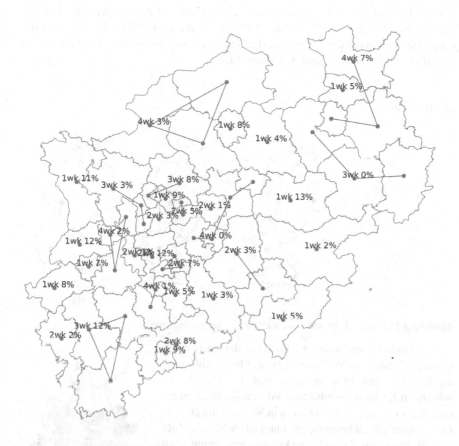

Abbildung 11.4 Lösung der Set Partitioning Probleme der Regierungsbezirke

Mitte des Bundeslandes sind vier Wahlkreise zugeordnet. Es besteht weiterhin die Möglichkeit, diese Wahlkreise nacheinander auf diesem Weg kompakt einzuteilen.

Nach dieser Lösungsebene verbleiben 18 offene Teilprobleme. Viele dieser Probleme können aufgrund von fehlenden Daten in dieser Arbeit nicht weiter betrachtet werden. Z. B. sind in der Lösung der Set Partitioning Probleme der Landeshauptstadt Düsseldorf zwei Wahlkreise bei durchschnittlicher Abweichung von unter 1% zugewiesen worden. Um verwendbare Wahlkreise einteilen zu können, werden Daten der Stadtteile und -bezirke der Großstädte benötigt. Gleiches gilt

u. a. auch für die Einteilung der drei Wahlkreise auf der Zusammenhangskomponente mit dem Kreis Wesel, der Stadt Oberhausen und der Stadt Mülheim an der Ruhr. Eine Auswahl der Lösungen der Teilprobleme, die keine zu großen Städte enthalten werden im Folgenden vorgestellt.

Städteregion Aachen

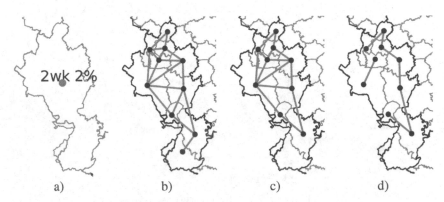

a)   b)   c)   d)

Abbildung 11.5 Einteilung von zwei Wahlkreisen in der Städteregion Aachen

Der Städteregion Aachen wurden in der vorherigen Lösungsebene zwei Wahlkreise zugeteilt (s. Abb. 11.5 a)). Es sei angemerkt, dass die auf den ersten Blick verwirrenden Kreisgrenzen im Süd-Westen der Städteregion mit der ehemaligen Vennbahn in Verbindung stehen. Die stillgelegte Bahntrasse ist belgisches Staatsgebiet und so entstehen deutsche Exklaven, abgetrennt vom restlichen deutschen Gebiet. Die Einteilung der Wahlkreise findet auf dem Bevölkerungsgraph der Gemeindeebene statt (s. Abb 11.5 b)). Auf diesem Graphen können die Preprocessingschritte aus Abschnitt 9.3 und Abschnitt 9.4 angewendet werden. Dadurch kann ein Knoten mit dem eindeutigen Nachbarn zusammengefasst werden und zwei Kanten vernachlässigt werden (s. Abb. 11.5 c)). Die Greedy-Heuristik teilt diesen Graphen in knapp einer Sekunde in zwei Wahlkreise ein (s. Abb. 11.5 d)).

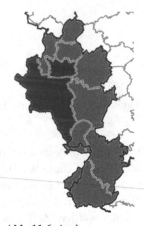

Abb. 11.6 Aachen

Es entsteht die in Abbildung 11.6 visualisierte Wahlkreiseinteilung in der Städteregion Aachen. Der dunkler dargestellte Wahlkreis umfasst die Stadt Aachen sowie die benachbarte Stadt Würselen und beinhaltet 241.030 deutsche Einwohner. Demzufolge besitzt der dunklere Wahlkreis eine Abweichung von 2,7%. Der hellere Wahlkreis umfasst die acht restlichen Städte und Gemeinden der Städteregion Aachen. Der Wahlkreis beinhaltet 242.910 deutsche Einwohner, dies impliziert eine Abweichung von 1,9%.

Rhein-Sieg-Kreis

Der Rhein-Sieg-Kreis wurde schon im Abschnitt 2.3 im Zusammenhang mit der Darlegung des Bundeswahlgesetztes betrachtet. Der Kreis rund um Bonn ist aufgefallen, da er bei der Einteilung für die Bundestagswahl 2013 einen nicht-zusammenhängenden Wahlkreis enthielt. Es wird nun deutlich werden, dass auch zusammenhängende Wahlkreise in diesem Kreis einteilbar sind.

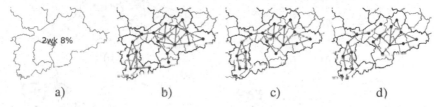

    a)   b)   c)   d)

Abbildung 11.7 Einteilung von zwei Wahlkreisen im Rhein-Sieg-Kreis

Dem Rhein-Sieg-Kreis wurden in der vorherigen Lösungsebene zwei Wahlkreise zugeteilt. Analog zu den Erklärungen bei der Städteregion Aachen entsteht im Rhein-Sieg-Kreis nach Anwendung eines Preprocessings der in Abbildung 11.7 c) dargestellte Bevölkerungsgraph. Die Greedy-Heuristik teilt diesen Graphen in knapp zwei Sekunden in zwei Wahlkreise ein (s. Abb. 11.7 d)).

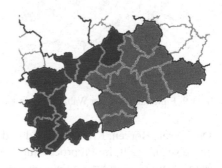

Abb. 11.8 Rhein-Sieg-Kreis

Es entsteht die in Abbildung 11.8 visualisierte Wahlkreiseinteilung im Rhein-Sieg-Kreis. Der dunklere Wahlkreis beinhaltet 273.050 deutsche Einwohner und besitzt folglich eine Abweichung von 10,3%. Der hellere Wahlkreis umfasst 264.100 deutsche Einwohner, dies impliziert eine Abweichung von 6,7%. Die Stadt Lohmar liegt am östlichen Ende des dunkleren Wahlkreises und umfasst 28.150 deutsche Einwohner. Die beiden südlich von Lohmar und jeweils mit dem dunkleren Wahlkreis benachbart liegenden Städte sind Siegburg und Sankt Augustin. Diese Städte besitzen mit 34.580 bzw. 50.040 mehr deutsche Einwohner als Lohmar. Diese Tatsache impliziert, dass keine abweichungsminimalere Einteilung in zusammenhängende Wahlkreise im Rhein-Sieg-Kreis existiert, als die durch die Greedy-Heuristik berechnete.

Kreis Borken, Kreis Coesfeld, Kreis Steinfurt

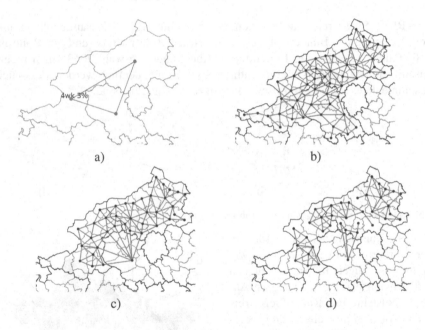

Abb. 11.9 Einteilung von vier Wahlkreisen in Kreisen Borken, Coesfeld, Steinfurt

Dem Kreis Borken, Kreis Coesfeld und Kreis Steinfurt wurden zusammen vier Wahlkreise zugeteilt. Im Preprocessing konnten viele Knoten im westlichen Kreis Borken zusammengeführt werden sowie Kanten vernachlässigt werden. Außerdem wurde der Kreis Coesfeld mit 208.780 deutschen Einwohnern zu einem Knoten zusammengefasst. Abbildung 11.9 c) zeigt den entstandenen Graphen. Die Greedy-

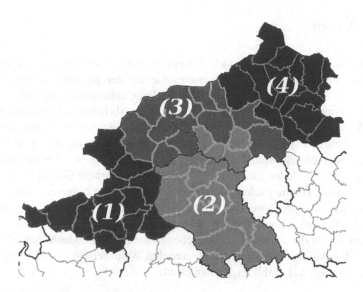

Abb. 11.10 Kreise Borken, Coesfeld, Steinfurt

Heuristik teilt diesen Bevölkerungsgraphen in etwa zehn Sekunden in vier Wahlkreise ein (s. Abb 11.9 d)).

Die entstehende Wahlkreiseinteilung ist in Abbildung 11.10 visualisiert. Der
Wahlkreis (1) wird durch den südlichen Teil des Kreis Borken gebildet und umfasst 245.504 deutsche Einwohner, dies entspricht einer Abweichung von lediglich
0,9%. Der Wahlkreis (2) besteht hauptsächlich aus dem Kreis Coesfeld und vier
Gemeinden bzw. Städten des Kreis Steinfurt. Dieser Wahlkreis umfasst 239.879
deutsche Einwohner und besitzt eine Abweichung von 3,1%.Die Wahlkreise (3)
und (4) sind mit 239.025 und 239.771 deutschen Bewohnern etwa gleich groß, sie
besitzen eine Abweichung von 3,5% bzw. 3,2%.

Lediglich der Wahlkreis (3) besitzt eine ausbaufähige Kompaktheit. Es ist
sicherlich möglich, mit einem komplexeren Verfahren als die implementierte
Greedy-Heuristik vier jeweils kompakte Wahlkreise mit ähnlichem Abweichungs-
niveau zu berechnen.

11.2.2 Bayern

Das Bundesland Bayern ist in sieben Regierungsbezirke eingeteilt. Abbildung 11.11 zeigt die zugehörigen Bevölkerungsgraphen der Kreisebene und Tabelle 11.4 kann die Größe der entstehenden Teilprobleme entnommen werden.

Erneut konnten die Set Partitioning Probleme jeweils innerhalb von Bruchteilen einer Sekunde gelöst werden, die meiste Zeit wurde für die Erstellung der Mengen der zulässigen Gebiete aufgewendet. Für die Berechnung der in Abbildung 11.12 dargestellten Lösungen der Set Partitioning Probleme wurden insgesamt 70 Sekunden benötigt. Jedes zusammenhängende, gleichfarbige Gebiet bildet einen Wahlkreis, diese konnten schon auf dieser Lösungsebene eingeteilt werden. Alle noch offenen Teilprobleme sind durch die roten Zusammenhangskomponenten dargestellt. Auf dieser Ebene konnten bereits 20 der 46 bayrischen Wahlkreise eingeteilt werden. In der nächsten Lösungsebene sind in der Landeshauptstadt München vier Wahlkreise sowie in zwei Gebieten drei Wahlkreise und in den restlichen Gebieten jeweils zwei Wahlkreise einzuteilen.

Abb. 11.11 Bevölkerungsgraphen der Regierungsbezirke von Bayern auf Kreisebene

Regierungsbezirk	Knoten	Kanten	Wk.	⌀ Abw.
Oberbayern	23	46	15	2,6%
Niederbayern	12	19	5	9,5%
Oberpfalz	10	13	4	3,8%
Oberfranken	13	21	4	3,2%
Mittelfranken	12	25	6	3,1%
Unterfranken	12	18	5	0,3%
Schwaben	14	21	7	5,5%

Tabelle 11.4 Regierungsbezirke von Bayern auf Kreisebene

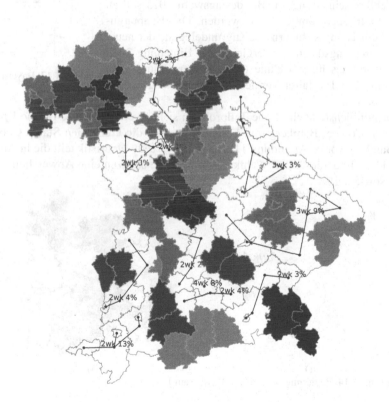

Abb. 11.12 Lösung der Set Partitioning Probleme der Regierungsbezirke

Unter der Annahme, dass bei allen offenen Teilproblemen eine Einteilung von jeweils gleichgroßen Wahlkreisen möglich ist, lägen Bevölkerungsdaten aller 46 bayrischen Wahlkreise vor. Daraus ergeben sich Abweichungen von der durchschnittlichen deutschen Wahlkreisgröße $\varnothing_p$. Dieser Datensatz ist in Abbildung 11.13 in Form eines Box-Whisker-Plots dargestellt. Der Visualisierung ist zu entnehmen, dass die im Wahlgesetz angegebene Toleranzgrenze von 15% eingehalten wird. Es wird deutlich, dass 75% der Wahlkreise eine Abweichung von unter 9% besitzen und fast jeder zweite Wahlkreise sogar eine Abweichung von nicht größer als 4% besitzt.

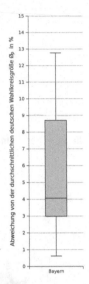

Abb. 11.13 Bayern

Ein Vergleich dieser vorzeitigen Ergebnisse mit der realen Wahlkreiseinteilung zur Bundestagswahl 2013 soll an dieser Stelle nicht durchgeführt werden. Das Hauptargument dafür ist, dass Bayern bei Zugrundelegung der neusten Bevölkerungsdaten im Vergleich zur Einteilung 2013 einen Wahlkreis hinzubekäme (s. dazu Berechnungen in Abschnitt 2.5). Ein fairer Vergleich der Einteilungen wäre nicht möglich.

Das nördlichste noch offene Teilproblem sieht zwei Wahlkreise für die Kreise Kronach, Coburg, Bamberg und Forchheim sowie die kreisfreien Städte Coburg und Bamberg vor (s. Abbildung 11.14 a)). Die Greedy-Heuristik teilt die in Abbildung 11.14 b) dargestellten Wahlkreise ein, diese besitzen eine Abweichung von 2,2% sowie 2,1%.

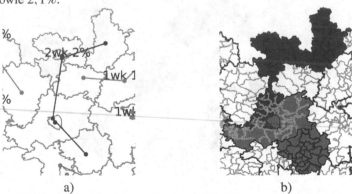

a)   b)

Abbildung 11.14 Regierungsbezirke von Bayern auf Kreisebene

An dieser Stelle wird deutlich, dass das angesprochene zulässige Gebiet zur Einteilung von zwei Wahlkreisen in dem Set Partitioning Problem eher nicht gewählt werden sollte, da durch die geringe gemeinsame Grenze der Kreise Bamberg und Coburg ein etwas eigenwilliger und langezogener Wahlkreis (dunkler) entsteht. Es besteht die Möglichkeit, die Kanten zwischen Kreisen und/oder kreisfreien Städte in Abhängigkeit der Länge der gemeinsamen Grenze zu gewichten, um so nicht nur zusammenhängende sondern zusammenhängende zulässige Gebiete mit jeweils viel gemeinsamer Grenze in der Lösungsebene der Kreise zu wählen.

11.2.3 Saarland

Mithilfe der vorgestellten Divide-and-Conquer-Methode wurden die in Abbildung 11.15 dargestellten vier Wahlkreise eingeteilt. Das Erstellen der Menge der zulässigen Gebiete sowie das Lösen des Set Partitioning Problems dauerte weniger als 3 Sekunden. Die zweimal ausgeführte Greedy-Heuristik benötigte eine bzw. fünf Sekunden, um die finale Einteilung zu berechnen.

Die Abweichungen der vier Wahlkreise betragen 1,4% (1), 3,9% (2), 7,7% (3) sowie 10,1% (4). Es wird deutlich, dass lediglich zwei der sechs Kreise im Saarland nicht zu genau einem Wahlkreis gehören, sondern je auf zwei Wahlkreise aufgeteilt werden.

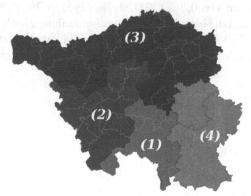

Abbildung 11.15 Berechnete Wahlkreiseinteilung im Saarland

Abbildung 11.16 Aktuelle Wahlkreiseinteilung im Saarland
© Bundeswahlleiter, Statistisches Bundesamt, Wiesbaden 2012,
Wahlkreiskarte für die Wahl zum 18. Deutschen Bundestag
Grundlage der Geoinformationen © Geobasis-DE / BKG (2011)

Die Einteilung der Wahlkreise für die letzte Bundestagswahl 2013 des Saarlandes ist in Abbildung 11.16 dargestellt. Aktuell sind drei der sechs Kreise auf mehrere Wahlkreise aufgeteilt. Der Regionalverband Saarbrücken sogar auf drei verschiedene. Den Strukturdaten für die Wahlkreise zum 18. Deutschen Bundestag[72] ist zu entnehmen, dass die Abweichungen dieser Wahlkreise 0,8% (Wahlkreis 297), 5,4% (296), 7,9% (299) sowie 16,0% (298) betragen. Diese Berechnungen beruhen bekanntlich nicht auf den neusten Zensus 2011 Daten.

Übertragen auf neuste Bevölkerungsdaten ergeben sich nach eigenen Berechnungen Abweichungen von 0,3% (297), 2,7% (296), 6,7% (299) sowie 14,0% (298). Somit beinhaltet die berechnete Wahlkreiseinteilung eine leicht bessere Abweichungssumme (23,1% gegen 23,7%). Darüber hinaus besitzt die berechnete Einteilung den klaren Vorteil, die Kreisgrenzen besser einzuhalten.

---

[72] Strukturdaten für die Wahlkreise zum 18. Deutschen Bundestag, Bundeswahlleiter: `http://goo.gl/noHrIq`, [9.3.2014].

11.2.4 Sachsen-Anhalt

Die neun berechneten Wahlkreise in Sachsen-Anhalt besitzen folgende Abweichungen (siehe Abbildung 11.17): $1,8\%$ (1), $1,8\%$ (2), $2,0\%$ (3), $3,6\%$ (4), $5,5\%$ (5), $6,0\%$ (6), $8,9\%$ (7), $10,9\%$ (8, Halle an der Saale) sowie $11,0\%$ (9, Magdeburg).

Außerdem sind vier der 14 Objekte der Kreisebene auf echt mehr als einen Wahlkreis aufgeteilt. Im Gegensatz dazu sind bei der aktuellen Wahlkreiseinteilung zur letzten Bundestagswahl 2013 zwar nur 2 der 14 Kreise und kreisfreien Städte auf mehr als einen Wahlkreis aufgeteilt, jedoch sind die Abweichungswerte mit bis zu 18% sehr viel höher.

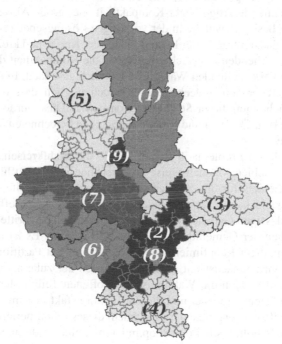

Abbildung 11.17 Berechnete Wahlkreiseinteilung in Sachsen-Anhalt

11.3 Ansätze zur Verbesserung des Divide-and-Conquer-Verfahrens

Das vorgestellte Divide-and-Conquer-Verfahren wurde beispielhaft auf die Bundesländer Nordrhein-Westfalen, Bayern, dem Saarland und Sachsen-Anhalt angewendet. Durch das Lösungsverfahren lassen sich anwendbare, weil vorgabenentsprechende Wahlkreise für die Deutsche Bundestagswahl einteilen. Dabei werden bzw. können alle im Problem der Wahlkreiseinteilung enthalteneen Optimerungsziele verfolgt werden. Die einzelnen Lösungsebenen werden nacheinander abgearbeitet, dabei ist das Auftreten einer gewissen, nachfolgend erläuterten Verzerrtheit möglich. Diese Problematik kann in Form eines dynamischeren Umgang mit den Lösungsebenen aufgehoben werden.

In der letzten Lösungsebene, der Gemeindeebene könnten Wahlkreise eingeteilt werden, die eine derartige Nicht-Kompaktheit oder große Abweichung bzgl. der Bevölkerung besitzen, welche in der vorherigen Lösungsebene so nicht abzusehen und abzuschätzen war. In der Lösungsebene der Kreise und kreisfreien Städte werden die entstehenden Abweichungen sowie die Kompaktheit der auf einem zulässigen Gebiet einzuteilenden Wahlkreise lediglich geschätzt. In Abhängigkeit der Beschaffenheit der Gemeindeebene ist es jedoch möglich, dass Wahlkreise mit extremen Abweichungen dieser Schätzwerte entstehen. Dies würde die Güte des gewählten zulässigen Gebietes und somit der gesamten berechneten Wahlkreiseinteilung vermindern.

Die Lösung dieser Problematik besteht darin, die Wahlkreiseinteilung eines jeden zulässigen Gebiets versuchsweise zu berechnen und daraufhin die Kosten des zulässigen Gebiets für das Set Partitioning Problem abzuleiten. Der entstehende Mehraufwand kann evtl. abgefedert werden, indem eine effizientere Berechnung der zulässigen Gebiete und weitere Preprocessing-Schritte auf dem Bevölkerungsgraphen der Gemeindeebene entwickelt werden. Es ist auch ein Verfahren mit mehrmaliger Reoptimierung vorstellbar: Das Set Partitioning Problem der Kreisebene wird zunächst mit geschätzen Kosten der zulässigen Gebiete gelöst. Anschließend werden die Wahlkreise aller offenen Teilprobleme eingeteilt, die wirklichen Kosten berechnet und die Zielfunktionsfaktoren im binären linearen Programm entsprechend geändert. Nachdem dieses reoptimiert wurde, wird der Vorgang wiederholt, bis bei der Reoptimierung keine Änderung der Lösung festzustellen ist.

Zusammenfassend lässt sich mit den dargelegten Ergebnissen darauf schließen, dass das konzipierte Verfahren unter Anwendung der vorgestellten Verbesserungsmöglichkeiten zu einer adäquaten Einteilung der Wahlkreise führt.

Kapitel 12
Zusammenfassung und Ausblick

Abschließend wird der Inhalt der Masterarbeit zusammengefasst und in einem Ausblick weitere Forschungsansätze und Bearbeitungsmöglichkeiten zu dem Thema der Wahlkreiseinteilung dargelegt.

Zusammenfassung der Masterarbeit

In der Masterarbeit wurde das Problem der Einteilung der Wahlkreise für die Deutsche Bundestagswahl definiert, motiviert, analysiert sowie ein dies Problem heuristisch lösendes Verfahren entwickelt und auf aktuelle Daten angewendet.

Der Definition des Problems der Wahlkreiseinteilung vorangegangen war eine notwendige, ausführliche Erarbeitung der gesetzlichen Vorgaben, inklusive deren juristische Interpretation. Außerdem wurde die aktuelle Auslegung sowie Umsetzung der Gesetze anhand der gegenwärtigen Wahlkreiseinteilung untersucht, dabei offenbarte sich Verbesserungspotential. Durch eine gesetzliche Vorgabe konnte das Problem der Wahlkreiseinteilung für die Bundesrepublik Deutschland auf Einteilungsprobleme auf den 16 Bundesländern heruntergebrochen werden. Das Problem der Wahlkreiseinteilung hat mathematisch einem multiktiteriellem Optimierungsproblem entsprochen, bei dem ein knotengewichteter Graph in eine gegebene Anzahl an zusammenhängenden, gewichtsbeschränkten Teilgraphen zu partitionieren war. Die Zielfunktionen waren ohne Weiteres nicht in Beziehung zueinander zu setzten und betrafen u. a. die Gewichte der Teilgraphen und die visuelle Beschaffenheit der Vereinigung der durch die Teilgraphen repräsentierten Gebiete.

Die mathematische und algorithmische Betrachtung des Problems der Wahlkreiseinteilung wurde ausführlich und unter Angabe von zahlreichen Quellen motiviert. Neuste Bevölkerungsdaten sowie gegenwärtige Diskussionen über das deutsche Bundeswahlrecht insbesondere die Wahlkreisanzahl haben der Problemstellung Aktualität verliehen. Darüber hinaus wurde dargelegt, dass durch entsprechende Wahlkreiseinteilung die Manipulation von Wahlen möglich ist. Ein mathematisch transparentes Verfahren ohne Verwendung von zusätzlichen z. B.

politischen Informationen könne diese Problematik verringern. Ein weiterer Motivationsaspekt bestand darin, dass die gegenwärtig verwendete Wahlkreiseinteilung verbesserbar sei. Eine gerechtere Einteilung unter Verwendung von strikteren Bevölkerungsgrenzen der Wahlkreise wird gefordert.

Der chronologisch aufgebaute Einblick in die Literatur des Problems enthielt neben einem der ersten zu diesem Problem publizierten Artikel außerdem die Vorstellung von Heuristiken und exakten Lösungsverfahren auf Grundlage von ganzzahliger linearer Optimierung, Spaltengenerierung sowie Nachbarschaftssuche. Viele Ansätze versprachen entweder nicht die gänzliche Erfüllung der an eine Wahlkreiseinteilung in Deutschland gestellten Kriterien und Ziele oder aber konnten in vielen Fällen nur auf vergleichsweise kleinen Instanzen erfolgreich angewendet werden. Es zeigte sich, dass die Bevölkerungsgraphen der deutschen Bundesländer alle in der Literatur untersuchten Graphen in puncto Knoten- und Kantenanzahl übertreffen. Mindestens in der letzten Lösungsebene, der Gemeindeebene des in der Masterarbeit erarbeiteten Divide-and-Conquer-Verfahrens können sämtliche aus der Literatur betrachteten Algorithmen angewendet werden.

In der umfangreichen Komplexitätsanalyse wurde die $\mathcal{NP}$-Schwere des Problems der Wahlkreiseinteilung nachgewiesen und außerdem die Lösbarkeit verwandter Partitionsprobleme auf verschiedenen Graphenklassen untersucht. Auch wenn die Bevölkerungsgraphen der Bundesländer keiner genauen Graphenklasse zuzuordnen waren, verhalf diese Analyse zu einem detaillierteren Verständnis der Kompexität der zugrundeliegenden Probleme. Viele Partitionsprobleme sind auf Wegen und wenigen speziellen Bäumen effizient und teilweise sogar in linearer Zeit lösbar. Bei der Betrachtung von allgemeinen Bäumen ließ nachgewiesene $\mathcal{NP}$-Schwere keinen effizienten Lösungsalgorithmus verhoffen.

Dadurch, dass die Wahlkreisanzahl ebenfalls Inhalt gegenwärtiger Diskussionen ist, wurde die gerechteste Wahlkreisanzahl für Deutschland gesucht. Es wurden Möglichkeiten der Festlegung der Wahlkreisanzahl erarbeitet, die den Bevölkerungsstrukturen der Bundesländer besser entsprechen als die aktuell verwendete Anzahl 299.

Um im Rahmen der Masterarbeit Algorithmen zur Einteilung von Wahlkreisen in Deutschland anwenden zu können, wurden Datensätze der Volkszählung Zensus 2011 und Geoinformationen aufbereitet und miteinander verknüpft. Das Erstellen der Bevölkerungsgraphen wurde ausführlich dokumentiert und war begleitet von der Anwendung kleinerer Algorithmen. Die Analyse der Bevölkerungsgraphen ließ zum einen die Folgerung zu, dass die Instanzen zu groß sind, um optimale Lösungen zu erwarten. Zum anderen eröffnete sich besonders durch die Verteilung der Bevölkerung auf die Bevölkerungsknoten ein Preprocessing-Ansatz. Es wurden weitere Preprocessing-Schritte entwickelt und umgesetzt, die zu einer

Verkleinerung der Bevölkerungsgraphen führten. Dabei wurde der Verlust von Genauigkeit, wenn auch im geringen Maße, in Kauf genommen.

Es wurden zwei Modellierungen des Problems der Wahlkreiseinteilung mit gemischt-ganzzahligen linearen Programmen vorgestellt. In dem Aufspannenden Wald Modell wird jeder Wahlkreis als ein Baum in dem Bevölkerungsgraphen angesehen. Insgesamt wurde ein passender aufspannender Wald gesucht, wobei der Zusammenhang der Bäume u. a. durch zu separierende Subtour-Eliminationsbedingungen sicher gestellt wurde. Zu diesem Modell konnten Erfahrungen aus Rechenerstudien wiedergegeben werden. Für die zweite Formulierung wurde die Idee, einen zusammenhängenden Teilgraphen über einen Fluss auszuwählen, auf das Problem der Wahlkreiseinteilung übertragen.

Aufbauend auf einen lösungsorientierten Preprocessing-Schritt wurde das Lösungsverfahren nach dem Divide-and-Conquer-Prinzip entwickelt. Durch die ebenenweise Betrachtung der Verwaltungsstruktur (Regierungsbezirke, Kreise und kreisfreie Städte, Gemeinden) konnte das Problem der Wahlkreiseinteilung jeweils in lösbare Teilprobleme aufgeteilt werden. In jedem Schritt wurden die Zulässigkeitskriterien und Optimierungsziele nicht aus den Augen verloren. Hervorzuheben war, dass insbesondere das gesetzlich erwünschte Einhalten der Grenzen der Kreise und kreisfreien Städte gefördert wurde. Dieser Aspekt war z. B. in einem kompakten Modell mit linearem Programm schwer umzusetzten. Die mit dem entwickelten Verfahren berechneten Wahlkreiseinteilung waren vielversprechend und entsprachen den Vorgaben und Zielsetzungen. Zusätzlich wurden Ansätze zur Verbesserung des Verfahrens vorgeschlagen.

In der Masterarbeit wurde die Thematik der Einteilung der Wahlkreise für die Deutsche Bundestagswahl mathematisch beleuchtet. Erfolgreich konnte ein Lösungsverfahren für das Problem der Wahlkreiseinteilung nach dem Divide-and-Conquer-Prinzip entwickelt werden. Über Verbesserungsmöglichkeiten dieses Verfahrens hinaus werden im Folgenden weitere Forschungsansätze zu diesem Thema genannt.

Ausblick

Das in der Masterarbeit konzipierte Divide-and-Conquer-Verfahren liefert schon in einer einfachen Implementierung ansehnliche Wahlkreiseinteilungen. Doch jeder einzelne Schritt des heuristischen Verfahrens kann weiter genauer betrachtet werden und dabei in puncto Effizienz und Zielorientierung verbessert werden.

Unter anderem kann eine Verbindung der Berechnung der Menge aller zulässigen Gebiete zur Einteilung von Wahlkreisen auf der Kreisebene (s. Abschnitt 11.1.2) mit den in Abschnitt 5.3 bewiesenen Reduktionsschritten des Zwei-Phasen-Algorithmus nach Garfinkel und Nemhauser [28] untersucht werden. Darüber hinaus wird es möglich sein, die verwendete Baumsuche zum Berechnen der genannten Menge effizienter zu gestalten, dabei kann auch auf die Erfahrungen in der Literatur zurückgegriffen werden. Weiter können auf der Gemeindeebene sämtliche Heuristiken und exakte Verfahren zum Einteilen von Wahlkreisen ausprobiert werden, um einen besten Algorithmus für diesen Schritt und entsprechenden Zielsetzungen zu entwickeln. Zusätzliche Preprocessing-Schritte, die vorzugsweise keinen Genauigkeitsverlust verursachen (Presolve), können weiter dafür sorgen, dass die auf der Gemeinedebene betrachten Teilgraphen klein genug sind, um passende Algorithmen erfolgreich anwenden zu können.

Das Anwenden von Algorithmen auf der Gemeindeebene umfasst insbesondere das in Abschnitt 10.2 vorgestellte Wahlkreis-Fluss-Modell. Interessant wäre, wie Rechenstudien zu diesem Modell im Vergleich zu dem schon angewendeten Aufspannenden Wald Modell (s. Abschnitt 10.1) ausfallen. Unabhängig von dem Problem der Wahlkreiseinteilung ist die Frage nach der effizientesten Formulierung, die mithilfe eines ganzzahligen linearen Programms einen zusammenhängenden Teilgraphen extrahiert, ein interessanter Forschungsansatz. Außerdem ist die Entwicklung von Verbesserungsheuristiken für das Problem der Wahlkreiseinteilung, z. B. auf Grundlage der Publikation von Yamada [73] (s. Abschnitt 5.6) möglich. Da viele Wahlkreise schon selbst verwurzelte Grenzen bilden, weil sie über zahlreiche Wahlen hinweg verwendet wurden, wäre ein Verbesserungs- und auch Zulässigkeitsverfahren auf Grundlage der aktuellen Wahlkreiseinteilung wertvoll. Dabei wird zusätzlich das Ziel verfolgt, möglichst die gegebenen Wahlkreisgrenzen beizubehalten. Darüber hinaus kann auf Grundlage von vorausgesagten Bevölkerungsentwicklungen eine Einteilung der Wahlkreise berechnet werden, die in einem gewissen Sinne robust gegenüber Bevölkerungsänderungen ist. Dabei werden Wahlkreise in Gebieten mit vorhergesagter Bevölkerungsabnahme eher größer geschnitten und analog dazu in Gebieten mit zukünftiger Zunahme der Bevölkerung vergleichsweise kleiner geschnitten.

Um mit dem Divide-and-Conquer-Verfahren für alle Bundesländer anwendbare Wahlkreiseinteilungen berechnen zu können, werden weitere Daten benötigt. Dies umfasst Bevölkerungszahlen und Geoinformationen der Stadtteile und -bezirke.

Wie in der Arbeit angesprochen existiert eine Vielzahl an Literatur, in der das Thema visuelle Kompaktheit von Wahlkreisen oder allgemein Gebieten behandelt wird. Das Herausarbeiten von zielführenden Methoden und die Einarbeitung dieser in das Divide-and-Conquer-Verfahren ist ein weiterer Arbeitsansatz. Im Zuge dessen könnten Daten über die flächenmäßige Ausdehnung der Gemeinden, Städte und Kreise sowie die Längen der gemeinsamen Grenze zweier benachbarter Gebiete von Nutzen sei. Diese Datensätze sind den Geoinformationen entnehmbar. Darüber hinaus ist laut Becker et al. [8] (s. Abschnitt 6.2.3) die Komplexität des Problems eine intervallminimale Partition in p Komponenten auf Bäumen zu finden ungeklärt. Außerdem kann erarbeitet werden, wie das Fördern von Kompaktheit und die Orientierung an bekannte Grenzen innerhalb des in Abschnit 5.6 vorgestellten Algorithmus zur Einteilung von Wahlkreisen von Yamada [73] umgesetzt werden kann.

Neben diesen mathematisch geprägten Forschungsansätzen ist es darüber hinaus interessant zu erfahren, welche Methoden die Wahlkreiskommission (s. Abschnitt 2.4) bei dem Erstellen der Wahlkreiseinteilung verwendet und außerdem wie der Deutsche Bundestag letztendlich über die Einteilung der Wahlkreiseinteilung entscheidet.

Anhang A

A.1 Weiteres Beispiel des Sainte-Laguë/Schepers-Verfahrens

	deutsche Bev. 31.12.2009	Anzahl WK: 299 ⤷ Divisor: 249.737			
		ungerundet	gerundet	∅ Größe	∅ Abw.
Schleswig-Holstein	2.687.425	10,761023	11	244.311	-2,2 %
Hamburg	1.534.853	6,145879	6	255.809	+2,4 %
Niedersachsen	7.406.139	29,655762	30	246.871	-1,1 %
Bremen	578.445	2,316217	2	289.223	+15,8 %
Nordrhein-Westfalen	16.003.993	64,083405	64	250.062	+0,1 %
Hessen	5.389.333	21,580040	22	244.970	-1,9 %
Rheinland-Pfalz	3.706.222	14,840504	15	247.081	-1,1 %
Baden-Württemberg	9.480.946	37,963732	38	249.499	-0,1 %
Bayern	11.346.304	45,433024	45	252.140	+1,0 %
Saarland	937.752	3,754959	4	234.438	-6,1 %
Berlin	2.969.466	11,890376	12	247.456	-0,9 %
Brandenburg	2.446.621	9,796793	10	244.662	-2,0 %
Meckl.-Vorpommern	1.612.879	6,458312	6	268.813	+7,6 %
Sachsen	4.054.656	16,235708	16	253.416	+1,5 %
Sachsen-Anhalt	2.314.050	9,265950	9	257.117	+3,0 %
Thüringen	2.202.259	8,818315	9	244.695	-2,0 %
Deutschland	74.671.343		299		

Tabelle A.1 299 Wahlkreise mit Sainte-Laguë/Schepers auf die Länder verteilen, anhand der (fortgeschriebenen) deutschen Bevölkerung vom 31.12.2009

A.2 Auf der Suche nach der gerechtesten Wahlkreisanzahl

		Gesamtanzahl an Wahlkreisen						
		1	64	141	242	283	299	347
Schleswig-Holstein	#WK	0	2	5	9	10	11	13
	∅Abw	∞	+16,0	+2,2	-2,5	+2,6	-1,5	-3,3
Hamburg	#WK	0	1	3	5	6	6	7
	∅Abw	∞	+29,3	-5,0	-2,2	-4,7	+0,7	+0,1
Niedersachsen	#WK	0	6	14	24	28	30	34
	∅Abw	∞	+5,9	0,0	+0,1	+0,4	-1,0	+1,3
Bremen	#WK	0	1	1	2	2	2	3
	∅Abw	∞	-49,8	+10,5	-5,2	+10,9	+17,2	-9,3
Nordrhein-Westfalen	#WK	1	14	30	52	61	64	75
	∅Abw	-78,5	-1,6	+1,1	+0,1	-0,2	+0,5	-0,4
Hessen	#WK	0	5	10	17	20	21	25
	∅Abw	∞	-8,2	+1,2	+2,1	+1,5	+2,1	-0,4
Rheinland-Pfalz	#WK	0	3	7	12	14	15	17
	∅Abw	∞	+7,1	+1,2	+1,3	+1,5	+0,1	+2,5
Baden-Würtemberg	#WK	0	8	18	31	36	38	44
	∅Abw	∞	+1,1	-1,0	-1,4	-0,7	-0,6	-0,4
Bayern	#WK	0	10	21	37	44	46	53
	∅Abw	∞	-1,6	+3,2	+0,6	-1,1	-0,1	+0,7
Saarland	#WK	0	1	2	3	4	4	4
	∅Abw	∞	-19,3	-11,1	+1,7	-10,8	-5,8	+9,4
Berlin	#WK	0	3	6	10	11	12	14
	∅Abw	∞	-15,9	-7,3	-4,6	+1,5	-1,7	-2,2
Brandenburg	#WK	0	2	5	8	9	10	11
	∅Abw	∞	+4,3	-8,1	-1,4	+2,5	-2,5	+2,8
Meckl.-Vorpommern	#WK	0	1	3	5	6	6	7
	∅Abw	∞	+36,8	+0,4	+3,4	+0,8	+6,5	+5,9
Sachsen	#WK	0	3	8	13	15	16	19
	∅Abw	∞	+14,7	-5,3	+0,1	+1,4	+0,4	-1,8
Sachsen-Anhalt	#WK	0	2	4	7	9	9	11
	∅Abw	∞	-2,9	+7,0	+5,0	-4,5	+0,9	-4,2
Thüringen	#WK	0	2	4	7	8	9	10
	∅Abw	∞	-6,8	+2,6	+0,6	+3,0	-3,3	+1,0
gew. Mittelwert |∅Abw|		∞	6,75	2,59	1,19	1,39	1,15	1,41

Tabelle A.2 Auszug aus Ergebnissen der Verteilung von 1,..., 400 Wahlkreisen

Pro Bundesland ist in Abhängigkeit der Gesamtanzahl an Wahlkreisen die auf dieses Land entfallende Anzahl an Wahlkreisen und daraus folgende durchschnittliche Wahlkreisgrößenabweichung (in %) von der bundesdeutschen durchschnitt-

lichen Wahlkreisgröße dieses Bundeslandes angegeben. Zuletzt ist der mit Wahlkreisanzahl der Bundesländer gewichteter Mittelwert aller betragsmäßigen durchschnittlichen Abweichungen in der Tabelle eingetragen; vergleiche Diagramm in
Abb. 7.1.

A.3 Bevölkerungsgraphen der Bundesländer

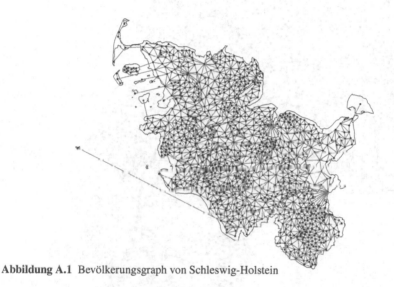

Abbildung A.1 Bevölkerungsgraph von Schleswig-Holstein

Abbildung A.2 Bevölkerungsgraph des Saarlandes

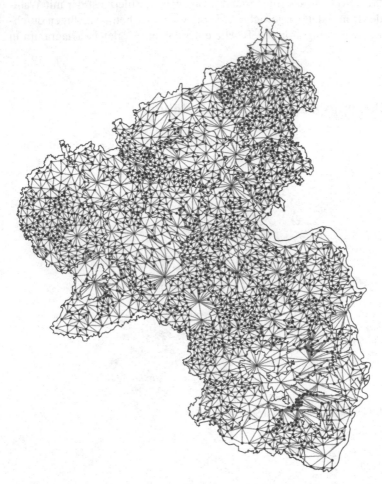

Abbildung A.3 Bevölkerungsgraph von Rheinland-Pfalz

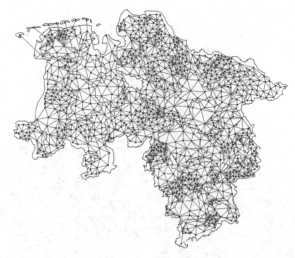

Abbildung A.4 Bevölkerungsgraph von Niedersachsen

Abbildung A.5 Bevölkerungsgraph von Meckl.-Vorpommern

Abbildung A.6 Bevölkerungsgraph von Baden-Württemberg

Abbildung A.7 Bevölkerungsgraph von Bayern

Abbildung A.8 Bevölkerungsgraph von Sachsen-Anhalt

Abbildung A.9 Bevölkerungsgraph von Sachsen

Abbildung A.10 Bevölkerungsgraph von Hessen

Abbildung A.11 Bevölkerungsgraph von Thüringen

Abbildung A.12 Bevölkerungsgraph von Brandenburg

Abbildung A.13 Bevölkerungsgraph von Nordrhein-Westfalen

Literaturverzeichnis

1. Aho, A.V., Hopcroft, J.E.: The Design and Analysis of Computer Algorithms, 1st edn. Addison-Wesley Longman Publishing Co., Inc., Boston, MA, USA (1974)
2. Altman, M.: Is automation the answer? the computational complexity of automated redistricting. Rutgers Computer and Law Technology Journal (23(1)), 81–142 (1997)
3. Altman, M.: Districting principles and democratic representation. Ph.D. thesis, California Institute of Technology (1998). URL http://thesis.library.caltech.edu/1871/
4. Balinski, M.L., Young, H.P.: The Webster Method of Apportionment. Proceedings of the National Academy of Sciences 77(1), 1–4 (1980)
5. Balinski, M.L., Young, H.P.: Fair Representation Meeting the Ideal of One Man, One Vote. Brookings Institution Press (2001)
6. Becker, R., Lari, I., Lucertini, M., Simeone, B.: Max-min partitioning of grid graphs into connected components. Networks 32(2), 115–125 (1998)
7. Becker, R., Lari, I., Lucertini, M., Simeone, B.: A polynomial-time algorithm for max-min partitioning of ladders. Theory of Computing Systems 34(4), 353–374 (2001)
8. Becker, R.I., Perl, Y.: The shifting algorithm technique for the partitioning of trees. Discrete Applied Mathematics 62(1–3), 15 – 34 (1995)
9. Becker, R.I., Schach, S.R., Perl, Y.: A shifting algorithm for min-max tree partitioning. J. ACM 29(1), 58–67 (1982)
10. Bodin, L.D.: A districting experiment with a clustering algorithm. Annals of the New York Academy of Sciences 219(1), 209–214 (1973)
11. Bundeswahlleiter: Einführung der Berechnungsmethode Sainte-Laguë/Schepers für die Verteilung der Sitze bei Bundestags- und Europawahl, Statistisches Bundesamt, Mitteilungen (2010). URL http://www.bundeswahlleiter.de/de/aktuelle_mitteilungen/downloads/Kurzdarst_Sitzzuteilung.pdf
12. Chambers, C.P., Miller, A.D.: A measure of bizarreness. International Quarterly Journal of Political Science 5(1), 27–44 (2010)
13. Chartrand, G., Harary, F.: Planar permutation graphs. Annales de l'institut Henri Poincaré (B) Probabilités et Statistiques 3(4), 433–438 (1967)
14. Chen, D.Z., Wang, H.: Improved algorithms for path partition and related problems. Operations Research Letters 39(6), 437 – 440 (2011)
15. Chlebíková, J.: Approximating the maximally balanced connected partition problem in graphs. Information Processing Letters 60(5), 225 – 230 (1996)
16. Conti, F., Malucelli, F., Nicoloso, S., Simeone, B.: On a 2-dimensional equipartition problem. European Journal of Operational Research 113(1), 215–231 (1999)
17. Cook, S.A.: The complexity of theorem-proving procedures. In: Proceedings of the Third Annual ACM Symposium on Theory of Computing, STOC '71, pp. 151–158. ACM, New York, NY, USA (1971). URL http://doi.acm.org/10.1145/800157.805047

18. Cordone, R., Maffioli, F.: On the complexity of graph tree partition problems. Discrete Applied Mathematics **134**(1–3), 51 – 65 (2004)
19. Dantzig, G.B.: Discrete-Variable Extremum Problems. Operations Research **5**(2), 266–277 (1957)
20. De Simone, C., Lucertini, M., Pallottino, S., Simeone, B.: Fair dissections of spiders, worms, and caterpillars. Networks **20**(3), 323–344 (1990)
21. Dell'Amico, M., Martello, S.: Reduction of the three-partition problem. Journal of Combinatorial Optimization **3**(1), 17–30 (1999)
22. Desrosiers, J., Lübbecke, M.E.: A Primer in Column Generation. In: G. Desaulniers, J. Desrosiers, M.M. Solomon (eds.) Column Generation, pp. 1–32. Springer (2005)
23. Ferland, J.A., Guénette, G.: Decision support system for the school districting problem. Operations Research (38(1)), 15–21 (1990)
24. Fowler, R.J., Paterson, M.S., Tanimoto, S.L.: Optimal packing and covering in the plane are np-complete. Information Processing Letters **12**(3), 133 – 137 (1981)
25. Fryer, R.G., Holden, R.: Measuring the compactness of political districting plans. Journal of Law and Economics **54**(3), 493 – 535 (2011)
26. Garey, M.R., Johnson, D.S.: Computers and Intractability: A Guide to the Theory of NP-Completeness. W. H. Freeman (1979)
27. Garfinkel, R.S., Nemhauser, G.L.: The set-partitioning problem: Set covering with equality constraints. Operations Research **17**(5), 848–856 (1969)
28. Garfinkel, R.S., Nemhauser, G.L.: Optimal political districting by implicit enumeration techniques. Management Science **16**(8), B–495–B–508 (1970)
29. Gisart, B.: Grundlagen und Daten der Wahl zum 18. Deutschen Bundestag am 22. September 2013. Wirtschaft und Statistik, Statistisches Bundesamt, pp. 528–550 (August 2013). URL https://www.destatis.de/DE/Publikationen/ WirtschaftStatistik/Wahlen/GrundlagenDatenWahl_82013.pdf
30. Goderbauer, S.: Optimierte Einteilung der Wahlkreise für die Deutsche Bundestagswahl – Problemanalyse, Modelle, Algorithmen & Ergebnisse. Masterarbeit, RWTH Aachen University, Deutschland (2014)
31. Goderbauer, S.: Political Districting for Elections to the German Bundestag: An Optimization-Based Multi-stage Heuristic Respecting Administrative Boundaries. In: Operations Research Proceedings, pp. 181–187. Springer Science + Business Media (2016)
32. Hamacher, H.W., Schöbel, A.: Design of zone tariff systems in public transportation. Berichte des Fraunhofer Institut Techno- und Wirtschaftsmathematik (21) (2001). URL https://kluedo.ub.uni-kl.de/frontdoor/deliver/index/ docId/1474/file/bericht21.pdf
33. Hess, S.W., Weaver, J.B., Siegfeldt, H.J., Whelan, J.N., Zitlau, P.A.: Nonpartisan political redistricting by computer. Operations Research **13**(6), 998–1006 (1965)
34. Ho, P.H., Tamir, A., Wu, B.Y.: Minimum l_k path partitioning - an illustration of the monge property. Operations Research Letters **36**(1), 43 – 45 (2008)
35. Ito, T., Nishizeki, T., Schröder, M., Uno, T., Zhou, X.: Partitioning a weighted tree into subtrees with $\frac{3}{4}$ weights in a given range. Algorithmica **62**(3-4), 823–841 (2012)
36. Ito, T., Zhou, X., Nishizeki, T.: Partitioning a graph of bounded tree-width to connected subgraphs of almost uniform size. Journal of Discrete Algorithms **4**(1), 142 – 154 (2006)
37. Johnson, D.S.: The np-completeness column: an ongoing guide. Journal of Algorithms **3**, 182–195 (1982)

38. Kedlaya, K.S.: Outerplanar partitions of planar graphs. Journal of Combinatorial Theory, Series B **67**(2), 238 – 248 (1996)
39. Krumke, S.O., Noltemeier, H.: Graphentheoretische Konzepte und Algorithmen, 3 edn. Springer Vieweg (2012)
40. Kruskal, J.B.: On the Shortest Spanning Subtree of a Graph and the Traveling Salesman Problem. Proceedings of the American Mathematical Society **7**(1), 48–50 (1956)
41. Kundu, S., Misra, J.: A linear tree partitioning algorithm. SIAM Journal of Computing **6**(1), 151–154 (1977)
42. Lawler, E.: Combinatorial Optimization - Networks and Matroids. Holt, Rinehart and Winston, New York (1976)
43. Liittschwager, J.M.: The Iowa Redistricting System. Annals of the New York Academy of Sciences **219**(1), 221–235 (1973)
44. Liverani, M., Morgana, A., Simeone, B., Storchi, G.: Path equipartition in the chebyshev norm. European Journal of Operational Research **123**(2), 428 – 435 (2000)
45. Lucertini, M., Perl, Y., Simeone, B.: Most uniform path partitioning and its use in image processing. Discrete Applied Mathematics **42**(2–3), 227 – 256 (1993)
46. Lübbecke, M., Desrosiers, J.: Selected topics in column generation. Operations Research **53**, 1007–1023 (2005)
47. Masuyama, S., Ibaraki, T., Hasegawa, T.: Computational Complexity of the m-Center Problems on the Plane. Transactions of the Institute of Electronics and Communication Engineers of Japan **E64**(2), 57–64 (1981)
48. Mehrotra, A., Johnson, E.L., Nemhauser, G.L.: An optimization based heuristic for political districting. Management Science **44**(8), 1100–1114 (1998)
49. Mehrotra, A., Trick, M A : A column generation approach for graph coloring. INFORMS Journal on Computing **8**, 344–354 (1995)
50. Messe, G.: Partitions of chains with minimum imbalance. Cahiers du Centre d'Etude de Recherche Operationnelle **27**, 235–234 (1985)
51. Nagel, S.S.: Computers & the law & politics of redistricting. Polity **5**(1), pp. 77–93 (1972)
52. Papayanopoulos, L.: Quantitative principles underlying apportionment methods. Annals of the New York Academy of Sciences (219), 181–191 (1973)
53. Perl, Y., Schach, S.R.: Max-min tree partitioning. J. ACM **28**(1), 5–15 (1981)
54. Peters, H.: Game Theory: A Multi-Leveled Approach. Springer, Berlin (2008)
55. Prim, R.C.: Shortest connection networks and some generalizations. Bell System Technology Journal **36**, 1389–1401 (1957)
56. Pukelsheim, F.: Divisor oder Quote? Zur Mathematik von Mandatszuteilungen bei Verhältniswahlen. Institut für Mathematik, Universität Augsburg **392** (1998). URL http://www.wahlrecht.de/doku/RE392.PS
57. Puppe, C., Tasnádi, A.: A computational approach to unbiased districting. Mathematical and Computer Modelling **48**(9–10), 1455 – 1460 (2008)
58. Puppe, C., Tasnádi, A.: Optimal redistricting under geographical constraints: Why "pack and crack" does not work. Economics Letters **105**(1), 93 – 96 (2009)
59. Ricca, F., Scozzari, A., Simeone, B.: Weighted voronoi region algorithms for political districting. Mathematical and Computer Modelling **48**(9–10), 1468 – 1477 (2008)
60. Ricca, F., Scozzari, A., Simeone, B.: Political districting: from classical models to recent approaches. 4OR **9**(3), 223–254 (2011)
61. Rubin, P.: extracting a connected graph. or in an ob world, blogeintrag, 25. juli 2013

62. Ryan, D.M., Foster, B.A.: An integer programming approach to scheduling. In: A. Wren (ed.) Computer Scheduling of Public Transport: Urban Passenger Vehicle and Crew Scheduling, pp. 269–280. North-Holland (1981)

63. Sainte-Laguë, A.: La représentation proportionnelle et la méthode des moindres carrés. Annales scientifiques de l'École Normale Supérieure **27**, 529–542 (1910). URL http://eudml.org/doc/81294

64. Salazar Aguilar, M.A.: Models, algorithms, and heuristics for multiobjective commercial territory design. Ph.D. thesis, Universidad Autónoma de Nuevo León (2010). URL http://eprints.uanl.mx/2601/

65. Stelkens, P., Bonk, H.J., Sachs, M.: Verwaltungsverfahrensgesetz: VwVfG – Kommentar. 7. Auflage, 2008, C.H.BECK (2008)

66. Supowit, K.J.: Topics in computational geometry. Ph.D. thesis, Department of Computer Science, University of Illinois at Urbana-Champaign, Urbana-Champaign, IL (1981)

67. Tasnádi, A.: The Political Districting Problem: A Survey (2009). URL http://web.uni-corvinus.hu/~tasnadi/DistrictingSurvey.pdf

68. Tavares-Pereira, F., Figueira, J.R., Mousseau, V., Roy, B.: Multiple criteria districting problems. Annals of Operations Research **154**(1), 69–92 (2007)

69. Vickrey, W.S.: On the prevention of gerrymandering. Political Science Quarterly (76(1)), 105–110 (1961). URL http://www.jstor.org/stable/2145973

70. Weaver, J.B., Hess, S.W.: A procedure for nonpartisan districting: Development of computer techniques. The Yale Law Journal **73**(2), 288–308 (1963)

71. Williams, J.C.: Political redistricting: A review. Papers in Regional Science (74), 13–40 (1995)

72. Wolsey, L.A.: Integer Programming. Wiley-Interscience (1998)

73. Yamada, T.: A mini-max spanning forest approach to the political districting problem. Intern. J. Syst. Sci. **40**(5), 471–477 (2009)

74. Yamada, T., Takahashi, H., Kataoka, S.: A heuristic algorithm for the mini-max spanning forest problem. European Journal of Operational Research **91**(3), 565 – 572 (1996)

75. Yamada, T., Takahashi, H., Kataoka, S.: A branch-and-bound algorithm for the mini-max spanning forest problem. European Journal of Operational Research **101**(1), 93 – 103 (1997)

76. Young, H.P.: Measuring the compactness of legislative districts. Legislative Studies Quarterly **13**(1), 105–115 (1988)

77. Zhang, Y., Brown, D.E.: Police patrol districting method and simulation evaluation using agent-based model & gis. Management Science (2(7)) (2013)

78. Zimmermann, H.J.: Operations Research - Methoden und Modelle. Vieweg Verlang Wiesbaden (2008)

79. Zoltners, A.A., Sinha, P.: Sales territory alignment: a review and model. Management Science (29(3)), 1237–1256 (1983)

Printed in the United States
By Bookmasters